일본 경제, 공공디자인으로 다시 살아나다

일본 경제, 공공디자인으로 다시 살아나다

발 행 인 · 박인학
편 집 인 · 손정란

발 행 사 · 도서출판가인 | 가인디자인그룹
등록번호 · 제03-01439
· Tel 02-3443-3443 | www.interiorskorea.com

판 매 사 · 포브21
· Tel 02-742-4000 | Fax 02-742-4007

발 행 일 · 2판 1쇄 발행 | 2010. 1. 1.
· ISBN 978-89-92566-17-9

편집감수 · 장선희
디 자 인 · 상상 | 왕민

출   력 · 진테크
인   쇄 · 온라인

정   가 · 20,000원

저작권은 필진에게 출판권 및 판매권은 도서출판가인에 있습니다

제주시 문화관광스포츠국장 · 고경실

경기지방공사 사장 · 권재욱

서울특별시 디자인서울총괄본부장 · 권영걸

한양대학교 교수 · 김경숙

국회 박찬숙의원실 비서 · 김　승

국회 박찬숙의원실 비서 · 김예원

일본 도쿄대학교 대학원 연구원 · 김용선

(주)디자인다다 어소시에이츠 대표이사 · 박석훈

국회 박찬숙의원실 비서관 · 박종진

국회의원 · 박찬숙

문화관광부 행정사무관 · 배양희

(주)씨티이안 대표이사 · 배춘규

송주철공공디자인연구소 소장 · 송주철

계원조형예술대학 교수 · 안수연

前 대사 · 양세훈

충주대학교 교수 · 우영희

디자인서울총괄본부 공공디자인개발팀장 · 장영호

일본 Nikken Sekkei · 정신원

행정자치부 균형발전기획관 · 주낙영

(주)세투 어소시에이츠 팀장 · 최덕권

경상대학교 교수 · 최만진

한양사이버대학교 교수 · 최성호

도시미관연구소 소장 · 최정윤

요코하마시 도시정비국 수석조사역 도시디자이너 · 쿠니요시 나오유키

안산공과대학 교수 · 홍승대

대한민국이 공공디자인을 위해

서문

공공디자인이 도시를 살린다 · 권영걸　008

도시재생 프로젝트

일본의 공공디자인 · 박찬숙　016
오다이바 임해부도심개발 · 김용선　028
도쿄의 스트리트스케이프 · 안수연　038
도시를 살리다, 경제를 살리다 · 우영희　046
오모테산도 힐즈와 국립신미술관의 재개발계획 · 정신원　054
요코하마 미나토미라이 21 · 주낙영　064
일본의 알프스 꿈 · 최만진　078
도쿄의 문화중심을 꿈꾸다 · 최성호　088
도심 속의 놀이터 남바파크 · 최정윤　108
도쿄 시오도메 재개발 프로젝트 · 홍승대　120

공공건축과 리노베이션

일본에서 만난 안도 다다오의 건축 · 권재욱　128
공공건축을 통한 지역문화 정체성의 국제화 · 김경숙　140
한신/아와지 대지진 기념 사람과 방재 미래 센터 · 박석훈　156
근대건축물 재활용 · 배양희　160
공공의 또 다른 신세계를 꿈꾸며 · 배춘규　166
나고야 국제디자인센터와 센트럴파크 · 장영호　180

공공디자인 정책과 도시 디자인

일본의 공공디자인 - 동경과 요코하마 · 고경실　196
요코하마 공공디자인이 걸어 온 길 · 송주철　202
동경의 사인 시스템 · 최덕권　216
요코하마시의 도시디자인 활동 · 쿠니요시 나오유키　226
일본 공공디자인 정책의 결정 과정 및 일본 공무원의 리더십 · 양세훈　234
일본의 아름답고 매력적인 국가 만들기 · 박종진 김 승 김예원　246

공공디자인이 도시를 살린다

스스로 규율하는 커뮤니티 환경

근대적 의미에서 '도시'란 인간이 스스로 창조해 낸 가장 큰 작품이요 가장 복잡한 발명품이다. 그러나 안타깝게도 이 거대한 조직은 많은 시행착오를 겪으며 오늘에 이르고 있다. 현대 '사회문제'의 많은 부분이 현대 '도시문제'와 맞물려 있는 것만 보아도 그 심각성을 알 수 있다. 인구의 도시집중과 과밀화에 따른 주거문제, 환경문제, 교통문제, 교육문제, 나아가 인간소외의 문제 등이 그것이다. 그러한 문제들에 대한 대안으로 늘 논의되는 것이 도시의 '자연화'와 '인간화'이다. 그것은 이 시대의 화두이자, 아름다운 도시를 꿈꾸는 자들이 생각하는 현대도시의 유토피안 이미지이다.

모든 예술에는 사람을 즐겁게 하려는 동기가 있다. 도시를 예술공간화 하려는 생각도 도시의 형식과 내용에서 통일과 조화를 이루어 사람들의 미적 감응을 이끌어내려는 것이다. 우리는 예술도시의 이상향적인 표본을 이미 갖고 있다. 세계 도처에 산재해 있는 아름다운 스카이라인의 중세 도시들이 그것이다. 이들은 도시의 규모와 체제를 갖추고 있으면서도, 주변 환경에 온전히 통합되고 문화적 연속성을 지닌 자연발생적 취락의 속성을 가지고 있다. 또 그들이 아름다운 것은 도시발전 속도가 자연적 시간의 흐름을 거역하지 않았던 탓이다. 한편, 인간이 자연 상태의 속도와 흐름에 반하여 만들어낸 교통운송수단과 통신수단의 눈부신 발전은 현대도시의 기초가 되었다. 엘리베이터가 도시의 수직 확장을 가능하게 했다면, 자동차는 도시를 수평적으로 확장시켰다. 그래서 현대도시는 날로 거대구조화 되었고, 자연 상태의 인간들은 끊임없이 개체화되고 있다.

물질의 시대에서 문화의 시대로 패러다임이 변화하면서, 낙후된 주위 환경의 격을 높여야 한다는 요구가 급속히 늘어나고 있다. 지금까지 디자인은 산업이라는 맥락에서 상업적 가치창출을 위한 수단으로만 이해되어 왔다. 시장경제논리 속에서 디자인의 역량은 사적인 소비영역에 집중되었고, 공공의 안녕과 행복에 밀접하게 관련된 공적인 문화영역으로부터는 멀어졌다. 이로 인해 우리는 전근대적인 풍경과 첨단이 어지럽게 공존하는 균형 잡히지 않은 환경에서 살게 되었다. 세계적 디자인 수준의 국산 자동차와 휴대폰을 사용하면서, 한편으로는 무질서한 시각매체들과 난잡한 거리, 그리고 조악한 공공구조물들 속에서 생활하고 있다. 이러한 불균형은 이제 공공디자인을 통해 해소되어야 한다.

디자인의 정의에는 공공성이 전제되어 있다. 따라서 모든 디자인이 공공디자인이라 해도 그릇된 해석이 아니다. 공공디자인(Public Design)은 디자인 주체와 객체, 지향하는 가치, 역할 등에 있어 기성의 상업디자인과 구별된다. 공공디자인의 주체는 기업이라기보다 정부나 지방자치단체와 같은 공기관일 경우가 대부분이며, 그 객체는 특정한 소비자라기보다 불특정 일반 공중이다. 따라서 공공디자인은 개인적인 취향보다는 공중에 의한 사용성을 더 중시하며, 유행이나 트렌드에 맞추기보다 누구나 호감을 가질 수 있는 공공성과 객관성 그리고 지속가능성에 초점을 맞춘다. 공공디자인은 경제적인 이윤을 지향하기 보다는 시민의 안녕과 행복과 같은 사회문화적 가치를 추구하기 때문에, 개인 차원을 넘어 모두의 삶의 질을 총체적인 입장에서 향상시키고자 노력한다. 이렇듯 공공디자인은 공중의 삶의 조건을 형성하는 모든 요소들을 포함하며, 특히 국가와 도시의 인프라스트럭처에 깊이 관계되어 있다. 그러하기에 공공디자인을 통한 도시혁신의 노력은 궁극적으로 21세기 새로운 도시문화를 창출하는 일이며, 나아가 국가경쟁력 향상과 국민들의 행복한 삶에 기여하는 일이다.

필자에게 30여년 전 일본을 처음 방문하던 날의 충격은 아직도 생생하다. 당시 하네다 공항에서 동경 시내로 들어가면서 건축물, 가로, 시설물, 공공표지 등 모든 것이 바로 서 있고 각이 살아 있었기 때문이다. 일본은 지구촌에서 공공디자인 선진국으로 꼽힌다. 그것은 우리나라의 역사와 달리 혹독한 봉건사회를 거쳐 온 배경을 지니고 있는데다 지진 등 자연재해가 잦아 공공의 질서를 최우선에 두는 전통을 이어왔기 때문이다. 시민사회 의식의 기저에는 타인에 폐를 끼치는 것을 가장 큰 수치로 여기는 도덕률이 자리 잡고 있다. 일본 도시와 마을에 보편화 되어있는 주민자율협정제 등, 자신의 환경을 스스로 규율하는 성숙된 커뮤니티 의식은 우리가 참조하고 발전시켜 나가야할 제도들이다. 도시는 공공디자인을 통해 혁신을 이룬다. 그러나 그것은 이렇게 관치를 넘어 시민이 주도할 때 완성되는 것이다. 또 시민이 참여하고 주도할 때, 도시의 '자연화'와 '인간화'라는 궁극의 문제도 효율적으로 해결될 수 있는 것이다.

권영걸
서울특별시 디자인서울총괄본부장
서울대학교 디자인학부 교수 / 공간디자인
(사)한국공공디자인학회 회장
국회 공공디자인문화포럼 공동대표

도쿄 | Tokyo

Kwon Young Gull®

도시재생 프로젝트

일본의 공공디자인
도시 재생으로 새로 태어나는 일본

박찬숙 국회의원

들어가며

'21세기는 문화의 시대'라고 강조한 세계적 석학이자 프랑스 문화비평가 기 소르망(Guy Sorman)은 1998년 외환위기 당시 한국을 방문하여 이렇게 말했다. "지금 한국이 겪는 위기는 단순한 경제문제가 아니라 오랜 전통의 문화국가지만 국가 경쟁력 차원에서 세계에 내세울만한 독자적인 한국의 문화적 이미지가 부재한 데서 비롯되었다." 아울러 "한국은 문화를 통해서만 경제회생이 가능하며 경제발전을 위해서는 먼저 국가의 이미지, 즉 트레이드마크가 필요하다."고 지적하기도 했다.

'문화를 통한 경제회생', 그 실마리를 어쩌면 일본의 도시재생에서 발견할 수 있을지 모르겠다. 일본은 '잃어버린 13년'이라고 일컬어지는 1990년대의 경제침체기에 경제대국의 위상에 손상을 입고 국가신뢰도에도 심각한 타격을 받았지만 2003년 말, 워싱턴 포스트로부터 "이제 일본은 지구상에서 (문화적으로) 가장 매력적인 나라로 탈바꿈하고 있다."[1]는 평가를 받았다.

일본이 도시매력의 급감으로 인해 국제경쟁력이 저하되었음을 인식하고 버블경제의 붕괴로 침체된 경제 재생을 위한 방안으로 '도시재생(Urban Regeneration)'[2]에 눈을 돌렸다는 사실에 주목할 필요가 있다. GNP가 아닌 GNC(Gross National Cool)[3]로의 인식전환을 이룬, 문화를 통한 경제재생이었다.

일본 도시재생 정책의 개요

1998년 시작된 총리 산하의 경제전략회의[4]에서 도시를 재생하면서 토지를 유동화하는 것이 일본경제를 재생시키기 위한 국가의 전략적 과제라는 내용이 포함된 '일본경제의 재생전략'을 완성하였다. 2000년에는 건설대신의 간담회에서 동경권 및 경한신(京阪神: 교토, 오사카, 고베)지역에서 '대도시재생추진간담회'[5]가 개최되어, 도시재생의 기본적인 시점과 구체적인 프로젝트 등에 대한 제언이 이루어지기도 했다.

2001년에 고이즈미 준이치로(小泉純一郎) 정권이 들어서면서 연립여당의 긴급경제대책이 추진되었고, 여기에는 중앙정부와 지방자치단체가 하나가 되고 민간의 자산과 노하우를 활용한 도시재생을 실시하여 새로운 수요를 창출함으로써 경제 활성화를 도모하는 내용이 포함되었다.

이를 수렴해 일본정부는 2001년 4월 6일, 경제대책

각료회의에서 '긴급경제대책'을 결정하였고 그 내용은 모든 각료가 구성원으로 참여하고 수상을 본부장, 내각관방장관과 국토교통대신을 부부부장으로 하는 도시재생본부[6]를 내각에 신설해 '21세기형 도시재생 프로젝트'를 구체적으로 선정한다는 것이었다.

5월 7일, 고이즈미 내각총리대신은 국회시정연설에서 "도시의 재생과 토지의 유동화를 통해 도시의 매력과 국제경쟁력을 높여갈 것이다. 이를 위해 나 자신을 본부장으로 하는 도시재생본부를 신속하게 설치한다."고 발표하였고(현재 본부장은 아베신조), 다음날 각료회의에서 환경, 방재, 국제화의 관점에서 도시재생을 추진하는 도시재생본부를 설치하였다. 이어 전속사무국으로 내각관방에 관계성, 관계청, 지방자치단체, 민간단체 등의 직원으로 구성된 '도시재생본부 사무국'을 설치하였다.

고이즈미 본부장은 이어 도시재생을 준비하는 기본적 방침[7]을 표명하고 관계대신들이 적극적으로 활동에 임하도록 지시했다. 이러한 '도시재생기본방침' 속에서 내각이 정한 도시재생을 위한 통일된 방침 하에 1)국가적 차원에서 크게 도시기간시설의 확충, 2)대도시차원에서 민간 도시개발 투자촉진을 위한 긴급조치, 3)전국적 차원에서 지방도시 활성화를 추진 분야로 진행하였다.

도시재생 프로젝트가 결정됨에 따라 6월 14일, 중앙정부가 중점적으로 실시해야 하는 도시재생 프로젝트 기본계획을 결정하고, 8월 28일에는 민간 도시개발 투자촉진을 위한 긴급조치를 결정하였다. 도시재생은 국가적으로도 중요한 과제이지만 일본 도시의 건축 활동은 대부분 민간에 의해 행해지고 있어서 민간 자금과 노하우를 끌어들이는 것이 필수적이었기 때문이다.

민간유치를 위해 2002년 6월에는 '도시재생특별조치법'을 시행하고 중점적으로 정비할 지역에 대해 도시계획 특례와 금융지원을 받게 되는 '도시재생긴급정비지역'을 지정하고 지정된 구역 내에 다시 '도시재생특별지구'를 지정해 사업을 추진했다.

도시계획 특례로는 민간사업자들의 요구사항을 최대한 수용하여 1)도시재생 특별지구의 창설에 의한 토지이용 규제의 특례, 2)민간사업자 등에 의한 도시계획의 제안제도 사업인가 등의 특별조치(행정수속 절차를 통상 2년에서 6개월 이내로 단축), 3)민간 프로젝트에 대한 다양한 금융지원(무이자 대부, 출자 등에 의한 비용부담, 기금에 의한 채무보증 등)의 지원정책과 세제상의 특례조치가 수반된다.

고이즈미 총리 재임 중 공공투자가 연간 12조 엔(약 95조 원)에서 7조 엔(약 55조 원)으로 줄어 들었음에도 불구하고 규제 완화로 민간투자와 고용 창출의 효과까지 포함해 22조 엔 규모의 경제 효과를 달성했다.

도시재생 프로젝트의 가장 큰 특징은 그 동안의 '균형적 발전'에서 '경쟁적 발전'으로 정책의 기조를 전환하고 내각의 주도하에 프로젝트와 관련되는 중앙부처와 지방공공단체, 민간사업자가 일체가 되어 움직이는 범국가적 프로젝트라는 점으로 요약된다. 총리와 모든 장관이 나서서 공공디자인을 하고 있는 일본, 이제 겨우 공공디자인에 대한 공감대 확산을 해 나가기 시작한 대한민국으로서는 부러운 일이 아닐 수 없다.

도쿄 도시재생의 상징, 록본기 힐즈

이러한 일본 정부의 공공디자인에 대한 강력한 의지에 따른 기구와 법제는 먼저 수도 도쿄를 바꿔놓았다. 2002년 도쿄역 앞 마루노우치 빌딩, 2003년 모리그룹이 만든 록본기 힐즈, 2006년 완공된 도쿄 최대 규모 재개발지역인 시오도메, 오래된 아파트를 신개념 쇼핑공간으로 재개발한 오모테산도 힐즈, 2007년 3월에 문을 연 마쓰이(三井)그룹이 지은 미드타운과 4월에 등장한 신마루노우치 빌딩까지 200m가 넘는 초고층 빌딩이 들어서고 있다. 특히 미드타운의 경우, 토지낙찰에서 준공까지 걸린 시간은 5년으로, 여기서 건설의 촉매가 된 것이 바로 도시재생본부와 지자체에 따라 용적률과 용도제한 기준을 완화시킨 '도시재생특별조치법' 이었다.

미드타운을 지을 당시의 땅이 에도(江戸)시대 여우 가문인 모리가(毛利家) 저택이 있는 곳이라 각종 문화재 조사가 이뤄지고 있었지만, 이 때문에 공사가 늦어진다는 고충을 도시재생본부에 털어놓자 문화재 조사를 조속히 마무리 해, 공사기간을 1년 단축할 수 있었다고 한다.[8]

록본기 힐즈의 경우 장기 프로젝트 파이낸싱으로 자금을 조달하여 2000년에 착공하고 2003년에 준공해 이러한 혜택을 받았다고 볼 수 있으나, 총 공사에는 17년이라는 긴 시간이 소요되었다. 이는 록본기 지역이 지주권자만 500여 명에 이를 정도로 이해관계가 얽혀 있어 주민동의 및 택지매수 절차가 선행되어야 했기 때문이었다.

모리개발은 1995년 계획이 결정되기까지 해당 이해관계자들과의 협의와 검토를 거듭했고 지역 활성화를 위한 '마을 만들기'[9] 커뮤니티를 구축했다. 3년 뒤 조합이 결성되었고, 땅을 팔라고 강요하기보다 아파트 입주와 일정한 토지 지분을 보장해 재개발 이익을 공유하는 방식으로 합의를 이루었다. 일본 정부가 1972년 다나카 가쿠에이(田中角榮) 총리에 의해 '일본열도 개조론'을 제창한 이래 국토균형발전 기조를 고수하던 1980년대에 시작된 공사는 그 이면에 모리사의 끈기와 소신이 있었기에 가능했던 것이다.

마침내 모습을 드러낸 록본기 힐즈는 모리타워(지하 6층, 지상 54층, 238m)를 중심으로 최고급 거주지인 Roppongi Hill Residence(지상 43층 4개 동 총 793세대), Roppongi Keyakizaka Street, Grand Hyatt Hotel, TV Asahi, Roppongi Hill Arena(바닥면적 4,900㎡) 및 Mori Garden 등으로 구성된 주거, 문화(극장, 아사히 TV 등), 교육, 상업, 호텔, 업무 등 복합기능을 수행하고 있다.

미국의 건축가 존 저드(John Jerde) 등 세계 유수의 건축가들에게 설계를 의뢰해 새로운 건축을 도입했고, 고층이면서도 지진 피해 가능성을 최소화했다. 또 건물내부는 골목길처럼 꾸며 보행자를 배려하고, 연못과 녹음이 우거진 모리정원과 야외 이벤트장 그리고 세계적 디자이너들에게 주문한 스트리트 퍼니처와 세계적인 조각가 루이스 부르주아(Louise Bourgeois)의 거미조각 〈마망〉 등 문화와 시민을 우선시하고 있음을 알 수 있게 했다.

놀랍고도 인상적인 것은 가장 전망 좋고 임대료가 비싼 모리타워의 53층 54층 그것도 꼭대기 두 층에 걸쳐 미술관 모리아트센터가 위치하고 있다는 것이다. 그 외에도 전망이 좋은 상위 5개 층 부분에 수익이 낮은 미술관, 세미나룸, 회원제 도서관을 과감하게 배치했다. 더 놀라운 것은 미술관은 밤 10시까지, 도서관은 24시간 운영한다고 한다. 또한 미드타운에도 오랜 역사를 자랑하는 산토리미술관이 아카사카에서 옮겨왔고, 안도 다다오가 설계한 디자인 미술관 21-21 디자인사이트 등 문화시설과 공원을 배치했다고 한다.[10]

공공디자인을 한답시고 랜드마크를 만든답시고 무조건 큰 과시용의 빌딩을 잔뜩 짓자는 것은 아니다. 문화와 환경, 안전에 대한 배려까지 갖춘 록본기 힐즈를 보며 그러한 건물, 아니 작품이 만들어내는 랜드마크 몇 곳 정도는 국제도시로서 전 세계로부터 주목받는 경쟁력을 갖추기 위해 필요하지 않을까 하는 생각을 해본다.

공무원이 변화해야 한다

수도 도쿄에 이어, 일본에서 인구 350만 명(2002년 현재), 면적 437.73㎢으로 일본의 두 번째 도시인 요코하마도 도시재생에서의 예외는 아니다. 요코하마는 1853년 미국의 페리제독에 의해 문호를 개방해 상업무역도시로서의 길을 걷기 시작한 이래, 시의 3분의 2 이상이 소실된 1866년 대화재와 도시를 마비시킨 간토(關東)대지진(1923년 진도 7.9)에 이어 1945년 제2차 세계대전의 요코하마 대공습에 이르기까지 유난히 시련이 많았던 도시다. 그러나 그 고비마다 공공디자인을 통해 말 그대로 도시를 재생해 온 곳이기도 하다.

대화재는 도시를 대대적으로 정비하게 해 지금의 요코하마가 근대도시로서의 골격을 이루게 했고, 지진의 위기는 3대 정책이라는 자구책을 마련하게 해 국제무역항과 공업도시로서의 면모를 갖추게 하는가 하면, 대공습 이후에는 '전후부흥원'을 설치해 단순한 전후 복구 작업이 아닌 향후 100년을 내다보는 도시계획을 수립하는 계기가 되었다. 이렇듯 요코하마는 어쩌면 운명적으로 공공디자인의 저력을 발휘할 수밖에 없는 도시였다.

그 이후에도 요코하마의 6대 사업(1965)과 요코하마 시 기본구상(1973), 요코하마 21세기 플랜(1981)과 미나토미라이21사업(1983)[11]을 비롯해 유메하마2010플랜(1994),[12] 요코하마 도시기본계획 책정(2000) 및 국제항도 요코하마의 도시만들기 수립(2002) 등 끊임없는 도시정책을 수립해 왔다.

요코하마 도시디자인의 행정적 특징으로는 도시디자인 담당공무원의 장기간 복무와 민간의 신뢰를 기초로 하는 행정, 기본계획이나 조례를 기본으로 협의를 유도하는 민주적 도시디자인 행정, 도심으로부터 주변으로 공공으로부터 민간으로 이어지는 점진적 도시디자인 행정, 가로조성사업 중심의 도시디자인 활동, 도시디자인을 사전지도하는 지구제도의 운영을 꼽을 수 있다.

이 중에서도 가장 인상적인 것은 요코하마 시청을 방문했을 때 '쿠니요시 나오유키'라는 공무원과의 만남을 통해 본 인간 중심의 행정이었다. 허름한 가방을 들고 낡은 신발을 신은 쿠니요시 씨는 요코하마 국제페리터미널, 개항이후 물류창고로 쓰이던 아카렌가소고(赤レソガ倉庫 붉은벽돌창고), 레인보우 브리지로 안내하며 열정적으로 설명했다. 그는 역사를 보존하는 한편 낡은 것에서 새로운 가치를 만들어 내고 관광객을 끌어 모으고 있는 미나토미라이21프로

젝트로 명명되는 현장에 시찰단을 하루 종일 안내했다. 그리고 차이나타운 공원, 잭 퀸 킹 성당을 소개하며 낡은 창고가 쇼핑장소로 바뀐 현장에서, 미쯔비시 조선소의 도크(Dock) 자리에 일본에서 제일 높은 랜드마크 타워빌딩(지상 70층, 높이 296m)[13]을 지은 이야기를 들려주며 공무원 한 사람의 소신, 열정, 힘을 느끼게 했다. [사진 1]

쿠니요시 씨는 대화재와 지진, 경제적 파탄으로 황폐해진 요코하마를 문화도시로 살려내는 일을 35년 간이나 해왔다고 한다. 기본적으로 공무원의 특성상 순환근무를 하고 있고, 다른 직으로 옮겨야 승진이 되는데도 거절하고 요코하마 재생프로젝트에 그야말로 올인 해온 것이다. 요코하마가 공공디자인 혁신도시 1위를 차지할 수 있었던 것도 바로 그의 열정의 결정체가 아닐까 하는 생각이 들었다.

구마모토의 아트폴리스

대도시의 도시재생이 한정된 지역에 대규모의 투자를 통해 전략적으로 도시의 모습을 바꾸는 양상이었다면, 구마모토에서는 크고 작은 도시재생 프로젝트의 향연이 한창이었다. 이 프로젝트는 1988년 호소가와 모리히로 전 일본수상이 제1대 구마모토 현의 지사였던 시절, 서베를린에서 열린 국제건축전에서 아이디어를 얻어 '후손들을 위해 볼 만한 건축을 남겨야겠다' 는 비전을 제시하고, 일본의 세계적 건축가인 아라타 이소자키의 제안이 계기가 되어 시작되었다.

초기에는 이 프로젝트가 현실에 맞지 않는다는 우려가 있었지만 전문가들의 활발한 참여로 현재 다양한 프로그램들이 구마모토 현 전체를 대상으로 지속되고 있으며, 내년에는 아트폴리스 20주년을 맞아 '2008 국제건축전' 이 개최된다고 한다. 이 프로젝트의 장수비결은 커미셔너(Commissioner) 제도에서 찾을 수 있을지 모르겠다. 8~10년 단위(기)에 따라, 각기 다른 커미셔너를 위촉해 프로젝트에 대한 모든 권한과 책임을 부여하는 방식이다. 아라타 이소자키, 안도 다다오 등을 거쳐 지금은 도요이토가 맡고 있다.

지금까지 74개의 프로젝트(민간신청 4건, 관공서신청 70건)를 수행하였고, 자체적으로 필요한 건물들도 이 계획에 포함시켜 진행해 왔다. 이로써 건축물을 통해 현민들을 화합시키고 공통의 관심사를 만들고 지역을 활성화시키게 되었다. 연간 운영비는 1억 2000만 원 정도로 별도의 정부지원금은 없다.

1. 쿠니요시 씨

그 중 6000만 원 정도가 건축도시계통의 자문위원에게 들어가는 비용이고 커미셔너에게는 예산안에서 별도의 위탁료가 지급된다.

거꾸로 서 있는 듯한 경찰서[14]나 소방서 같은 공공건축에서부터 전통인형극장이나 시골초등학교 체육관 등 지역을 위한 문화시설, 그리고 임대아파트를 비롯한 시영아파트 같은 생활제반시설에 이르는 일상생활의 사소한 담론에까지 영향을 미치고 있다. 그 중에서 예술적 가치가 두드러지는 건축물은 관광자원으로 이용된다. 더 나아가 이 프로젝트를 벤치마킹하기 위한 우리나라를 비롯한 많은 건축전문가, 관계공무원까지 끌어들이고 있다. 또 사후관리 비용이 많이 들지 않는다는 점에서도 현명한 프로그램으로 평가받고 있다.

도시 속의 도시, 캐널시티 하카다

일본을 이루는 4개의 섬인 홋가이도(북해도), 혼슈, 큐슈, 시코쿠 중 큐슈 북쪽에 바다를 바라보며 위치하고 있는 후쿠오카는 '물의 도시'라는 별칭을 가지고 있는데 1889년 후쿠오카로 명칭이 통일되기 전까지는 나카강을 중심으로 동부는 상업과 무역의 중심지인 하카다(博多), 서부는 정치의 중심인 후쿠오카(福岡)로 분리되어 불렸다. 현재는 은행이나 회사 지점이 있는 지역은 후쿠오카, 토산품(예를 들어 하카다 인형)이나 축제가 열리는 지역에는 하카다의 명칭을 사용하고 있다고 한다.

후쿠오카 시가지를 남북으로 관통하여 흐르는 나카강의 지류인 하카다 천의 서쪽에 위치한, 중앙에 180m에 달하는 인공운하가 흐르는 '캐널시티 하카다'는 공교롭게도 '물의 도시 하카다'로 불리게 되면서 이름에서부터 후쿠오카의 랜드마크임을 암시하고 있다.

1965년 일본을 대표하는 화장품 회사인 '가네보' 공장의 이전지인 약 3.5ha에 전형적 건축을 중심으로 1975년 1차 계획안을 마련했으나, 법적 변화와 사업 자체에 대한 가치관의 전환으로 당초의 계획은 지지부진해졌다.

1988년 샌디애고의 도심재개발사업 프로젝트인 '호튼 플라자(Horton Plaza)'를 성공시킨 미국의 저드 파트너십(The Jerde Partnership International, Inc.)이 기본계획을 의뢰했다. 저드는 직접적인 경제효과보다 문화나 역사, 환경에 주목하고 대담한 건축물의 색채와 5층 높이까지 솟아오르는 분수 등 마치 계곡이 흐르는 물가를 걷고 있는 듯한 환상적 분위기를 연출한다. 1996년 국토교통성의 도시경관대상의 수상작으로 선정되기도 했다.

인공운하를 가운데 두고 대형호텔(그랜드 하얏트, 워싱턴 후쿠오카 호텔)과 일체형으로 설계된 이 건물에는 13개의 영화관이 있는 일본 최대의 영화 복합시설인 'AMC 캐널시티 13'을 비롯하여 뮤지컬 전문극단인 사계의 공연을 연중 관람할 수 있는 '후쿠오카 시티극장', 게임기 메이커로 유명한 세가(Sega)의 하이테크 어뮤즈먼트 테마파크, 전자오락실(후쿠오카 조이폴리스), 첨단 기업의 쇼룸, 대형서점, 일본 최대의 옥외상점을 포함하는 120여 개의 점포군 '캐널시티 오파' 등 6동의 일체형 건물들이 늘어서 있다.

1996년 3월 오픈 당일 방문객 수가 20만 명에 육박했고, 이후 세계 각국의 다양한 언론매체로부터 주목을 받고 있다. 또한 이곳을 찾는 사람들은 후쿠오카를 비롯한 큐슈지방뿐 아니라 한국 그리고 대만까지 아우른다고 한다.

복합 상업공간인 캐널시티 하카다가 유통을 특화시킨, 단순히 물건을 사고파는 공간이라면, 180m씩이나 되는 인공운하와 분수는 그다지 필요해 보이지 않으며 개방적인 중앙광장과 공연무대는 공간의 사치에 불과할 것이다. 그러나 캐널시티가 방문자를 매료시키는 것은 아이러니하게도 이러한 비효율적인 구조에 있었다. 캐널시티를 단순한 재개발이나 도시재생의 차원이 아닌 전 세계에 알릴 수 있었던 힘의 원천도 이러한 비효율성이 만드는 새로움에서 비롯된 것이라고 보인다. [사진 2]

오사카 남부 중심지인 난바지구는 도시재생특별조치법에 근거하여 도시재생본부가 지정한 '도시재생긴급정비지역'으로 선정된 곳이다. 특히 이곳에서 주목받고 있는 것은 난바파크로 도시상업지구의 활성화를 위한 복합개발 프로젝트로 재개발이 추진되어 2004년 1단계 사업이 완성되고 2007년 현재 2단계 사업이 진행되고 있으며, 전체 연면적 30만㎡ 규모의 시설이 2008년도까지 완공될 계획이라고 한다.

난바파크지구는 1950년대 중반부터 야구장이 자리하던 곳으로 1989년에 오사카에 새롭게 돔(Dome) 구장이 생기게 되어 야구장의 본거지가 이전하게 되고, 그 후 극단 사계의 연극무대나 주택전시장으로 활용되어 오던 곳이었다. 교통의 요충지이지만 북부에 비해 열세한 형편이라 이러한 격차를 해소하기 위해 대규모 복합개발 프로젝트가 진행되고 있는 것이다.

전체적으로 저층부는 상업과 어뮤즈먼트, 고층부는

2. 캐널 시티(Canal City) (사진/최경석)
3. 난바 파크(Nanba Park) (사진/최경석)

오피스로 구성되었는데 저층부의 옥상은 녹지와 광장으로 구성된 제2의 대지로 계획되었다는 점이 가장 주목할 만하다. 종전의 야구장이 입지하던 공공장소의 특성을 살려 거대 옥상정원을 개발해 도심 내 대규모 공원을 연상케 하며 이를 일반시민에게 개방함으로써 도시와 자연과 사람의 조화를 실현한 새로운 도시구조의 옥상녹화도시로 평가받고 있다.

건물 상부에 약 10,000㎡(이 중 1단계 사업에서는 약 3,300㎡)에 이르는 옥상정원(일명, 파크가든)은 단지 용적률 800%를 소화하면서 자연친화적이고 산책하기 좋은 녹화공간을 각 층에 조성했고, 광장을 통해 내 외부를 자유롭게 이동할 수 있는 동선을 마련하였다. 옥상정원은 건물과 통하도록 해 놓았을 뿐만 아니라 지상에서부터 접근할 수 있도록 지표에서 8층까지 완만한 커브를 통해 오를 수 있다. 자연구릉의 형상으로 계획해 다양한 상업시설과 공존하면서도 약 235종 4만 그루의 화초를 옥상에 식재했다. 인공의 구릉형태의 공원은 도심 속 경관에 활력을 불어넣을 뿐만 아니라 오아시스 역할을 하며 지난 2003년 여름 관측한 열환경 데이터에서는 옥상녹화 전체가 도시의 열섬화 현상을 억제하고 있다는 사실이 확인되었다.[사진 3]

인접한 난바역(난바시티)을 사이에 두고 지상철이 지나가고 있는데, 난바파크의 경계부인 철도변을 리노베이션하여 '카니발 몰'로 재정비하고, 방치되기 쉬운 경계부 공간을 새로운 형태의 상업 거리로 정비해 주변지구의 활성화에도 기여하고 있다.

마무리

프랑스 파리하면 반사적으로 떠오르는 상징물이 있다. 바로 1889년 파리세계박람회를 기념하기 위해 지어진 에펠탑이다. 그러나 이 철골구조물은 당시 많은 파리지앵에게 혐오감을 자아냈다고 한다. 〈여자의 일생〉으로 유명한 프랑스 소설가 모파상은 파리에서 이 탑이 보이지 않는 장소가 없어 어쩔 수 없이, 매일 에펠탑 2층의 식당에서 식사를 했고 몽소공원에 있는 자신의 동상을 탑이 보이지 않는 방향으로 돌려놓기까지 했다는 일화가 있다. 그런데 오늘날 매년 1억 5천만 이상의 관광객이 이곳을 오르기 위해 줄을 서게 되리라는 것을 모파상은 알았을까?

20세기 공급 부족의 시대에서는 디자인을 통한 공공의 공간 창출은 말 그대로 사치였다고 할 수 있다. 그러나 과잉 공급의 시대가 되면서 스스로 매력을 발산하지 못하는 공간은 경쟁력을 상실했고, 그것이 공공공간인 경우에는 관리에 대규모 비용이 드는 세금만 먹는 하마로 전락해버렸다.

일본이 1990년대의 경제위기의 아픔을 딛고 1980년대의 경제대국의 위상을 2000년대의 문화대국으로 되찾을 수 있었던 이유도 도시재생 프로젝트를 통한 공공디자인에 있었던 것이라고 할 수 있을 것이다.

사람도 물건도 오래 되면 싫증 날 때가 있다. 도시도 오래되면 쇠락한다. 고색창연이라는 역사적 의미를 부여받는 대신 허름해진 틈새는 메우거나 수리해야 한다. 다시 전통을 음미해야 한다. 도시 전체를 새롭게 짓느니 옆 빈 땅에 도시 하나를 그럴듯 하게 지어 놓아본다. 없는 것을 있게 했으니 창조했다고 말할 수 있겠다. 역사는 하루아침에 이루어지지 않는다는 평범한 진리는 조상의 내음이 배어있고 이야기가 있고 약속이 있는 도시를 쉽게 버릴 수 없게 한다. 손때 묻은 이야기를 걸어오는 다정함이 낯선 만남에 부끄럼 타기 때문만은 아니다. 무언의 가치, 무형의 기분 좋은 힘이 생활을 지배하기 때문이다. 새롭게 만들어진 도시들이 과연 제 역할을 우리네 삶속에 편안한 그릇으로 가져 올 것인가?

천천히 생각하고 꼼꼼히 결정하자. 수천 년 역사, 아니 그 이전부터 터 잡고 살아온 우리의 도시들에는 공간 속에 넘쳐나는 진주보다 귀한 이야기가 있다. 선인들의 체취가 오늘의 우리를 만들었다. 오늘의 우리가 내일의 우리를 향해 오늘 내일을 만들자. 도시의 역사를 끌어안고 고치며 공공의 이익으로 디자인하며 역사에 역사를 보태자. 그것은 변화이고 개혁보다 더 혁신적인 변환의 물줄기이며 역사에 맞닿아 있는 선택이다.

註

1. 2003년 12월 27일자 〈워싱턴 포스트〉 쿨Cool 제국 일본- '문화가 최대 수출품이 되다'
2. 일반적으로 도시재생은 기존도시가 가지고 있는 물리적, 사회적, 경제적 문제를 치유하기 위한 모든 행위를 말하며, 유사개념으로는 1980년대의 도시재개발(Urban Redevelopment), 1970년대의 전면재개발(Urban Renewal), 1960년대의 도시재활성화(Urban Revitalization), 1950년대의 도시재구축(Urban Reconstruction) 등의 복합어를 포괄하는 광의의 개념으로 받아들여지고 있다.
3. 뉴아메리카재단 연구원 더글러스 맥그레이가 외교잡지 〈포린 폴리시(Foreign Policy)〉 2002년 5/6월호의 '일본의 국민총매력' 이라는 논설에서, 경제대국에서 문화대국으로 변모하는 일본의 모습을 설명하기 위해 국민총생산(GNP Gross National Products)에 빗대 제시한 개념으로 '국민총매력(GNC Gross National Cool)' 을 의미한다.
4. 민간기업의 CEO나 경제전문가가 참석한 총리자문기구이며, 1999년 '일본 경제재생을 위한 전략'을 발표했다.
5. 총리직할의 자문기구이며 오부치 정권에서 의욕적으로 시작되었으나 뒤를 이은 모리 정권에서 폐지(2000.11)되었고 이후 고이즈미 정권에서 도시재생본부(행정기관)와 도시재생전략팀(자문기관)으로 발전하였다.
6. 도시재생본부의 본부원은 관계각료인 금융담당대신, 경제재정정책담당대신, 규제개혁담당대신, 과학기술정책담당대신, 방재담당대신, 국가공안위원회위원장, 총무대신, 재무대신, 문부과학대신, 후생노동대신, 농림수산대신, 경제산업대신, 환경대신의 13명으로 구성된다.
7. 도시재생 기본방침
- 21세기 국가 활력의 원천인 도시의 매력과 국가경쟁력 제고는 정부의 중요한 과제이다.
- 1990년대 이후 경제침체로 인해 중추기능이 집적된 동경권, 오사카권 등이 침체되고 있으므로 중앙정부는 구조개혁의 일환으로 도시재생을 추진한다.
- 도시재생은 민간부문의 힘을 얼마나 도시에 집중시킬 수 있느냐가 성패를 좌우하며, 경제구조개혁에 기여할뿐 아니라 일본재생으로 연계한다.
- 민간의 잠재력을 유도하기 위해 필요한 도시기반시설을 중점적으로 정비하고 다양한 제도의 점검 및 공통목표의 우선순위를 정해 역량을 집중하여 각종 시책을 전략적으로 추진한다.
- 도시재생은 중앙정부의 노력만으로 실현되는 것이 아니라 관련 지방자치단체, 경제계 등의 상호협력이 필요하다.
8. '투자도 개발도 도쿄에 집중' 국가전략 U턴, 조선일보, 2007. 1. 30
9. 일본의 '마치츠쿠리(まちづくり)' 를 직역한 말로, 지역의 자치성을 강조하며 지역산업진흥, 생활환경정비, 이벤트형 및 지역교류형 등의 다양한 방식과 효과를 목적으로 하는 지역주민 참여운동이다. 여기에 정부가 협조 또는 후원하는 형태로써 장기적으로 개선되는 내용이 많고 일본 전국에 걸쳐 나타나고 있다.
10. '도쿄 미드타운, 록본기 힐즈 제치고 새 명물로', 매일경제, 2007. 3. 12
11. 보통 MM21이라고 부르는데 'Minato(港)의 항구+Mirai(未2)의 미래+21세기' 의 약자로 21세기의 새로운 항구도시라는 의미. 요코하마 도심부와 요코하마항 사이에 위치해 있고 1983년부터 본격적인 개발사업을 착수, 전체 면적이 187ha에 달하는 대규모 복합재개발지구로 요코하마 내 도시재생에서 가장 주목받는 곳이다. 일본에서 가장 높은 지상 70층 296m의 랜드마크 타워를 중심으로 한 업무지구와 지하철역 부근의 상업지구, 항만근처의 국제업무지구 및 워터프론트지구 등으로 구성된다.
12. '요코하마의 6대 사업(1965)' 중 도심부강화사업의 일환으로 '꿈(夢)+요코하마' 의 합성어. 바람직한 생활상의 실현을 통해 시민의 꿈을 실현한다는 의미를 담고 있으며, 동시에 친숙하고 아름다운 여운을 지닌 말로 시민응모 작품을 기초로 만들어진 말이다.
13. 요코하마를 상징하는, '미나토미라이21' 지구의 현관 건물로 타워를 중심으로 퀸즈스퀘어 빌딩, 일본석유 빌딩, 미쯔비시중공업 빌딩 등이 입지해 있으며, 내부에는 대규모 쇼핑몰과 레스토랑 등이 입점해 있다.
14. 구마모토기타 경찰서, 1990년 11월 준공된 아트폴리스의 1호 프로젝트로 역삼각형 형태의 초현실적인 외관으로 주목받고 있다. 건물전체를 반투명 유리로 덮은 것도 이채롭다.

참고문헌

〈일본문화의 힘〉, 윤상인 외 8명, 동아시아, 2006
〈스페이스 마케팅〉, 홍성용, 삼성경제연구소, 2007
〈일본의 도시재생 사례〉, 이성창, 토지와 기술 2006년 여름호
〈도시재생의 의의와 과제〉, 임서환, 2006년 주택도시연구원 연구성과발표회 기조강연
〈도시재생과 문화정체성〉, 이철우, 대구경북포럼, 2002
〈경쟁도시의 발전비전과 전략 '오사카'〉, 부산발전연구원, 연구 157, 2006
〈국가 경제재생 프로젝트—일본의 도시재생 정책〉, 이삼수, 건설저널 2004. 6
〈일본의 도시재생사례와 시사점〉, 주택도시연구원, Huri Focus 제22호, 2006. 11
〈일본 주요도시 도시재생 사례수집 및 분석연구〉, 인천발전연구원, IDI연구보고서, 2003
〈경기도내 세계도시의 발전전략에 관한 연구〉, 경기개발연구원, 2003
〈세계의 도시(68) 요코하마〉, 국토 통권 270, 2004.

박찬숙

숙명여자대학교 국어국문학과 졸업
한국 여성 최초 TV 9뉴스 진행
KBS 아나운서 공채 1기, KBS 보도 방송위원
KBS 라디오 〈라디오 정보센터 박찬숙입니다〉 진행
제27회 한국방송대상 진행자상
제16회 서울 언론인클럽 언론상
〈파꽃과 꼬리〉로 동서문학 신인문학상 당선
(現) 제17대 국회의원 문화관광위원회
(現) 국회대중문화 & 미디어 연구회
(現) 공공디자인문화포럼 공동대표

오다이바 임해부도심개발
동경만 워터프런트 개발의 중심지

김용선 일본 도쿄대학교 대학원 연구원

오다이바 개발의 역사

동경의 오다이바(お台場)는 동경 만에 접한 매립지다. 에도시대 말기, 미국의 페리함대를 방어하기 위한 해상포대의 진지건설이 시초가 되어, 메이지시대 초기부터 본격적으로 진행되었다고 한다. 최근의 모습이 보이기 시작한 것은 1940년의 동경 만 개항 이후, 특히 제2차 세계대전 후의 공업용지, 항만시설, 물류시설 등의 조성과 쓰레기 처리를 위해서였으며, 그 후 계속적인 확장을 하여 최근까지 약 5,700ha이상이 조성된 긴 역사를 가지고 있다. 전체 매립지 중, 현재 오다이바라고 불리는 13호 매립지는 1970년대 중반에 완성되어, 행정구역상 북부의 미나토구(港區), 서부의 시나가와구(品川區), 남부의 코토구(江東區)로 나뉘어져 있다. [사진 1]

한때는 근처의 쓰레기 매립장과 불편한 교통으로 등한시 되었으나, 1987년의 임해부도심개발 기본구상이 발표된 이후 많은 우여곡절을 겪은 끝에 지금은 연간 방문객 4,000만 명이 넘는 대규모 관광지로 탈바꿈하였다.

오다이바의 임해부도심개발은 개발초기부터 두 개의 큰 개념이 존재하고 있어, 오다이바를 중심으로 한 임해부도심의 개발성격을 규정짓고 있다. 그 중 하나가 오다이바를 중심으로 한 동경 만의 워터프런트 계획으로, 크게 보면 동경 만을 둘러싼 해안지역, 작게 보더라도 우측으로는 치바(千葉)의 마쿠하리(幕張), 좌측으로는 요코하마(橫浜)의 미나토미라이21에 이르는 거대 해안선을 따라 형성된 수변 공간의 계획이며, 또 다른 하나는 1958년 동경도심의 기능분산과 조화된 동경의 육성을 목적으로 지정된 6대 부도심 이후 새롭게 지정된 7번째 부도심개발이다.

임해부도심개발이라는 이름에서 알 수 있듯이, 수변 공간의 개발 프로젝트인 동경 만 워터프런트 계획과, 동경의 도심으로 집중되는 업무기능 등을 분산시켜 도심의 혼란을 완화시키려는 부도심개발이라는 두 개념이 어우러진 대규모개발계획인 것이다.

이러한 개념적, 지역적 특징을 살려 동경 만의 중심이 된 오다이바는 교통시스템을 새롭게 도입하면서 주거, 비즈니스, 교육, 문화 등의 거점으로 자리 잡을 정도로 비약적 발전을 하고 있으며, 공공공간으로서의 기능을 부각시키기 위해 오피스, 쇼핑몰, 방송국, 호텔, 미술관, 박물관 등의 공공시설을 유치하면서 점차로 주거시설도 증가하고 있는 실정이다. 임해부도심의 본격적인 개발신호탄으로서 1996년부터 개최될 예정이었던 '세계도시박람회'가 버블붕괴로 인

1. 오다이바 항공사진 (사진제공/동경도 항만국)

해 개최 직전에 중지되어 한때 이 지역의 개발붐이 사그라지기도 했지만, 1993년의 레인보우 브릿지의 개통으로 관심이 고조된 것과 1997년 후지TV 본사의 이전을 계기로 많은 민영기업이 진출해 지금에 이르고 있다.

현재 임해부도심은 동경도 도시정비국과 동경도 항만국에서 주로 계획 및 관리하고 있으며, 1997년 작성된 '임해부도심 마찌즈꾸리 추진계획'을 바탕으로 작성된 '임해부도심 마찌즈꾸리 가이드라인-재개정'을 기본으로 임해부도심 전체에 대한 개발을 유도하고 양호한 도시경관, 도시환경의 형성을 목적으로 진행되고 있다.

지역성을 고려한 경관과 공공디자인

임해부도심으로 지정된 이래 몇 번의 계획 변경에 의해 유동인구나 예상규모 등이 변경되기는 했지만 전체 대지면적 약 440ha를 대상으로 다이바(台場) 지구, 아오미(靑海) 지구, 아리아케기타(有明北) 지구, 아리아케미나미(有明南) 지구 등 크게 네 개의 지구로 나뉘어져 있다. 각각의 지구는 간선도로로 둘러싸인 범위를 기본으로 3-4구역으로 나누어 전체 계획의 기본단위로 진행되었다. 각 구역 단위로 건물 높이에 제한을 둠으로써, 지역 전체가 일체화된 스카이라인과 실루엣을 만들어내게 하고, 수변 공간의 조망권을 되도록 많이 확보하기 위해 해변 측을 향해 건물의 높이를 점차 낮게 계획하도록 유도하고 있다. 그러면서도 건물형태 자체에는 되도록 개성을 발휘할 수 있도록 배려를 하여 전체적인 경관디자인을 중시하면서 사업자 측의 의도를 해치지 않는 방향으로 외벽선의 위치를 계획지침으로 정해놓아 보행자에게는 압박감을 느끼지 않도록 하고 있다. [사진 2, 3]

오다이바가 초기에 관심을 끌지 못했던 것은 접근성이 불편하다는 이유에 있었다. 따라서 개발초기 단계부터 교통 네트워크에 대한 철저한 계획이 이루어지고 있었다. 레인보우 브릿지의 완공에 따른 수도고속도로의 개통과 임해고속철도, 그리고 신교통 시스템 유리카모메(ゆりかもめ)가 개통되면서 오다이바 내의 각종 시설의 이용률이 급증하게 된다. 특히 이 유리카모메는 무인운전시스템을 도입한 모노레일로서 운전자석이 개방되어 있어 마치 놀이기구를 타고 도시를 여행하는 착각이 들 정도로 탑승자에게 즐거움을 선사하고 있다. [사진 4, 5]

또한, 유니버설 디자인 개념의 도입으로 지상 출입구

2. 해변에 접한 저층 건물군
3. 지상주차장에서 바라보는 고층 건물군
4. 유리카모메에서 바라보는 전경
5. 유리카모메에서 바라보는 전경
6. 휠체어 공간을 확보하고 있는 차량의 정지장소를 표시한 사인
7. 지상 출입구에 설치된 에스컬레이터

오다이바 임해부도심개발

부터 개찰구를 통과하여 탑승에 이르기까지 고령자나 장애자의 접근도 원활히 이루어지도록 설계되었고, 특히 휠체어 사용자를 위한 안내표시를 한 눈에 알아볼 수 있도록 바닥에 사인을 표시하였다. 탑승을 위한 방향에는 청색과 녹색을, 출구를 향한 방향에는 오렌지색과 노란색을 사용하여 색채를 통한 안내표시를 제공하고 있다. [사진 6~9]

유리카모메의 역사는 기본 디자인을 정해 디자인을 통일시켰다고 한다. 상이한 설계, 상이한 시공에 의한 비용의 증가를 피하기 위함이라고 생각되는데, 이런 단조로움을 피하기 위해 각 역마다 서로 다른 문양을 채택하고 있다. 이 문양은 일본의 전통문양을 이용한 것으로 각 역 이름과 지역의 특징을 디자인하여 지상 출입구, 개찰구, 건물의 외관을 비롯하여 차량출입문 등 역 내외부의 곳곳에 사용되고 있다. 특히 선로의 추락 사고를 방지하기 위해 설치한 스크린도어에는 탑승자가 의자에 앉았을 때의 시선에 맞춰 문양이 부착되어 있다. 무심코 바깥풍경을 보게 되었을 때 보이는 갖가지 문양은 어느 역에 도착했는지를 알려주면서 또 하나의 즐거움을 선사해주는 디자인이 되고 있다. [사진 10, 11]

임해부도심개발의 최대 특징은 부지 전체에 널리 퍼져 있는 해상공원과 녹지공간의 조성에 있다. 전체면적의 4분의 1을 차지하는 각 지역의 해상공원은 동경도의 새로운 거점 임해부도심에서 살고 일하고 놀며 모이는 사람들을 위한 공공공간이다. 바다에 면하는 다수의 공원으로 이루어져 있으며 그 중심에는 오다이바를 횡으로 가르고 있는 심볼 프롬나드(Symbol Promenades) 공원을 축으로 각 해상공원과 레저스포츠를 할 수 있는 공원 등으로 연결되어 각각의 장소적 특성을 살린 다채로운 표정을 담고 있다.

최대 폭 80m, 총 연장길이 4.1km의 규모에서 알 수 있듯이 심볼 프롬나드는 오다이바의 이미지에 맞는 도시공간이라 할 수 있다. 거주자에게는 넓은 산책로를 제공하면서, 방문자에게는 다양한 즐거움을 선사하는 곳이다. 때로는 이벤트의 장소로써, 이동공간으로써, 산책로로써의 기능을 가지며, 길을 따라가며 나타나는 조형물과 좌우로 펼쳐진 건물의 표정, 그리고 울창한 숲과 바다, 이 모든 것이 워터 프런트만이 가질 수 있는 특징이 되고 있다. 특히, 주거공간의 공용공간을 오픈스페이스로 사용하여 공공화하고 식재나 조형물을 설치함으로써 쾌적한 공간을 공유하는 것은 우리에게도 시사하는 바가 크다. [사진 12~15]

이러한 해상공원과 녹지공간은 스카이웨이와 보행자

12, 13, 14, 15

10   11

8. 유리카모메의 탑승문
9. 유리카모메의 개찰구
10. 신바시에 설치된 문양 전체의 설명안내사인
11. 차량 실내에서 보이는 스크린도어의 문양
12. 센터 프롬나드의 녹지공간
13. 웨스트 프롬나드에서 바라보는 레인보우 브릿지
14. 해변 공원에서 바라보는 주거단지의 전경
15. 공용공간의 공공화

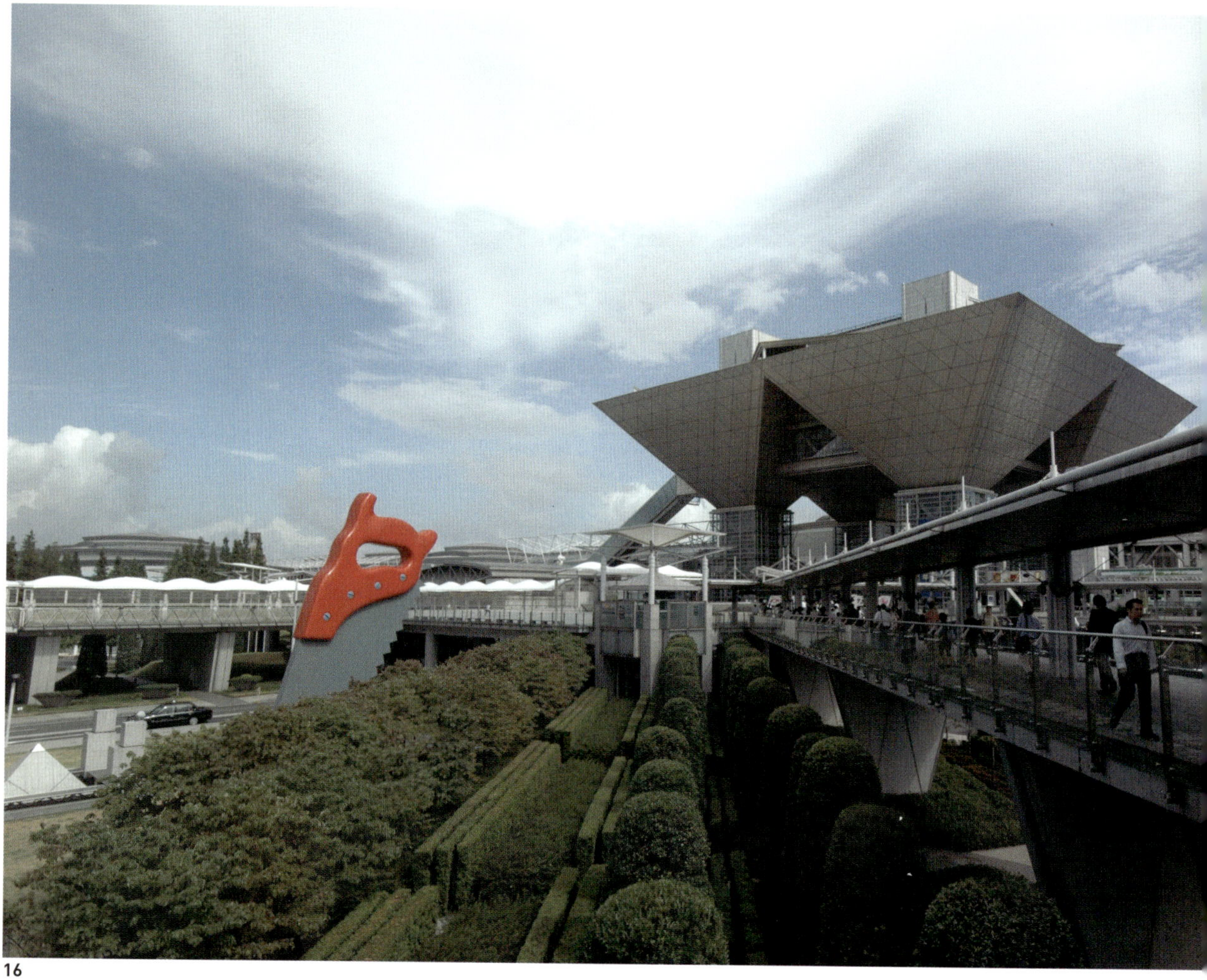

16

18

19

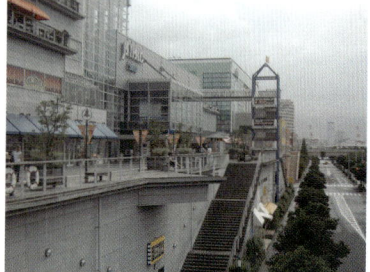

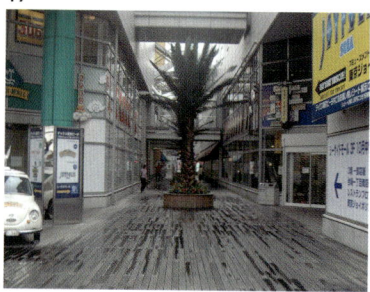

16. 신교통 유리카모메에서 동경국제전시장으로 가는 보행자 데크
17. 스카이웨이의 입구
18. 해변공원에 접해 있는 보행자 데크
19. 부지 내의 건물과 건물 사이의 보행자도로
20. 건물에 나란히 배치되어 있는 광고물
21. 출입문에 표시된 동물 취급 안내사인
22. 패션타운의 야외 테라스 공간

17

데크 등에 의해 차도를 횡단하지 않고도 갈 수 있도록 배려가 잘 되어 있다. 보차공간의 분리가 상당히 잘 이루어져 있어서 오다이바를 방문하는 사람은 역에서 하차를 하면 스카이웨이를 통해 자신이 원하는 건물로 안전하고 쾌적하게 진입할 수 있다. 물론 건물을 둘러싼 보행자 데크는 건물 간의 이동도 손쉽게 할 수 있게 하여 보다 높은 위치에서 주변의 경관을 즐길 수 있다. 국제전시장이 있는 아리아케 지역은 녹지공간을 넘어 환경조형물이 설치되어 있어 주변 환경보다 눈에 잘 띄는 색깔과 디자인으로 눈길을 끌며, 특히 해변공원의 보행자 데크는 언제나 사람이 붐비는 관광명소로써 자리 잡고 있어 가장 많은 이목을 끄는 곳이기도 하다. [사진 16~19]

옥외 광고물에 대해서는 임해부도심 광고협정서를 준수하게 되어 있어서 포스터나 현수막 같은 일시적인 광고물이라 할지라도 무질서한 난립을 막기 위해 원칙으로는 금지하고 있으며, 안내를 위한 사인도 꼭 필요한 곳에 통일감 있는 디자인으로 설치를 하게 되어 있다. 따라서 색채나 재료의 선택에 있어서 주위의 건물과 조화를 이루면서 공동으로 설치하는 것을 권고하고 있다. 특히 교육용 기능의 건물이 많은 아오미 지구의 경우는 간결하고 명료한 사인을 사용함

20

21

22

으로써 시각적인 장애가 되지 않도록 하고 있다. 이러한 지침들은 건물의 사용주들이 우후죽순 내걸려 있는 광고물보다도 세련되고 간결한 디자인을 사용함으로써 얻어지는 효과가 더 크다는 것을 인식하고 있는 데서 비롯된다고 본다. [사진 20, 21]

앞에서 언급한 바와 같이 일반 보행자를 위해 부지 내의 공간을 공공의 공간으로 제공하는 경우를 많이 볼 수 있다. 공간의 개방을 통해 사람의 시선을 건물에 끌리게 하면서 보다 편안히 여유로운 일상을 즐기기 위한 배려를 하는 것이다. 이 개방 공간은 건물 안에 있는 상점의 이용객 뿐만이 아니라 근처의 시설 이용자나 보행자 누구나 사용할 수 있도록 열려 있어 오다이바의 또 다른 매력으로 느껴진다. [사진 22, 23]

오다이바 같은 대규모개발이 진행된 곳은 사람이 찾아오지 않으면 순식간에 황폐해질 수 있다. 사람을 끌어들이는 디자인, 매혹시키는 디자인, 그리고 편안함을 느끼는 디자인에 이벤트가 더해진다면 그것만으로도 화제가 되기에 충분해진다. 공원이나 야외 광장에서 행해지는 볼거리 외에도 내부공간에서 발생하는 약간의 창조력으로 한번 방문한 사람의 발길을 다시 그곳으로 돌리는 마력을 가지고 있다. 예를 들어 팔레트 타운의 유럽 로마의 거리를 재현한 사례

24, 25, 26

23
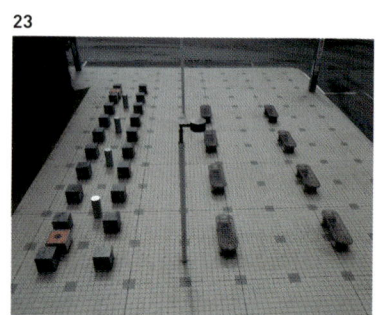

27

28

나, 패션타운의 샤워 트리가 그것이다. 팔레트 타운의 로마광장 분수대는 언제나 기념사진을 찍으려는 사람으로 붐비며(사진을 찍어주는 도우미도 대기중), 그 거리에는 쉼터를 제공하는 벤치나 안내표지 등이 내부 공간과 일체가 되어 여유로운 중세유럽의 거리를 즐기게 해 준다. [사진 24, 25]

패션타운 내부의 아트리움에서는 일정 시간을 정해 샤워 트리라는 이벤트를 연출하고 있다. 음악과 함께 35m높이에서 쏟아지는 물줄기는 보고 있는 사람으로 하여금 환상적인 기분이 들게 하면서 물줄기를 보고 들으면 자연과 일체가 되는 기분도 만끽할 수 있다. 샤워 트리에서 물이 떨어지는 소리와 빛에 어우러진 물줄기는 지나가던 사람의 발길을 멈추게 하고 눈과 귀를 기울이게 한다. [사진 26]

이렇게 각 시설마다 여러 가지 이벤트를 선보이면서 사람을 불러들이기도 하지만 역시 오다이바에서 가장 인지도가 높은 장소는 해변공원에서 바라보는 레인보우 브릿지와 바다 건너편의 도시의 모습이다. 레인보우 브릿지의 야간 조명은 일본 내에서도 손꼽히는 경관이지만, 반대편의 레인보우 브릿지 쪽에서 바라보는 오다이바 해안공원의 야경도 그에 못지않게 아름답다. [사진 27, 28]

맺음말

이렇듯 임해부도심은 곳곳에서 사람을 이끄는 매력과 도쿄 도심을 벗어난 개방감을 맛볼 수 있는 장소이다. 지역적 특색을 한껏 발휘하는 장소적 의미 부여와 부도심 전체를 어우르는 통일과 절제의 디자인은 때로는 마음을 평안하게 만들고 때로는 이국적 공간을 연출함으로써 환상에 빠져들게 하는 두 얼굴을 갖고 있다. 이런 임해부도심은 아직도 개발이 2016년 올림픽유치를 위한 선수촌 건설을 계획하고 있으며, 그 총괄 건축가로 안도 다다오를 내세웠다. 올림픽의 개최 유무를 떠나서 주거시설지구로 계획되어 있던 이곳은 앞으로도 동경의 경관과 디자인을 리드하는 부도심으로 자리 잡을 것으로 예상되어 또 한 번의 업그레이드가 기대된다.

참고문헌
〈再開發 東京ベイネットワーク〉, 筒井光昭 편저, 住宅新報社, 1989
〈全圖解 東京開發計劃―この地圖でビジネスチャンスが見つかる〉, 21世紀都市硏究會, ダイヤモンド社, 2003
〈東京プロジェクト―"風景を"變えた都市再生12大事業の全貌〉, 平本一雄' 東大都市工都市再生硏究會, 東京工科大都市メディア硏究會, 日經BP社, 2005
〈お台場物語―まちが生まれるまで〉, 武藤吉夫, 日本評論社, 2003

23. 국제전시장 내의 버스 정류장 심플한 문양의 바닥패턴과 여유로운 벤치와 가지런하고 규칙적인 재떨이와 좌석의 배치
24. 팔레트 타운의 보행자 도로
25. 거리안내 표지
26. 패션타운의 샤워 트리
27. 해질 무렵의 레인보우 브릿지
28. 레인보우 브릿지에서 바라보는 해변공원의 야경

김용선
일본 도쿄대학교 대학원 연구원
경원대학교 건축학과 졸업
일본 도쿄대학교 건축학 박사학위 취득
재택고령자의 개호를 위한 부품개발 및 육아세대의 공간연구 참여
초고층아파트 재생방법 연구
건축병리학 연구
지방도시 활성화방안 연구 등에 참여
한국 및 일본건축학회 정회원

도쿄의 스트리트스케이프
도시재생사업을 중심으로

안수연 계원조형예술대학 교수

일본 국내는 물론 전 세계의 주목을 받으며 대규모로 진행된 도쿄의 도시재생사업들은 단순히 물리적 환경의 개선만이 아니라 사회적, 문화적 맥락의 상상력을 동원하여 역동적인 유토피아의 공간을 제공하였다. 이에 따라 권위적이고 개발 지향적, 행정 편의적인 도심에 갇혀있던 도시민들의 생활에 자유와 활력을 찾아주었고 도시생태계 복원을 위해 공동체가 함께하는 지속가능한 사회를 위한 성공적 실천도 높이 평가할 만하다.

기존의 성장 지향적 도시개발 과정에서 소외되었던 시민들은 도시민으로서의 삶에 대한 사회적, 문화적 권리 즉 쾌적하고 건강한 환경에서의 생활을 요구하는 목소리를 높이고 있다. 이는 시민들의 요구가 생존이 아닌 삶의 질 향상의 문제로 옮겨가고 있는 것을 의미한다. 공공공간은 그 안에서 이동하는 시민들의 활동유형을 결정하기 때문에 아주 중요하다. 따라서 시민이 일상에서 함께 하는 공간과 설치물 등에 대한 그 도시만의 독특한 색깔을 입혀가는 작업이 곧 문화적 공공공간을 창출하는 공공디자인의 출발점이 될 수 있다.

본고에서는 록본기 힐즈, 미드타운, 오모떼산도 힐즈, 시오도메, 동경역 주변 등에서 성공적으로 진행된 도쿄의 도시재생사업의 사례를 통해 도쿄의 스트리트스케이프(Streetscape)를 소개하려 한다.

상호관계를 존중하는 광장과 가로

'시간과 공간', '인간과 기술'의 상호관계를 강조하는 '공생의 철학'을 발전시킨 구로가와 기쇼(黑川紀章)는 "동양의 도시에는 광장이 없고, 서구의 도시에는 길이 없다."는 말과 더불어 도시민들의 사회적 활동에 따라 공공공간의 성격이 결정됨을 강조하였다. 일본인들의 공간이용 성향이 '광장형'이 아니라는 기존의 주장들에 반론을 제기한 덴마크 왕립 미술 아카데미의 얀 겔(Jan Gehl)교수는 '코펜하겐 광장실험'으로 명명한 도시설계 실험결과를 바탕으로 일본의 가로가 '출퇴근을 위해 지나가는 가로'에서 선택적, 사회적 활동을 부추기는 '쉬며 즐기는 적극적 가로'로 변신해야 함을 지적하였다. 실제로 도쿄를 중심으로 수행된 21세기형 도시재생 프로젝트들에서는 겔 교수의 주장과 맥락을 같이하여 시민문화가 다양하게 표출되는 거리와 광장의 중요성을 도시계획에 반영했다. 도쿄의 도시재생사업들은 공통적으로 세 가지의 요건들을 갖추고 있다. 첫째, 시간, 공간 그리고 인간 내면의 상호관계를 위해 개방

1. 루이즈 부르조아의 거미를 모티브로 한 마만.
2. 록본기 힐즈의 동서를 연결하는 도로

3. 녹지로 조성된 광대한 오픈 스페이스
4. 여러 형태의 벤치와 분수, 노천카페가 있는 자유로운 휴식공간 미드타운 광장
5. 동경역 앞 작은 광장의 석재 벤치와 지주 이용 간판.
6. 주변의 고층빌딩과 쇼핑몰들의 허브역할을 하는 시오도메 지하광장

공간인 광장을 최대한 확보하고, 둘째, 주변의 녹지와 공원을 연계하여 삶의 질 향상과 도심 생태계 복원에 기여하며, 셋째, 주변 도로를 정비하여 어떤 방향에서의 접근도 용이하게 하는 도시계획 등이다.

도심에서의 광장은 소통과 나눔의 공간으로 도시를 더 다양한 표정으로 만들어 준다. 현대사회에서 도시민들은 많은 축제와 갖가지 이벤트를 통해 그들의 삶을 표현하고 대중 속에서 함께 하는 즐거움을 일상으로 받아들이게 되었다. 이에 따라 개방공간인 광장과 가로는 삶을 풍요롭게 만들 수 있는 공간으로 21세기형 도시재생사업에 매우 중요한 공간디자인 요소가 되었다.

루이즈 부르조아의 거미를 모티브로 한 〈마망〉은 전 세계로부터 많은 사람들이 모여 새로운 정보를 뽑아내는 상징적 의미에 따라 록본기 힐즈를 만남의 광장으로 만들어 주었다. 또한 고층빌딩이 들어서게 되면서 야기될 수 있는 환경문제에 대처하기 위해 4㏊에 달하는 광대한 오픈 스페이스를 녹지로 조성하여 도시의 허파역할을 하게 하고, 시오도메 지하광장은 주변의 고층빌딩과 쇼핑몰들의 허브역할을 하며, 미드타운 광장에는 여러 형태의 벤치와 분수, 노천카페가 있어 자유로운 휴식공간이 되어준다. [사진 1~6]

스트리트 퍼니처 디자인

'도심환경에서의 여유로운 삶'과 '세련된 도시의 이미지'를 위해 스트리트 퍼니처(Street Furniture) 디자인은 필수적이다. 도쿄의 스트리트 퍼니처를 살펴볼수록 개발 수행자가 얼마나 열린 시각으로 공공성을 우선시하고 사회적 맥락에서 디자인을 재조명하였으며, 지역 특성화와 지속가능한 커뮤니티를 위해 노력했는지를 쉽게 느낄 수 있다. 또한 도쿄의 스트리트 퍼니처는 전체 공간에의 조화를 강조하고, 제품수명을 늘리거나 환경오염을 최소화할 수 있는 재료들을 사용하는 등 지속가능한 디자인에 충실하였다. 시각을 차단하거나 보행을 방해하지 않으며 무질서하게 나열되어 도시 미관을 해치지 않도록 각별히 노력한 결과가 도심 곳곳에 여러 형태로 존재한다.

요코하마 국제 페리터미널로 이어지는 거리의 태양열 축전 가로등, 운반을 용이하게 하고 제설용 모래나 염화칼슘의 보관도 가능한 도로분리대의 물 저장탱크, 재생된 도시의 이미지에 따라 반듯한 사각형으로 디자인된 미드타운의 신호등, 사방을 바라보며 버스를 기다릴 수 있도록 개방형으로 설계된 버스정류장, 시야를 차단하지 않으며 사방에서의 접근이 가능

4

5

6

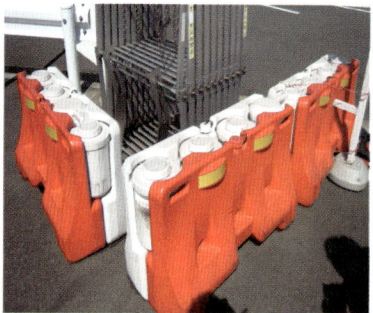

7, 8, 9, 10, 11, 12, 12-1

7. 요코하마 국제 페리터미널로 이어지는 거리의 태양열 축전 가로등
8. 운반이 쉽고 제설용 모래나 염화칼슘을 보관할 수 있도록 디자인된 물 저장탱크
9. 요코하마 야마시타 공원의 화장실 픽토그램
10. 재생된 도시의 이미지에 맞게 디자인된 미드타운의 신호등
11. 사방을 바라보며 버스를 기다릴 수 있도록 개방형으로 설계된 버스정류장
12. 12-1. 공동 지주를 사용한 사거리의 보행자 신호등과 교통 표지판들.
13. 엄격하게 규제되는 롯본기 상가들의 간판
14. 흡연이 지정된 지역
15. 15-1. 시오도메 고가차도의 깔끔하게 마감된 거더와 거더에 매입 설치된 교통 신호등.

하고 보행에 방해가 되지 않는 간판, 고가차도를 깔끔하게 해주는 거더와 거더에 매입 설치된 신호등, 그리고 안전성을 위해 가드레일을 활용한 신호등과 교통표지판 등은 지속가능한 사회를 위한 스트리트 퍼니처 디자인의 좋은 예가 된다고 하겠다. [사진 7~15]

도시생태계의 복원

'도시에 초록을 입히자' 는 슬로건은 20세기 급격히 진행된 도시발달로 인해 파괴된 자연 생태계의 복원과 회색의 콘크리트의 숲으로부터 벗어나 쾌적하고 편안한 환경을 도시민들도 누려야 한다는 맥락에서 출발했다. 따라서 도심 생태계의 복원과 녹지의 확대를 통한 도시생활의 질적 향상은 지속가능한 사회를 위해 필수적인 요건으로 21세기 도심재생 프로젝트의 주요 화두로 등장했다. 경제적 여건이 좋아지고, 삶의 질 향상에 대한 인식과 맑고 깨끗한 환경에 대한 욕구가 높아지면서 자연과 어우러진 아름다운 거리경관(Streetscape)이 하나 둘씩 생겨났고 도시생태복원을 위한 녹지공간의 확충에 많은 노력이 기울여졌다. 도시생태계복원은 경관적 측면이나 피폐해진 도시거주민들에게 삶의 여유를 돌려준다는 정서적 측면뿐 아니라 도시생태 파괴로 인한 열섬현상을 해소하고 도시홍수를 방지한다는 기능적 측면에서 매우 중요하다.

도시재생사업으로 등장한 록본기 힐즈의 모리공원(毛利庭園, 모리테이엔), 미드타운의 히노키쵸 정원과 4ha에 달하는 녹지, 도심 곳곳의 소규모 정원들과 가로변의 녹지들은 예로부터 정원에 대한 애착이 강한 일본인들의 성향을 반영하여 정신적 만족감을 높이고 선택적 사회활동을 늘림과 동시에 도심 기온상승 억제와 깨끗한 공기를 만드는 도시의 허파로서의 기능을 충실히 수행한다. 록본기 힐즈의 한복판에 있는 모리정원은 관광객과 직장인에게 좋은 휴식처가 되어주고 요코하마의 야마시타코엔(山下公園)은 항구도시의 낭만에 흠뻑 젖어 데이트 코스와 산책코스로 사랑받는다. 정성스레 가꾼 잔디밭이 넓게 펼쳐진 미드타운의 공원 역시 조깅코스를 따라 다양한 수종의 꽃과 나무가 심어져 있어 시민들에게 인기 있는 휴식처가 되었다. [사진 16~20]

태풍이 많이 지나가고 강우량이 많은 일본은 기후적 특성을 반영한 공공디자인 정책을 도심재생 프로젝트에 효과적으로 반영하고 있다. 생태공간과 녹지공간을 공공공간에 확대 적용하는 것은 여유로운 도시미관을 제공할 뿐 아니라 자연 배수로(Natural

14

15

15-1

16, 17, 18, 19, 20, 21

22

23

Drainage)를 확대하는 결과로 하수로 범람을 예방하고 우천 시 유속(流速)을 20% 정도 감소시키는 것으로 확인되었다. [사진 21~23]

도쿄의 도시재생사업들은 모두 '느린(Slow) 개발' 을 선택했다. 개발 과정에서 빈번히 발생하는 성과 위주의 정책, 넉넉지 못한 진행 일정, 시민들과의 공감대 형성 실패 등에 따른 도시민들의 소외감을 줄이기 위한 노력이 다양한 측면에서 나타났다. 지역주민의 동의와 이해를 구하는 데만 십 여 년씩 할애하면서 거주자의 요구를 적절히 수용하였고, 공사기간 중 지역주민들을 초대하여 건설 현장을 둘러보게 하거나 전시회를 통해 건축물에 쓰인 공법과 자재에 대한 정보를 공유하며 공감대를 형성하였다. 또한 적극적인 민자유치개발로 지역경제 활성화에 기여하였다. 이러한 것들이 좋은 디자인을 위한 전제조건으로서 튼튼한 프로세싱과 사회적 논의가 충분히 되고 있기 때문에 공공디자인 담론에서 제기되는 공공이 소외된 개발주의적인 정책, 관제적 목소리를 높여 정책입안자의 일방적인 의견만을 표현하는 표면적인 디자인에 머물지 않고 사회, 문화적 맥락을 수렴한 사회 커뮤니티활동의 연장선상에 있었다.

'문화 창달' 과 '국제화' 라는 미명하에 고급아파트와 브랜드숍 일색의 상점들이 즐비하게 되었고 거주자나 이용자의 경제적 능력에 따라 개발의 수혜를 제한한다는 지적과 함께 누구를 위한 도시재생이었냐는 부정적 시각이 있기도 하지만 도시재생을 통해 커뮤니티 구성원들의 공감대 형성과 문화의 대중화가 실현되고 시민들의 삶의 질이 향상된 것은 분명하다. 공공디자인은 그 수혜자이자 요구자로서의 사람들의 목소리에 보다 실제적으로 귀를 기울일 필요가 있다는 것은 아무리 강조해도 지나치지 않다. 공공디자인의 영역에서 중요한 것은 디자이너나 정책입안자들의 사회적 책임을 강조하는 것이다.

참고문헌
〈스페이스 마케팅〉, 홍성용, 삼성경제연구소, 2007
〈희망의 공간〉, 데이비드 하비, 한울, 2000
〈왜 공공미술인가〉, 박삼철, 학고재, 2006
〈현대경관을 보는 열두 가지 시선〉, 조정송 외, 한국학술정보(주), 2006
〈Contemporary Public Space Un-volumetric Architecture〉, Aldo Aymonino/Valerio Paolo Mosco, Skira, 2006
〈High Performance Infrastructure Guidelines〉, Design Trust For Public Space, Oct. 2005
〈일본의 도시재생 사례〉, 이성창, 토지와 기술 2006. 여름호
〈도쿄 미드타운, 록본기 힐즈를 제치고 새 명물로〉, 매일경제, 2007. 3. 12
〈공공디자인 도시를 바꾼다 2 기능과 미관의 조화〉, 동아일보, 2004. 5. 4

16. 록본기 힐즈의 한복판에 있는 모리정원
17. 항구도시의 낭만에 흠뻑 젖어 데이트 코스와 산책코스로 사랑받는 요코하마의 야마시타코엔
18. 넓은 녹지 안에 차분하게 앉아 있는 디자인 윙
19. 정성스레 가꾼 잔디밭이 넓게 펼쳐진 미드타운의 공원
20. 동경역 주변 생태울타리(대나무)로 둘러진 인도변 녹지공간
21. Design Sight 21-21. 디자인 윙 뒤편 도로의 녹지-생태 배수로
22. 인도변은 물론 중앙분리대를 대신하여 확대된 시오도메 주변
23. 시오도메 지하 오픈광장

안 수 연
계원조형예술대학 가구디자인과 교수
경기도청 광고물 관리기획단 자문위원
경기지방공사 광교 택지개발사업 공공디자인 자문위원
성균관대학교 사회과학대학 신문방송학과 학사
미국 로체스터 공과대학 미술대학 가구디자인과 석사
MFA, Rochester Institute of Technology, Furniture Design Dept.
이태리 국립 밀라노 공과대학, 산업디자인과, 박사
(Sustainable Design-친환경디자인 전공)
PhD, Politecnico di Milano, Facolta Del Design

도시를 살리다, 경제를 살리다
도시재생프로젝트 미드타운

우영희 충주대학교 산업디자인과 교수

2001년 일본정부는 쇠락하는 도시를 위해 재생 차원의 사업이 아닌 경제 성장을 제1의 목표로 삼아 '도시재생본부'를 설립하고, 제2의 도약을 기대하는 국가 토건사업으로 복합 상업타운인 도쿄 미드타운(Tokyo Midtown) 개발을 추진하였다. 이는 거품경제가 붕괴된 이후 10년 동안 장기침체기에 들어갔던 도쿄를 살리기 위한 정부의 적극적인 노력 중의 일환이었다.[사진 1, 2] 이글은 'Diversity on the Green' 도심형 라이프스타일을 즐길 수 있는 복합 상업타운인 도쿄 미드타운(Tokyo Midtown)의 매력을 살펴보고자 한다.

도쿄 미드타운 개발은 지분의 약 40%를 가지고 있는 부동산 투자 개발회사 미쓰이 후도산이 1800억 엔(약 1조 4000억 원)을 들여 구 방위청 부지를 매입한 뒤 3년 전부터 본격적인 공사에 들어갔다. 미드타운을 록본기 힐스와 비교한다면 좀 더 '디자인' 측면을 강화시켰다는 것이 장점이다. 명망있는 디자이너들의 제품과 인테리어에 프리미엄 라이프스타일(Premium Life Style)이 기본이며, 디자인 허브와 21_21 디자인사이트(Design Sight)같은 시설을 통해 대중적인 디자인과 전문적인 디자인을 함께 아

2

1

1. 미드타운 전경 (사진/장효민)
2. 미드타운 입구사인 (사진/장효민)

도시를 살리다, 경제를 살리다 **47**

우른다. [사진 3~7] 디자인 허브(Design Hub)안에는 일본 산업디자인진흥회와 일본 그래픽디자이너협회와 같은 전문가 집단이 자리하고 있어 기업과 학교, 기업과 기업, 기업과 디자이너를 연결시키는 데 일조하겠다는 계획이며, 전국 공제농업협동조합회, 세키스이 하우스, 부국생명보험, 메이지야스다 생명보험 등 다양한 기업이 컨소시엄을 이뤄 참여했다. 규모가 엄청난 개발인 만큼 많은 기업이 관심을 갖고 뜻을 모아 참여하게 된 것이다.

미드타운의 개발을 모델로 앞으로 이러한 대규모 복합단지 개발은 일본 전체에 퍼져나갈 전망이다. 도심 재개발은 이제 세계적인 추세로 사람들은 경제활동을 위해 도심에 머물다가 교외에 있는 주거지로 이동하는 시기가 있었으나 현재는 도심으로 주거인구가 다시 몰리고 있다. 즉 도심 공동화가 사라지고 있는 것이다. 이는 도심의 상업적 기능에 복합문화적 공간을 더하고 녹지공간을 확보하여 주거공간으로서 갖춰야 할 부분을 하나 둘 이루어 가고 있기 때문이다.

도심에서 즐기는 럭셔리한 일상

록본기에 위치한 미드타운은 132개의 상점이 입주해있는 도쿄 최고의 명소 중 하나인 복합

6, 7

3

4

5

8, 9

센터로 모두 6개의 건물로 이루어져 있으며 총 공사비로 약 3700엔(약 3조 원)이 투자되었다. 모든 건물의 층별 면적을 합하면 약 56만m²에 달하며 54층의 높이가 248m로 도쿄에서 가장 높은 빌딩이다. 2007년 3월 30일에 오픈하여 2003년에 오픈한 록본기 힐스와 오모테산도 힐스에 이어 오피스, 미술관, 쇼핑몰, 상점, 주택 등이 함께 어우러진 상업의 문화화를 지향하는 복합 문화공간으로 구성되었다.[사진 8~10] 미드타운에서 5분 거리의 신국립미술관에서 여유롭게 관람하면서 산책도 하고, 맛있는 음식도 먹으며 쇼핑을 할 수 있는 미드타운, 롯본기 힐스, 국립미술관으로 이어지는 도쿄 뮤지엄 라인이 완성됐다. 미드타운 프로젝트의 컨셉(Concept)은 일상을 '럭셔리(Luxury)화' 시키는 것이다, 이에 따라 1,600만 원 건강검진으로 화제를 모은 존스홉킨스 메디컬 센터도 이곳에 입점되어 있다. 또한 '럭셔리화'에 빠질 수 없는 것은 예술이다. 예전부터 일본 전통 예술로 유명한 산토리미술관은 이곳으로 위치를 옮겨 재개관 하였으며, 산토리미술관은 전시규모보다는 수준 높은 작품을 전시하는데 심혈을 기울인 듯하다.[사진 11, 12]

미드타운은 갤러리아(Galleria), 플라자(Plaza), 가든(Garden)의 세 구역으로 나뉘어져 있다. '갤러리아'

3. 디자인 허브 (사진/장효민)
4. 21_21 디자인사이트의 야간경관 (사진/장효민)
5. 보도조명 (사진/장효민)
6. 미드타운의 가로시설물 벤치 (사진/장효민)
7. 벤치 (사진/이혁수)
8. 미드타운 외부의 전경 (사진/장효민)
9. 갤러리아 유리벽 천장으로부터 자연광이 들어오는 공간 (사진/장효민)
10. 중정의 형태로 보이드공간을 계획하고 천장을 만들어 자연채광의 효과를 높였다. (사진/장효민)

10

구역에는 주로 상점들이 있고 '플라자' 지역에는 카페와 베이커리 등 휴식공간들이 모여 있으며, 도심 속 잔디광장, 조깅코스와 같은 휴식공간들은 '가든' 부분에 위치해 있다.[사진 13, 14] 미드타운은 지하 1층부터 이어지는 상점들이 기존의 이미지와 확연히 다른 고급스러운 분위기로 연출되어 있어 일상을 럭셔리화하려는 의도를 잘 반영하고 있다.[사진 15~17] 미드타운의 숙박시설로는 리츠칼튼호텔이 미드타운타워의 1-2층, 45-53층에 위치하여 도쿄 시내의 멋진 조망이 내다보이는 객실을 제공한다. 이렇게 호화스러운 서비스를 갖춘 도쿄 미드타운은 도심에서 즐기는 럭셔리한 일상이라는 슬로건에 맞는 전략을 펼치고 있다. 도쿄 미드타운에서 일하고 있는 사람들은 약 2만 명에 이르며 시설물에서 거주하는 사람들은 1200명 정도 된다. 평균 임대료는 주변 시세에 비해 2배에 가까울 정도로 높은 편이지만 공실이 거의 없을 정도로 인기가 높다. 이곳에는 글로벌 브랜드들의 매장과 일본 대표 브랜드들이 입점해 있는데 이들은 미드타운 입주 자격을 얻기 위해 남다른 서비스를 제공하며, 기존에 운영해오던 매장들과 차별화하는 전략을 제시해야만 했다.

철저히 계획된 도심 속 그린 스페이스

미드타운에서 프리미엄 라이프스타일이 단순히 거주민들의 호의호식을 위한 것으로만 해석될 수 없는 이유는 이곳을 찾아오는 모든 이들에게 수준 높은 디자인과 쾌적한 환경을 제공해주기 위해 녹지공간의 창출에 가장 심혈을 기울였기 때문이다. 이는 도쿄 미드타운이 인근 주민을 위한 곳임은 물론 도쿄를 찾는 모든 이들을 위한 공간이며, 도심 속 커뮤니티 공간으로서의 역할을 하기 때문이다.[사진 18~20] 과거 이 지역은 격리된 장소였지만 그린을 키워드로 사람들을 자연으로 끌어들이고 여유로운 동선이 생겨나도록 계획하였다. 이를 위해 녹지공간은 모두에게 오픈된 공간으로 어떤 진입 장벽 없이 자유롭게 드나들 수 있게 계획되었다. 이 녹지 공간은 미국의 유명 조경디자인컨설팅회사 EDAW에 의해 체계적으로 계획되었으며, 여기서 가장 중요한 디자인 개념은 사람들에게 다양한 디자인과 매일매일 예술적 경험을 제공할 수 있는 공간을 창출하는 것이었다. 아름다움을 보고 즐기는 안목을 키워주고 나아가서는 도시인이 추구하는 높은 수준의 삶을 충족시킨다는 것이다. 그래서 녹지 공간 곳곳에는 유명 예술가의 작품을 전시 설치함으로써 수준 높은 예술적 경험을 제공한다.[사진 21~23]

11

12

11. 전시관 내부 (사진/장효민)
12. 산토리(Suntory) 미술관 (사진/장효민)
13. 미드타운의 갤러리아 입구 (사진/장효민)
14. 리츠칼튼호텔 입구 바닥의 조명 (사진/장효민)
15. 미드타운에서만 판매되는 무지매장 카운터 (사진/장효민)
16. 뮤매장의 독특한 디스플레이 (사진/장효민)
17. 차별화된 ucien pellat-finet디스플레이 (사진/장효민)
18. 놀이터 (사진/장효민)
19. 미드타운 가든테라스와 녹지공간 (사진/장효민)
20. 잔디광장에 랜드마크가 된 조형물 (사진/장효민)
21. 사람을 자연으로 끌어들이는 잔디광장 (사진/장효민)
22. 갤러리아 내부에서 외부로 이어지는 도로
23. 셔틀버스

13, 14, 15, 16, 17, 18, 19, 20

21 22 23

도시를 살리다, 경제를 살리다 **51**

디자인, 도시의 경쟁력

복합공간으로서의 도쿄 미드타운의 면모를 살펴보면 의료시설·호텔·레스토랑·멀티숍 등의 편의시설들은 물론이거니와 미술관이 함께 있다는 점을 꼽을 수 있다. 오랜 역사를 가지고 있는 산토리미술관이 미드타운 안에 자리하고 있으며 '21-21 디자인 사이트'가 있다. 이곳은 이세이 미야케, 후카사와 나오토, 사토다쿠 등 3명이 디렉팅을 맡았고 디렉터들이 품고 있는 넘치는 아이디어는 자연과 명상의 건축가로 불리는 안도 다다오가 담아냈다. 단 한 겹의 철판으로 54m의 공간을 덮는 기술력도 보유한 일본의 저력이 돋보이는 21-21 디자인 사이트, 이름만 들어서는 그 의미를 짐작하기 어려운데, 완벽한 시력을 칭하는 20-20을 넘어서 혜안을 갖는다는 뜻에서 지었다고 한다. 도쿄 미드타운에 위치한 모든 상업시설은 저마다 독특한 개성을 갖고 있다. 그리고 그 개성은 미드타운의 모토와 조화를 이룬다. 상업시설은 '갤러리아'를 중심으로 전체 길이 150m에 높이는 25m, 4층이며, 유리벽 천장으로부터 자연광이 들어온다. 지하 1층은 식료품과 레스토랑, 슈퍼마켓으로 구성되었고 1층과 2층은 패션숍, 3층은 가구와 잡화중심의 상점이 있다. 해외 유명 브랜드숍이 대거

27, 28

24

25

26

입점해있어 보는 이의 시선을 끈다.[사진 24~26] 뉴욕의 고급 귀금속점 해리 윈스턴이나 이탈리아의 보르테가 베네타 등 일본 소비자에게 인기가 높은 브랜드가 개성적인 디자이너 숍으로 들어서 있다. 도쿄 컬렉션에 빠지지 않고 나오는 모리겐의 브랜드 오브제 Stendhal도 만날 수 있다. 1층에는 애완동물을 위한 미용실이나 호텔도 있고, 식료품도 취급하는 애완동물 스테이션도 볼 수 있다. 애완동물 미용실은 전면이 유리인 데다 사방이 오픈돼 있어 지나는 사람들이 발걸음을 멈추고 사진촬영을 하느라 붐비기도 한다. 2층에는 피트니스 클럽이나 에스테틱, 미용실 등이 있다. 도쿄 미드타운에 들어서면 공간 하나하나가 자신만의 매력으로 보행자의 시선을 끈다. 이는 스페이스 마케팅(Space Marketing)을 모든 공간에 접목시킨 결과라 할 수 있다.[사진 27, 28] 복합시설이 갖추어야 할 것은 무엇인가 하는 점을 생각해 볼 때, 편의성과 다양함을 넘어서 그 안에 문화적 콘텐츠와 디자인이 함께 살아있어야 할 것이다. 도쿄 미드타운은 잘 계획된 디자인이 사람을 불러 모으고, 그곳에 형성된 문화가 사람을 감동하게 한다.

도쿄 미드타운은 인근에 위치한 록본기 힐스와 경쟁을 하는 듯 보이기도 하지만 일본의 견해는 조금 다르다. 같은 도시 내 상업지역을 견제하기보다는 무대를 더 넓혀 상하이나 홍콩 같은 아시아의 도시와 경쟁한다고 생각하는 듯하다. 나아가 일본이 아시아를 넘는 행보를 주목해 보는 것도 흥미로운 일일 것이며, 아울러 도쿄의 이런 모습을 보며 서울의 나아갈 길을 다시 한 번 점검해 보는 것이 우선 일 듯싶다.

24. 고급귀금속점 해리 윈스턴
25. 이세이 미야케의 프리츠 프리즈(pleats please) 의류매장.
26. 딘 & 델루카(Dean & Deluce)카페와 매장. 미국의 토털 파인푸드 브랜드 미드타운 내에서는 넓은 면적에 프리미엄 상품들로 구성되어 있다.
27. 미드타운 실내 입구 (사진/장효민)
28. 미드타운 갤러리아 내부. 물과 나무를 도입하여 친화적인 공간을 구성하였다.

우영희
충주대학교 공과대학 산업디자인과 정교수
서울대학교 미술대학 산업디자인과 졸업
서울대학교 환경대학원 환경조경학과 졸업
연세대학교 도시건축학부 건축공학 박사과정
서울대학교 환경계획연구소 비상임연구원
University of Washington, visiting professor

오모테산도 힐즈와 국립신미술관의 재개발계획
역사의 재해석을 통한 새로운 공간의 디자인

정신원 일본 Nikken Sekkei

오모테산도 힐즈(表參道ヒルズ)와 국립신미술관(國立新美術館)은 1920년대 후반에 건설된 역사적 건축물의 재개발이라는 공통된 화제성을 갖고 추진된 프로젝트이다. 오모테산도 힐즈는 1927년에 건립되었던 도준카이(同潤會) 아오야마(靑山)아파트를 30년 이상의 논의와 합의를 거쳐 주거 상업시설로 재개발한 것으로, 아오야마아파트는 근대 주거의 새로운 형태를 제시한 역사적 주거단지이자, 최신 유행과 디자인의 발신지인 오모테산도의 랜드마크로 자리 잡아 온 건물이었다.

한편 국립신미술관은 1928년에 건립된 구 육군보병 제3연대 병사를 일본의 다섯 번째 국립미술관으로 재개발한 프로젝트이다. 구 병사건물은, 2·26사건의 배경이 되기도 한 역사적인 장소로서, 1962년 이후에는 국립 도쿄대학의 생산기술연구소로 사용되어 왔다.

최근의 경제 회복 조짐과 함께 증가하고 있는 일본의 재개발 프로젝트 가운데에서도 특히 화제가 되었던 이 두 사례를 통하여, '주거 상업시설'과 '문화시설'이라는 상이한 기능에 대응하여, 어떠한 요소와 방식으로 과거를 해석하며, 새로운 공간과 디자인을 제시했는가에 주목해 보고자 한다.

오모테산도의 새로운 랜드마크

도쿄의 하라주쿠(原宿)와 아오야마 사이에 위치한 오모테산도는 유명 브랜드가 밀집하고 세계적인 건축가, 디자이너들이 경쟁하듯 최신의 작품을 선보이고 있는 장소이다. 이와 함께 오래된 느티나무 가로수와 완만한 경사길이 만들어내는 분위기가 거리를 더욱 특색 있고 돋보이게 한다. 일본어에서 산도(參道)란 신사나 절에 참배하기 위하여 설치된 길을 지칭하는 단어이다. 오모테산도(表參道)는 그 중에서도 앞길을 의미하는 단어로 신사나 절에는 어디에나 오모테산도가 존재한다. 도쿄의 대표적인 명품거리인 오모테산도는 메이지(明治)신궁의 진입로를 의미한다.

도준카이 아오야마아파트는 이 거리 안에서도 가장 주목받는 건축물이었다. 도로면에 접한 주호는 소규모의 갤러리나 상점으로 이용되는 경우가 많았고, 이것들이 낡은 아파트의 파사드와 어우러져 오모테산도의 풍경을 주도하고 있었다.

그러나 실제로 아파트에 거주하는 주민들은 건물의 노후화로 인한 불편을 호소하여 재개발을 추진하게 되었고, 그 과정에서 재개발과 보존 간의 많은 찬반 논쟁이 일어났다. 결국 처음 재개발에 대한 논의가 시작된 이후, 30여 년의 시간이 지난 최근에서야 계획이 실현되게 되었다. 재개발 설계를 담당했던 건축가 안도 다다오(安藤忠雄)씨도, "힘든 프로젝트였다. (…) 재개발계획이 발표되었을 때, 건물의 보존을 바라는 목소리가 예상보다 훨씬 컸다. 애착을 갖고 있는 거리의 풍경을 잃게 되는 것에 대해 사람들은 불안을 느끼고 있었던 것이다. 오래된 건물을 새롭게 다시 만들고자 하는 당사자들의 생각과 그것을 남겨 활용하고자 하는 사람들의 생각, 이 두 가지의 상반된 입장을 설계자로서 받아들여야만 했다."라고 글을 통해 밝히고 있다.

이렇듯 많은 화제와 관심 속에서 오모테산도 힐즈는 '미디어 쉽(Media Ship)'을 컨셉으로 2006년 완성되었다. '미디어 쉽'이란 사람, 거리, 세계를 잇는 '미디어'로서 최첨단의 패션, 아트, 라이프스타일을 발신하고 높은 감성을 가진 사람들이 세계로부터 모여드는 장소라는 의미이다.

건축적 특성으로는 건물의 높이가 오모테산도의 상징적 가로수인 느티나무의 키를 넘지 않도록 23.3m로 조정하고, 부족한 면적은 지하층을 활용함으로써 해결하였다. 건물의 기능은 점포, 공동주택, 주차장으로 구성되며, 아오야마아파트의 일부를 그대로 재현한 도준칸(同潤館)도 마련되었다. 도준칸은 아모야마아파트를 철거하기 전 건물의 마감재와 치수를 그대로 적용하여 재현한 것으로 소규모 갤러리와 상점이 입주해 있다. 준공 후 1년 여 시간이 지난 현재에는 넝쿨이 자라고 외벽에도 시간이 묻어나 준공 당시 느꼈던 위화감은 어느 정도 완화되었지만 아오야마아파트의 이전의 모습을 되살리기에는 좀 더 시간이 필요할 것 같다.

건물 내부의 중심에는 지상 3층 지하 3층의 대규모 보이드 공간을 마련하고 그 주변으로 오모테산도와 같은 경사를 갖는 나선형 경사로를 설치하여 '제2의 오모테산도'를 창출하였다. 경사로 측에는 상업시설을 배치하고 그것이 둘러싸고 있는 보이드 공간은 이벤트 공간으로 사용된다. 보이드 공간의 천장에는 첨단기능의 조명설비와 스피커를 설치하여 이벤트의 연출도구로서 이용함과 동시에 빛과 소리를 종합적으로 연출하여 계절과 시간의 흐름, 주위의 자연환경을 도입한 표정을 연출한다. 또한 보이드 공간의 계단에 설치된 막대형 평면파 스피커는 상하로 확산되지 않는 특성을 이용하여 서로 다른 네 종류의 음향 공간을 창출한다.

자연환경을 도입하려는 개념은 건물의 파사드에도

1

2

3

4, 5, 6, 7, 8, 9, 10

1. 오모테산도 거리 전경
2. 도준칸(同潤館) 외부
3. 도준칸(同潤館) 내부 계단실
4. 오모테산도 힐즈의 파사드(주간)
5. 오모테산도 힐즈의 파사드(야간, 여름)
6. 오모테산도 힐즈의 파사드(야간, 가을)
7. 오모테산도 힐즈의 여름 실내 공간
8. 오모테산도 힐즈의 가을 실내 공간
9. 각도조절이 가능한 스포트 조명을 설치한 경사로
10. 기본조명에서부터 연출조명의 표현까지 가능한 조명 및 음향설비

적용되어, 과거 자연이 보여주던 계절감을 조명디자인에 의해 표현한다. 250m에 이르는 LED 월로 이루어진 오모테산도의 외벽 조명은 가로수의 캡처 화상으로 가공된 다양한 파라메타로 표현되고 있다. 봄(3-5월), 여름(6-8월), 가을(9-11월), 겨울(12-2월) 각 계절에 따라 파사드와 내부공간의 조명이 각각 숲, 바다, 바람과 색, 우아함과 따스함이라는 테마를 가지고 변화한다. 또한 첨단설비에 의한 조명과 음향은 내부공간을 층별, 영역별로 구분하는 컨트롤이 가능하게 하여 상업공간으로서의 밸런스를 유지시키고 기본조명에서부터 연출조명의 표현까지 가능한 최첨단의 가동형 조명시스템에 의해 다양한 영상, 음향이 연동하여 공간을 창출하며 백색마감의 천정과 경사로 입면에도 빛과 소리가 반영되어 보다 입체적인 효과를 낸다. 경사로 측의 통로에는 전반조명을 가능한 배제하고 각도조절이 가능한 스포트 조명을 설치하여 상점의 간판, 사인, 디스플레이를 더욱 효과적으로 강조한다.

외부환경과 조화하는 건물의 볼륨과 파사드, 아오야마아파트를 재현한 도준칸의 설치, 첨단 조명, 영상, 그리고 음향으로 변화하는 공간의 창조, 오모테산도 힐즈는 건축과 장소가 갖는 역사와 가치를 현대적인 요소로 재해석하여 재현함과 동시에 다양한 카테고리를 크로스오버(Cross Over)하여 오모테산도 힐즈다운 공간과 환경의 창출을 시도함으로써 역사의 거리를 계승한 새로운 시대의 랜드마크로서 성장해 갈 것으로 기대된다. [사진 1~12]

자연과 건축, 인간이 공생하는 미술관

국립신미술관(國立新美術館)은 컬렉션을 소장하지 않는 새로운 타입의 미술관이다. 일본 최대의 전시 스페이스는 다채로운 공모전 및 전람회의 개최를 가능하게 하고 미술에 관한 정보 및 자료의 수집, 공개, 제공, 교육보급 등 아트센터로서의 역할도 갖는다. 명칭에 사용되고 있는 '신(新)'이라는 단어는 미술관으로서 다양하고 새로운 활동을 시도, 전개해간다는 의미가 응축되어 있다.

도쿄의 록본기(六本木)에 위치한 미술관은 지하철 노기자카역과 록본기역 사이에서 뛰어난 접근성을 갖는다. 또한 근처의 대규모 재개발 단지인 록본기 힐즈의 모리미술관(森美術館)과 미드타운의 산토리미술관(サントリ美術館)과 더불어 아트 트라이앵글을 형성하고 있다. 건축설계는 일본을 대표하는 건축가 구로카와 키쇼(黑川紀章)씨가 담당하였으며, 주변의

11

12

녹지와 '공생(共生)'하는 미술관을 추구하였다. 또한 미술관의 심벌 디자인은 사토 카시와(佐藤可士和, 아트 디렉터/크리에이티브 디렉터)가 고안했는데 '新' 자의 모든 요소와 모든 연결 부분은 닫혀 있지 않고 열려져 있다. 이것은 열려진 '새로운 장소', 즉 사람들과 미술에 관한 다양한 정보가 모이고 발신되는 열려진 창과 같은 장소가 되고자 하는 국립신미술의 기능을 상징한다.

미술관의 공간구성은 위층의 전시실과 효율적으로 기능을 발휘하도록 지하 1층에 작업실, 보관실, 공모전 심사실 등을 배치하였고, 지상 1층에서 3층까지는 일반 및 기획전시실을 배치하여 전국적 규모의 공모전도 수용할 수 있는 넓은 전시면적을 확보하고 있다. 각 전시실은 기둥이 없는 일체화된 공간이면서 대형 가동 전시 패널로 자유롭게 분할할 수 있도록 하여 다양화하는 현대미술 등 급속히 진전하는 미술 활동에의 대응을 배려한 기능적인 시설로 마련되어 있는 것이다.

1층의 출입구 로비는 4층 규모의 보이드를 갖는 아케이드로 유리 커튼월을 통해 자연광이 유입되는 공간이다. 거대한 파도와도 같은 투명한 유리 커튼월이 특색 있는 파사드를 만들어 내는데 아케이드의 재료로 사용된 유리는 일사열과 자외선을 차단하여 에너지절약을 도모할 뿐 아니라 유리 커튼월에 의한 시각적 개방으로 외부와 내부사이의 중간적 성격을 갖는 공간을 만든다. 관람객은 이 아케이드를 통해 각 전시실로 이동하게 되는데 건축의 조형적 요소와 설비의 효과적인 조합에 의해 미술관 내에 효율적인 동선을 만들어내고 있다. 두 개의 거꾸로 된 원추에는 엘리베이터와 화장실이 배치되어 있으며 1층에서는 넓은 공간을 확보하고 위층에서는 레스토랑으로 사용되는 공간을 만들어내는 합리적인 형태를 갖는다.

설비계획에서는 자연광, 태양열, 빗물 등 자연자원을 적극적으로 이용하여 에너지절약을 도모함과 동시에 유지관리비의 절감으로 연결되도록 하여 환경적 측면에도 배려하였다. 또한 전시실의 공조와 조명은 전시작품의 보호와 관람 환경을 확보하기 위하여 세심한 제어가 가능하게 하였다.

미술관의 전시공간은 아케이드 안쪽부분에 배치되어 있고 아케이드를 향하고 있는 전시실 측의 벽은 내부에 조명을 설치한 벽면과 규칙적인 간격의 목재로 일본적인 조형과 빛을 만들어낸다. 일자형으로 배치되어 있는 각 전시실의 개구부는 검정색으로 통일되어 있는데 이 검정색은 미술관 전체를 통하여 계단, 엘

11. 보이드 천정에 설치된 초지향성 무빙스피커
12. 보이드 공간의 계단에 설치된 막대형 평면파 스피커

13. 록본기 힐즈의 전망대에서 바라본 국립신미술관
14. 록본기역에서 진입하는 길가의 안내사인
15. 국립신미술관의 심벌마크
16. 유리 커튼월로 마감된 미술관 파사드
17. 내부와 내부 사이의 중간적 성격을 갖는 아케이드 로비
18. 로비에서 바라본 전시실 방향
19. 규칙적인 간격의 목재로 일본적인 조형과 빛을 만들어내는 전시실 외부 벽면
21. 일자형으로 배치되어 있는 3층 전시실 복도
22. 락카룸

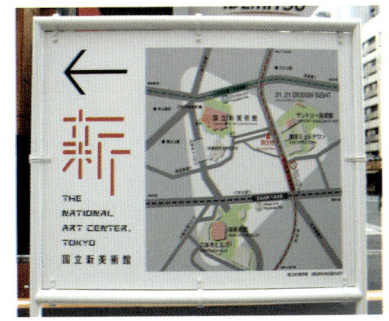

14, 15, 16, 17, 18, 19

20, 21

오모테산도 힐즈와 국립신미술관의 재개발계획 **61**

22, 23, 24, 25, 26, 27

28

29

30

리베이터, 화장실 입구, 락커룸 입구, 수유실 입구 등 관람객의 동선 부분에 통일되어 사용되고 있다.

또한 휴게 공간은 기본적으로 아케이드 너머의 녹지로 시선이 향하도록 배치되어 있고 각 휴게 공간에는 특별히 다른 요소를 부가하지 않고 북유럽의 디자인 의자와 테이블을 배치하여 휴식과 디자인의 체험이 동시에 이루어 질 수 있도록 고려되었다. 노기자카역에서 접근하는 진입로는 유니버설 디자인을 도입한 산책로를 설치하였고 입구에서 미술관 관내까지 휠체어의 접근이 쉽도록 완만한 경사로를 설치하여 단차를 없애고, 핸드레일을 설치하면서도 위화감 없이 녹지와 조화되는 디자인으로 자연스러운 산책로의 분위기를 내고 있다.

외부공간은 관람객과 지역주민의 휴식장소가 될 수 있도록 아오야마공원(靑山公園) 등 주변의 자연과 자연스럽게 연결되는 녹지를 계획하여 도시의 환경개선에 기여하는 '숲속의 미술관'을 조성하고 있다. 그리고 건축물과 외부 공간 전체를 통하여 사용자를 배려한 유니버설 디자인을 도입하여 '친숙한 미술관'을 실현하고 있다. [사진 13~31]

이 미술관이 군병사와 국립대학의 연구소로 사용되었던 역사적 장소로의 기억은 건축물의 외피만을 남기고 재현한 별관 건물과 아케이드 내의 모형전시만으로 남아있다.

오모테산도 힐즈가 아오야마아파트의 역사적, 현대적 가치를 계승하기 위해 다양한 시도를 보여준 재개발 프로젝트라고 한다면, 국립신미술관은 과거와는 다른 새로운 목적과 기능을 제시하며 자연과 사람의 미래를 생각하는 공간으로 재창조된 프로젝트라고 평가할 수 있을 것이다.

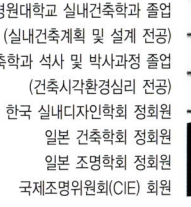

정신원

일본 Nikken Sekkei 근무 중
경원대학교 실내건축학과 졸업
동대학원 석사과정 졸업 (실내건축계획 및 설계 전공)
도쿄대학교 대학원 건축학과 석사 및 박사과정 졸업
(건축시각환경심리 전공)
한국 실내디자인학회 정회원
일본 건축학회 정회원
일본 조명학회 정회원
국제조명위원회(CIE) 회원

22. 수유실 입구
23. 25. 26. 시각적 흐름을 방해하지 않는 투명한 사인
24. 27. 28. 녹지를 향하여 배치된 북유럽 디자인의 의자와 휴게 공간
29. 유니버설 디자인을 도입한 산책로가 설치된 노기자카역에서 접근하는 진입로
30. 구 육군병사의 건물을 리노베이션한 미술관 별관

요코하마 미나토미라이 21
아름답고 매력적인 도시 만들기

주낙영 행정자치부 균형발전기획관

글머리에

우리가 바라는 미래도시의 모습은 어떤 것일까? 사람들이 일상생활에서 안정감과 즐거움을 느끼는 편안하고 인간적인 도시가 아닐까 싶다. 그러자면 환경의 쾌적성과 함께 성장의 원동력을 지닌 도시여야 한다. 보다 구체적으로는 경제적으로 지속가능한 도시, 사회문화적 지속성과 아이덴티티를 지닌 도시, 경관이 아름다운 매력적인 도시, 걷고 싶은 쾌적한 도시 등의 요소가 확보되어야 할 것이다(제해성, 2005). 그런 요소를 충족시키고자 계획의 구상단계에서부터 민과 관이 함께 지혜를 모아 치밀하게 준비하고 이를 실현한 대표적인 사례가 일본 요코하마시의 '미나토미라이 21(みなとみらい21 또는 MM 21)' 이다. 요코하마시는 도시디자인이라는 개념을 일찍이 현실 도시정책에 도입하여 아름답고 매력적인 도시 만들기(街つくり)를 실천해 온 도시이기도 하다. 여론조사 결과 일본 젊은이들이 가장 가고 싶어 하고, 한 해 4천만 명이 넘는 국내외 관광객을 끌어 모으고 있는 '요코하마!(부산MBC, 2007) 미나토미라이 21'을 통해 도시재생에 성공하여 세계적인 항만 관광도시로 거듭나고 있는 요코하마의 경험은 우리에게 좋은 시사와 교훈이 되고 있다.

'미나토미라이 21'에 가면 무엇을 볼 수 있나

'미나토미라이'는 일본어로 '항구(미나토)'와 '미래(미라이)'를 합친 말로 '21세기 미래의 항구'라는 뜻을 가지고 있다. 주민들의 공모에 의해 선정된 이 명칭은 요코하마시가 과거 미츠비시 중공업 조선소와 부두가 있던 항만 일대를 재개발한 대단위 도시재생 프로젝트의 이름이기도 하거니와 이 항만재개발사업으로 새롭게 태어난 신도시의 지명이기도 하다. [사진 1]

아름다운 건축물과 초록의 대로, 다채로운 업무공간이 어우러진 이곳에서 시민들은 경제활동을 하고 여가를 즐긴다. 이 글에서는 특히 관광객들이 많이 찾는 대표적인 시설 몇 군데를 먼저 둘러보기로 하자.

랜드마크 타워

JR선 사쿠라기쵸역에 내려 무빙워크를 따라 '미나토미라이 21' 초입에 들어서면 이 지역의 상징이 되고 있는 랜드마크 타워가 우뚝 서 있다. 지하 3층, 지상 70층, 높이 286m로 일본 최고층을 자랑하는 이 빌딩은 지난 1993년에 문을 열었다. 분속 750m의 고속 엘리베이터를 타고 69층에 마련된 전망대,

1. 미나토미라이 21 지도

'스카이 가든'에 오르면 미나토미라이 21의 아름다운 항만과 도시 전경이 전면 유리창을 통해 한눈에 펼쳐진다. 이 건물에는 오피스, 호텔, 레스토랑, 쇼핑몰 등 다채로운 시설이 들어서 있고 1층 이벤트 스페이스에서는 다양한 이벤트로 볼거리를 제공한다. 이 타워는 과거 미츠비시 중공업 요코하마 조선소가 있던 부지 위에 세워졌는데 종래 선박건조용 도크로 쓰이던 곳을 철거하지 않고 그대로 살림으로써 도크야드 가든(Dockyard Garden)이라는 관광자원으로 새롭게 태어났다. 도크의 외벽 안쪽에는 고급 레스토랑이 있으며, 도크 아래 가든에서는 각종 콘서트 등 다양한 공연이 펼쳐진다. 이벤트가 없을 때에는 인공폭포를 흘려 연인들의 데이트 장소로도 인기를 끌고 있다. [사진 2]

니혼마루 메모리얼 파크

랜드마크 타워 남쪽에 요코하마항과 연결된 수로가 있고 수로 한 켠에 아름다운 흰색 범선 '니혼마루(日本丸)'가 정박해 있다. 이 배는 1930년 항해연습용으로 건조된 범선으로 2차 세계대전 후에는 피난용 여객선으로, 그 후에는 연습선으로 사용되다가 1984년 은퇴하여 1989년 이곳에 배치되었다. 백색의 넓고 큰 선체에 웅장하고 품위 있는 돛이 아름

2. 로비에서 내려다 본 도크야드 가든 전경

다워 시민들로부터 '태평양의 백조'라 불리며 사랑을 받고 있다. 니혼마루 바로 옆에는 '마린타임 뮤지엄'이라는 해양박물관이 있어 아이들의 학습장소로도 이용되고 있다. 니혼마루와 마린타임 뮤지엄 사이 광장에서는 콘서트 등 다양한 이벤트가 개최되고, 수로에서는 보트놀이를 즐길 수도 있다.

퀸즈 스퀘어 요코하마

요코하마 고속전철 미나토미라이 21선의 미나토미라이역에 내리면 다채로운 전문 쇼핑몰과 오피스빌딩이 군집해 있는 퀸즈 스퀘어에 이르게 된다. 이곳에는 높이가 각각 172m, 138m, 109m인 퀸즈 타워 세 개가 나란히 서 있고, 이밖에도 야경이 특히 아름다운 팬퍼시픽 호텔과 세계적 수준의 콘서트홀인 요코하마 미나토미라이 홀도 자리 잡고 있다. 반달모양의 퀸즈 타워 세 개는 동마다 연결되는 독특한 구조로 되어 있고, 빌딩 사이로 수변공간과 녹지대가 어우러진 아름다운 보행공간을 제공하고 있다.

요코하마 코스모 월드

수로를 건너 퀸즈 스퀘어 맞은 편에는 요코하마를 대표하는 미래지향적 테마파크 코스모 월드의 세계 최대급 관람차인 '코스모 클락'이 눈길을 끈다. 전체 공원의 한가운데 시계가 달려있고 높이가 무려 112.5m나 되는 이 관람차는 한꺼번에 약 480명이 탈 수 있으며, 약 15분 동안 요코하마항의 환상적인 야경을 공중에서 관람할 수 있다. 이 파크에는 원더 어뮤즈 존, 부라노 스트리트 존, 키즈 카니발 존 등 세 개의 테마 구역에 모두 27개의 놀이기구가 있으며, 유럽 스타일의 화려한 건물과 조형물들이 매우 인상적인 곳이다.

아카렌가소고(赤レンガ倉庫)

1902년 화물보관 보세창고로 지어진 두 개 동의 붉은색 벽돌건물의 원형을 최대한 살리면서 현대식으로 리모델링하여 쇼핑몰과 레스토랑으로 활용하고 있다. 쇼핑몰에서는 세계 각국의 잡화류와 독특한 상품을 팔고 있으며, 이국적인 분위기의 레스토랑에서는 일본의 전통음식은 물론 세계 각국의 요리를 맛볼 수 있다. 한 해 300만 명의 관광객이 찾을 정도로 인기가 높으며, 이 건물의 붉은색이 요코하마 건물 디자인의 기본색조가 될 정도로 도시의 상징이 되고 있다. 건물 뒤편 바다 쪽으로 아카렌카 공원이 있어 산책을 즐길 수 있다. [사진 3]

요코하마 미술관

랜드마크 타워 뒤편에 위치하고 있으며 일본의 세계적인 건축가 단게겐조(丹下健三)가 설계한 전형적인 일본식 건물이다. 지상 3층의 이 건물은 1989년 3월 요코하마 박람회의 전시용 건물로 지어진 후 그 해 11월부터 지금의 미술관으로 사용되고 있다. 요코하마 연고 작가와 초현실주의 작품 등 주목받는 국내외 작가들의 20세기 작품을 주로 전시하고 있으며 개관 당시부터 수준 높은 사진 컬렉션으로 주목을 받고 있다.

오삼바시(大さん橋) 국제여객터미널

지난 2002년 신코(新港) 지구에 새롭게 오픈한 오삼바시 국제여객터미널은 그 경이롭고 파격적인 디자인으로 요코하마의 새로운 관광명소로 각광을 받고 있다. 규모에 있어서도 폭 70m에 길이 430m로 7만 톤 급의 대형 여객선 두 대가 동시에 접안할 수 있는 대규모의 시설이다. 목재로 덮은 지붕과 건물전체는 친환경적인 이미지를 강조하였는데, 마치 뫼비우스의 띠처럼 바다와 벽, 지붕이 뚜렷하게 구분되지 않고 야트막한 슬로프로 이어져 자연과 하나가 되는 일체감을 주고 있다. [사진 4]

퍼시피코 요코하마

국제도시를 지향하는 요코하마의 컨셉트에 맞게 1991년 개관한 대규모 복합 컨벤션 시설인 퍼시피코 요코하마(요코하마 국제평화회의장)가 있다. 이 센터는 5,000석 규모의 국제회의장과 60여 개의 회의실을 둔 회의센터, 전시홀 등을 갖추고 연중 다양한 국제교류행사를 개최하고 있다.

'미나토미라이 21'은 어떻게 추진되었나

요코하마는 지금으로부터 약 150년 전인 1859년 미일수호통상조약에 의해 강제로 문호를 개방한 일본 최초의 개항장으로서 세계역사의 무대에 등장하게 되었다. 개항 이후 기성시가지와 외국인 거류지의 정비를 통해 상업무역도시로서의 길을 걷기 시작하였다. 지금도 요코하마에는 개항당시의 상관과 외인거류지 등 고색창연한 근대 건축물들이 많이 남아있어 문화 관광자원으로 소중하게 활용되고 있다. 그러나 요코하마의 도시발전이 순조로운 것은 아니었다. 1923년 관동대지진 때 시가지와 항만시설 등이 모두 파괴되었으며, 제2차 세계대전 중인 1945년 5월에는 미군의 대공습으로 시가지의 42%가 파괴된 뼈아픈 경험을 가지고 있다.

3. 아카렌가 소고
4. 오삼바시 국제여객터미널 입구

전후 요코하마는 대대적인 복구사업을 통해 일본 제일의 공업무역도시로 다시 태어나게 된다. 당시 요코하마시의 가장 큰 문제는 바다를 따라 항만, 조선, 물류, 철도가 배치되어 시민들이 바다에 접근하지 못하는 점이었다. 요코하마는 도심이 기존의 간나이(關內), 이세자기쵸(伊勢佐木町) 지구와 요코하마역 주변 사이에 조선소와 창고, 부두 등이 있어서 양분되어 있었다. 미나토미라이 21은 이 두 개의 도심을 일체화하고 강화함으로써 요코하마가 가진 특성을 더욱 발전시켜 도쿄에 버금가는 경쟁력 있는 도시로 새롭게 태어나고자 하는 사업이었다.

요코하마의 변화는 지방정부에서부터 시작되었다. 일본은 우리나라와 달리 1950년 항만법 개정으로 항만에 대한 관리권이 시정부에 있기 때문에 요코하마 시당국은 일찍부터 항만재개발에 관심이 많았다. 1965년 사민당 출신의 아스카타 시장은 시의 미래발전을 위한 1)항만재생계획 2)뉴타운개발 3)지하철연장사업 4)고속도로 확장 5)베이 브리지 건설 6)수변정비계획 등 6대 프로젝트를 제안하였는데 이 중 다섯 가지가 항만특별도시구역 건설과 관련된 사업이었다. 아스카타 시장의 이 같은 구상은 기본틀을 유지하면서 자민당 출신의 차기 시장들에 의해 지속적으로 추진되었다. 그러던 중 1970년 미쯔비시 중공업의 요코하마 조선소의 도쿄만 신항지구로의 이전이 결정되면서 항만재개발사업은 결정적인 동인을 얻게 되었다. 1973년에 나온 '요코하마시 기본구상'은 공업화를 중심으로 추진되어 온 기존의 도시정책을 시민의 건강과 복지 등 생활환경을 중시하고 시민이 주체가 되는 국제평화도시를 만드는 도시정책으로 전환하고자 하는 계획을 담고 있었다. 고도 성장기에는 제조업이 중심이었지만 제2차 산업시대에는 지식정보화와 국제화, 복지, 문화, 삶의 질과 같은 무형의 가치가 더욱 소중해 질 것이라는 인식의 전환이 있었던 것이다. 이 같은 시의 의지와 노력에 요코하마의 미래를 바꾸는 대역사에 동참한다는 열정으로 많은 도시계획분야 전문가와 건축가, 대학생, 시민단체들이 논의와 작업에 참여하였다. 그 결과로 1975년 최초의 설계안 마련을 기초로 1978년 이를 위해 요코하마 도심임해부 정비계획조사위원회가 발족되었고 1979년 기본구상의 보고와 1981년 도심임해부 종합정비기본계획(중간안)의 발표를 거쳐 사업명칭을 미나토미라이 21로 결정하였으며 1983년 사업이 본격적으로 착수되었다.

미나토미라이 21은 지방정부와 중앙정부, 민간기업,

제3섹터, 시민단체가 절묘한 협업 시스템을 갖추고 공동으로 추진한 것이 그 특징이다. 요코하마시는 사업전체의 종합조정과 매립사업, 항만정비사업 등을, 중앙정부는 공공시설의 건설과 재정지원 등을, 주택도시 정비공단은 토지구획정리사업을 담당하였다. 민간기업은 기반정비 후의 업무시설이나 상업시설, 문화시설 등을, 제3섹터는 열 공급이나 철도 등 공공성이 높은 사업을 담당해 개발의 신축성과 공공성 확보의 균형이 가능하도록 했다. 특히 1984년 7월, 요코하마시, 가네가와현, 도시재상기구, 지권자, 경제계가 공동으로 제3섹터 방식의 주식회사 미나토미라이 21을 창립하여 사업을 주도적으로 추진해 오고 있다. 이 회사는 주로 기업유치, 도시 만들기 조정 및 추진, 전파장애대책, 녹화, 리사이클링, 지구 내 시설 정비의 조정, 도시 만들기를 위한 각종 조사 및 검토, 홍보, 공공시설의 관리 등 다양한 업무를 맡고 있다.[표 1]

미나토미라이 21은 다음과 같은 세 가지 기본 목적 아래 추진되었다.

첫째, 요코하마의 자립성(Independency) 강화이다. 두 구역으로 분리된 요코하마의 도심부를 일체화하고 확대하여 기업과 쇼핑센터, 문화시설을 집적시킨다는 것이다. 이를 통해 시민들을 위한 일자리와 여가공간을 창조하고 지역경제를 활성화시키며 도시 경제기반을 튼튼히 하여 요코하마의 자립성을 강화한다.

둘째, 항만 기능의 전환이다. 종래 물류중심의 항만에서 국제교류기능, 항만관리 서비스 기능 등을 보강하여 새로운 시대의 항만으로 질적인 전환을 도모한다는 것이다. 또한 린코 공원이나 니혼마루 공원 같은 공원이나 녹지를 확대하여 시민들이 쉴 수 있는 수변공간을 창출한다.

셋째, 수도 기능의 분산이다. 수도인 도쿄와 인접하여 관문 역할을 하고 있는 요코하마는 과거 도쿄에 집중되었던 공공기능 및 상업기능, 국제회의 기능 등을 분담함으로써 균형 있는 수도권의 발전에 기여한다는 것이다.

이런 목적을 실천함으로써 요코하마가 궁극적으로 이루고자 했던 도시상은 다음 세 가지다.

첫째, 24시간 활동하는 국제문화도시(Cultural Cosmopolis)이다. 요코하마 컨벤션센터를 중심으로 오피스, 문화시설, 도시형 주택을 집적하여 발전하는 세계와 지속적으로 접촉하는 활기차고 매력적인 국제도시를 만들고자 한다.

[표 1] 미나토미라이 21 사업 진행과정

년도	주요 프로젝트	년도	주요 프로젝트
1978	도심임해부 종합정비계획조사위원회 발족	1995	미나미토라이 21선 제2기 공사 착공 요코하마 해상방재기지 완성
1981	계획 및 사업의 명칭을 미나토미라이 21로 결정	1996	케이유 병원 및 스카이빌딩 오픈 전 타카시마 야드 지구 매립준공 인가
1983	토지구획정리사업 등 도시계획결정 미나토미라이 21 사업 착공	1997	퀸즈 스퀘어 요코하마, 닛세키 빌딩, 판퍼시픽 호텔 오픈
1984	주식회사 미나토미라이 21 창립	1998	요코하마 미나토미라이 홀 그랜드 오픈
1985	니혼마루 기념공원 부분 개장 미나토미라이 21 텔리포트계획 발표	1999	토지구획정리사업 변경계획 승인 미디어 타워, 월드 포터즈, 운가 공원 개장 그랜드 몰 공원 전면 개방
1987	중앙지구제1공구(43h) 매립 완료 (주)요코하마국제평화회의장 설립 토지구획정리구획 확장(35.1→63.4h)	2000	토베 경찰서 미나미토라이 파출소 개소 크로스 게이트 개관
1988	지능도시기본계획 승인(건설성) 도시 만들기 기본협정 체결	2001	신코공원, 요코하마 토리애닐 개장 퍼시픽 요코하마 전시홀 확장
1989	무빙워크 완공, 해양박물관 개관 요코하마박람회 개최(YES89) 린코 공원 부분개장, 미술관 정식 개관	2002	야마시타 린코선 프로므네이드 개장 아카렌코 창고 및 공원 개장 FIFA 월드컵 유치 국제미디어 센터 개관 JICA 요코하마국제센터 개관
1991	퍼시피코 요코하마(국제회의장) 준공 해상여객터미널(부카리산바시) 준공	2003	M.M. 타워 준공
1992	미나토미라이 21 램프 전방향 사용개시 미나토미라이 21선 제1기공사 착공	2004	미나미토라이션, 아카렌가 부두 개장 후지소프트ABC 빌딩, 현민공제 플라자 빌딩, 비지니스 스퀘어, 갠토 요코하마 개장
1993	요코하마 업무핵도시기본구상 승인 랜드마크 타워 개관	2005	제25회 전국풍요로운바다만들기대회 개최
1994	국립요코하마국제회의장 개관 미쯔비시 빌딩 개관 수도해안고속도로 개통	2006	토지구획정리사업 환지처분 공고

둘째, 21세기 정보도시(Information City)이다. 텔리포트(Teleport) 계획을 중심으로 정보통신 네트워크의 거점을 형성하여 각종 경제, 문화정보가 끊임없이 넘쳐흐르는 정보도시를 지향한다. 이를 통해 첨단산업과 지식집약산업, 국제 비즈니스에 종사하는 최고 수준의 전략기획과 R&D, 그리고 각종 정부기관을 위한 운영센터가 집적될 수 있는 기반을 제공한다.

셋째, 물과 숲과 역사로 둘러싸인 환경수범도시(Superior Environment City)이다. 워터 프론트의 매력과 그물망처럼 연결된 녹지공간을 강조하여 사람과 자연이 조화를 이루는 아름다운 도시를 만들고자 한다. 요코하마의 역사를 상징하는 붉은 벽돌 창고(아카렌카 소고)와 석조 도크의 보존을 통해 바다와 녹지, 역사적 다양성이 공존하는 여유로운 도시환경을 창조하고자 한다.

도시디자인을 어떻게 접목시켰나

요코하마는 일본의 지자체 가운데서 1962년 최초로 시청에 '도시 디자인' 전담 직원을 두고 아름답고 매력적인 도시 만들기에 선도적 역할을 해왔다. 이러한 활동이 보다 본격적으로 전개되기 시작한 것은 1974년 기획조정국에 도시 디자인 전담부서를 두고 시청 앞의 쿠수노키 광장, 오오도오리 공원 등 몇 가지 상징적인 도시 디자인 활동을 추진한 때부터이다. '도심 프롬나드(Promenade, 1973-78)'는 그 좋은 예이다. 도심의 세 개역에서 '야마시다 공원'에 이르는 2km정도의 길에 보도를 설치하고 그림타일이나 사인 등의 장치를 준비했다. 걷는데 대한 즐거움을 만끽하고 주위의 환경정비 등의 효과를 기대한 것이었다.

이를 위해 시는 '도심부 중점관리'라는 전략을 택하였다. 즉, 도심부에서 중점적으로 도시 디자인 활동을 벌여 그 성과를 근거로 주변에 효과를 파급해 나가자는 것이다. 그래서 초기에는 도심의 야마시타 공원 주변지구나 개항당시의 문화유적이 많이 남아있는 간나이 지구의 니혼 토오리 등을 중심으로 도시 디자인 활동이 적극 전개되었다. 이 지역의 도시 디자인 컨셉은 '역사를 살린 거리 만들기'로서 개항 당시의 근대 건축물들을 잘 보존 활용함으로써 역사와 문화의 흥취가 듬뿍 묻어나는 고풍스런 도심 분위기를 연출하고자 노력하였다. 이 때 역사건축물의 원형을 그대로 보존하는 것도 중요하지만 외관의 보존을 주로 하면서 내부는 오히려 현대적으로 리모델링하여 적극적으로 활용하는 등 유연하게 대처하고 있으며, 민간 소유 건

5. 니혼토오리의 법원건물. 과거의 건물외관을 잘 살리면서 내부는 현대화하여 사용하고 있다.

축물에 대해서는 사유권 제한에 따른 금전보상을 통해 건물주의 협조를 유도하였다. [사진 5]

그런데 요코하마시가 도시 디자인을 컨트롤해 나감에 있어 기존의 도시계획법이나 건축기준법만으로는 시의 의도를 구현하는데 한계가 있었다. 이를 극복하기 위해 요코하마시는 현행법상의 '허가제도'를 충분히 활용하면서 동시에 제도의 틀을 넘어 보다 적극적인 '행정지도'를 통해 이를 실현하였다(이정형, 2004). 그 구체적인 수법으로는 '규제적 수법'과 '유도적 수법'이 있는데 규제적 수법으로는 우선 용도지역제/용적제를 들 수 있다. 요코하마시는 용도지역의 지정이나 용적률을 가능한 한 낮게 설정해 두고 디자인 조언이나 지도를 통한 완화조치를 통해 도시공간의 질을 확보하고 있다. 고도지구제도는 1종에서 5종까지 고도지구에 대해 최고 고도지구를 설정해 도시전체의 매크로한 부분의 컨트롤을 하게 된다. 이처럼 법적 구속력을 가지는 규제적 수법에 의한 디자인 컨트롤 전략은 가능한 한 많은 건축물을 허가대상이 되도록 하고 행정지도를 통해 시가지 공간을 통제할 수 있는 기본적인 여건을 조성하려는 것이다.

그러나 규제적 수법에 의한 컨트롤은 법적인 구속력은 가지지만 상세한 디자인 컨트롤에는 한계가 있기 때문에 유도적 수법을 통해 적절히 보완될 필요가 있다. 요코하마시의 경우 디자인 심사제도의 하나인 '마찌쯔꾸리 협의지구제도'와 완화 우대제도로서 '시가지환경설계제도'를 지구의 특성에 따라 적절하게 잘 활용하여 소기의 목적을 달성하고 있다. 먼저 '마찌쯔꾸리 협의지구제도'는 협의지구로 정해진 지구에 있어 건축 확인신청 등이 행해질 때 시당국은 계획의 각 단계에 따라 협의에 응하도록 사업자 측에 요구하고 그에 따른 정보제공, 지침에 근거한 행정지도를 행하게 된다. 이 제도는 행정지도에서 시작되어 점점 제도화가 이루어져 1995년 행정절차법의 시행에 맞추어 강화되었는데 2002년 현재 40개 2,783ha의 협의지구가 지정되어 있다(이정형, 2004). 이 제도는 특히 행정의 일방적 지도가 아니라 시민들의 자발적 참여와 자율적 실천을 장려하고 있는 점이 장점이다. 즉, 지구 내의 주민과 기업들이 아름답고 살기 좋은 마을 만들기를 논하기 위해 마찌쯔꾸리 위원회를 만들고, 위원회가 중심이 되어 '마찌쯔꾸리 협정'이라는 규칙을 운영하는 것이다. 이 협정은 지역주민이 만든 규칙이어서 법적 구속력은 없지만 주민들의 참여의식을 높이고 주민 스스로 감시기능을 발휘하게 되어 행정의 디자인 지도가 더 큰 효과를 발휘하게 되는 장점을 지닌다.

한편 '시가지환경설계제도'는 공공에 도움이 되는 공간이나 시설을 확보할 경우 그에 따라 건축물의 높이 제한을 완화하거나 용적율을 할증해 주는 제도이다. 양호한 시가지환경을 위해 건축물의 배치, 형태, 색채 등을 배려하고 나아가 부지 내 보행자 공간이나 녹지를 확보한 건축물에 대해서는 건축물의 용적제한이나 높이제한을 완화해 주고 있다. 이 제도에 따라 사업주는 건축계획의 허가신청 이전에 행정 측과 사전에 협의를 하도록 하고 있다. 이 과정에서 일반 시민들에게 건축계획의 개요를 사전에 공개하고 설명회를 개최하도록 함으로써 계획 건축물의 지역적 특성화와 합의형성에 기여하고 있다.

미나토미라이 21 프로젝트 또한 요코하마시의 이러한 도시 디자인 정책의 틀 속에서 추진되었다. 지구 전체가 마찌쯔꾸리 협의지구로 지정되어 사전에 결정된 상세한 이미지에 따라 개발이 유도되었으며 이 과정에서 자발적으로 형성된 주민조직이 그 중심적 역할을 담당하였다. 1988년 지권자와 (주)미나미토라이 21 간에 미나토미라이 21 도시 만들기 기본협정'이 체결되었다. 이 기본협정은 지권자들 간에 자발적인 규칙을 정하고 공동의 가치관을 공유함으로써 조화로운 도시 만들기를 목표로 수준 높고 활기차며 쾌적한 도시를 유지해 나가고 있다. 이 협정에는 도시 만들기의 테마, 토지이용의 이미지는 물론 도시 만들기의 기본요소인 1)도심주택, 2)물과 녹지, 3)스카이라인, 가로경관, 비스타(vista), 4)공동용지, 5)활동 공간, 6)색조, 광고물, 7)주차장, 주륜장 등에 대한 기본원칙이 상세하게 기술되어 있다. 또한 최소부지 면적, 스카이라인, 보행자도로 네트워크, 외벽후퇴(setback), 주차장, 광고물 등 각종 건축물의 기준에 대해서도 상세하게 규정하고 있다. 주민들의 자발적 참여와 협조에 의한 이 같은 민관 파트너십이 오늘날 아름답고 깨끗하며 매력적인 미나토미라이 21의 도시경관을 창출해 내고 있는 것이다.

미나토미라이 21은 어떻게 성공했나

미나토미라이 21 지구 사례는 수변공간을 활용한 도심재개발의 가장 대표적인 성공사례로 손꼽힌다. 미나토미라이 21의 성공적 개발로 인해 요코하마시는 인구와 경제력, 생활여건 등 모든 면에서 일본 제2의 도시로서 위상을 확고히 하게 되었다. 미나토미라이 21 지구 에는 현재 1,100여 개의 국내외 기업이 이전하여 51,000명의 일자리를 창출하였으며 연간 1,700억 원의 세수증대 효과를 가져왔다. 향후 10년간 19조 원의 부대효과도 기대되고 있다(부산MBC, 2007). 2006년 한 해 요코하마를 찾은 관광객만 해도 약 4,700만 명으로 미나토미라이 21 지구는 물론 구도심 쇼핑가인 모토마치 거리나 차이나타운에도 몰려드는 외지인들로 넘쳐나고 있다. 이처럼 요코하마의 도시 활력화에 결정적 계기된 미나토미라이 21의 성공요인은 무엇일까?

첫째, 오랜 준비 기간이다. 미나토미라이 21이 본격 착공된 것은 1983년이지만 그 구상은 1965년 요코하마시가 도시재개발을 위한 6대 프로젝트를 발표한 때로 거슬러 올라간다. 당초 사민당 출신 시장이 구상했던 것을 당을 달리하는 차기 시장들이 그대로 이어받아 일관된 철학과 패러다임을 유지하면서 계속 발전시켜 계획을 구체화시켜 나갔던 것이다.

둘째, 긴밀한 민관 협력 시스템의 구축이다. 동 사업을 추진함에 있어 행정이 일방적, 독단적으로 강행한게 아니라 계획의 구상단계에서부터 시민들의 의견을 최대한 수렴하였고 민간의 활력을 적극 활용하고자 노력하였다. 중앙정부와의 긴밀한 협력은 물론 제3섹터인 (주)미나토미라이 21을 설립하여 정부와 민간의 역할을 적절히 배분함으로써 개발의 공공성과 신축성을 균형 있게 확보하였다. 특히 지권자들 스스로 도시 만들기 협의회를 구성하고 기본협정을 체결하여 자율적으로 이를 실천한 것은 도시개발에 있어 바람직한 민관 파트너십의 전형을 보여주고 있다. 시민단체들도 사업추진에 적극 협조하였는데 최근 환경단체인 '해변의 모임'이 해양생물서식지 조성사업을 추진하자 시에서는 부지 2,000평을 아무 조건 없이 생태공원 조성을 위해 내놓아 협력관계를 더욱 공고히 해 나가고 있다.

셋째, 역사와 문화를 살리기 위한 노력이다. 신도시 개발의 경우 대체로 기능 위주의 현대성과 편리성만을 추구하기 쉬운데 미나토미라이 21 사업은 이 지역이 지닌 역사성을 최대한 살리려 노력하였고 각종 문화시설을 집적시킴으로써 콘서트나 전시회 등 문화예술 활동이 왕성하게 일어날 수 있도록 하였다. 따라서 시민들이 격조 높은 문화생활을 즐기고 많은 외지 관광객들이 찾아오는 새로운 관광명소로 부상할 수 있었다.

넷째, 도시 디자인을 활용한 아름답고 매력적인 환경의 조성이다. 도시 면적의 20% 이상을 녹지로 확보하였고 수변공간을 활용하여 자연친화적인 생활환경을 조성하였기 때문에 이로 인해 부동산의 자산가치가 높아지고 기업과 사람이 더욱 몰려드는 상승효과가 나타나고 있다. 이런 쾌적한 생활환경은 편리한 비즈니스 환경과 접목되어 요코하마를 130여 개국 55만 명의 외국인이 사는 국제도시로 탈바꿈시켜 놓았다. 도시개발에 공공디자인 개념을 적용하고자 한 세심한 노력의 흔적은 거리 곳곳에서 발견할 수 있는데, 가령 지구 내 미나토미라이선 세 개의 전철역은 마치 박물관이나 미술관에 온 것 같은 착각이 들 만큼 아름답게 꾸며져 있다. 이를 위해 전철 건설계획 초기단계부터 도시 디자인 전문가, 건축가, 조명디자이너, 도시계획 평론가, 건설회사 대표, 행정대표 및 시민대표로 이루어진 디자인위원회가 구성되어 요코하마의 아이덴티티를 최대한 살린 역사가 설계될 수 있도록 아이디어를 모았다(정강화, 2007). 이런 노력의 결과, 요코하마시는 2006년 일본산업디자인위원회로부터 '굿 디자인' 금상 수상자로 선정되었다(중일신문, 2006. 10. 27자).

다섯째, 기업유치를 위한 시당국의 적극적인 노력이다. 1990년대 이후 버블경제의 거품이 꺼지면서 일본의 부동산 시장은 급격한 침체를 겪었고 미나토미라이 21지구의 부지 분양실적도 극히 부진하였다. 이에 요코하마시 당국은 2004년 기업유치촉진 조례를 제정하고 유치기업에 대한 획기적인 인센티브 제공을 약속하였다. 50억 엔 이상을 투자하는 기업에 대해서는 재산세 및 도시계획세를 5년간 최대 50% 감면하고 투자금액의 1/10 또는 최대 50억 엔까지 보조금을 제공하는 내용이었다. 이에 힘입어 일본의 자동차회사인 닛산이 2004년 본사 이전을 결정하고 세계 최고의 게임업체인 세가(セガ)도 이전하는 등 국내 유수의 대기업은 물론 수많은 다국적 기업들이 입주하여 활기찬 비즈니스 타운을 형성하게 되었다.

여섯째, 편리한 교통 네트워크의 구축이다. 기업과 사람을 끌어 모으기 위해서는 접근성의 확보가 가장 중요한 요소라 판단하고 도로, 철도, 해상교통 등 다방면의 교통 네트워크 정비를 추진하였다. 이에 따라 1989년 세계 최장의 사장교인 요코하마 베이 브리지가 개통되어 지바, 도쿄방면에서 미나토미라이 21로의 접근도가 획기적으로 향상되었다. 그리고 JR선과 바로 연결되는 미나토미라이 21선이 1998년 개통되어 수도인 도쿄와 전철로 30분내 접근이 가능하게 되었다. 또한 지구전역에 보행자 네트워크를 형성하였고 지구 입구에는 움직이는 보도를(Moving Walkway) 깔아 안전하고 쾌적한 보행자공간을 제공하고 있다.

글을 맺으며

최근 우리나라 도시들도 양적 성장 위주의 개발방식에서 벗어나 도시 디자인에 큰 관심을 갖고 아름답고 매력 있는 도시 가꾸기에 적극 나서고 있다. 도시의 매력과 아이덴티티가 도시경쟁력 확보의 원천이라는 반성에서이다. 특히 서울시는 최근 부시장급을 단장으로 하는 도시디자인총괄본부를 설치하고 도시의 생활환경을 질적으로 고양하고자 하는 도시 디자인 운동을 적극 전개하고 있다. 이번에 발표된 디자인 서울의 추진방향을 보면 1)자연과 환경이 조화된 건강한 생태도시, 2)역사와 문화가 살아 숨 쉬는 품격있는 문화도시, 3)기술과 산업을 바탕으로 역동적인 첨단도시, 4)인간과 건강을 고려한 지식기반의 세계도시 등 네 가지를 제시하고 있다. 이는 앞에서 살펴본 요코하마시의 미나토미라이 21 추진목표와 매우 유사한 내용으로써 궁극적으로 서울시가 지향하는 도시의 이미지가 요코하마의 그것과 크게 다르지 않음을 알 수 있다. 물론 두 도시의 환경이나 역사적 배경이 다르기 때문에 도시개발의 구체적인 내용은 상이할 수밖에 없겠지만 미나토미라이 21의 사례는 우리에게 많은 면에서 좋은 참고자료를 제공해 주고 있다. 특히 수변공간(워터 프론트)을 잘 활용하여 매력적인 도심 공간 창출에 성공하였다는 점에서 서울의 '한강 르네상스계획'이나 인천의 '송도신도시계획', 부산의 '북항 재개발계획' 등에 바로 접목될 수 있는 벤치마킹의 사례가 아닐까 생각된다. 일본의 인기가수 아시다 아유미가 부른 〈블루나이트 요코하마〉는 우리에게도 귀에 익은 노래이다. 이 노래의 가사처럼 '도시의 불빛이 너무나도 아름다운 요코하마, 화려한 불빛 속의 요코하마'에서 연인들은 사랑의 밀어를 속삭이고 미래에 대한 희망을 꿈꾸고 있다. 미나토미라이 21로 인해 요코하마는 더욱 야경이 아름다운 도시가 되었고 세계 각국의 젊은이들이 꿈을 찾아 모여드는 활기찬 국제비즈니스 도시로 변모하고 있다. 우리나라의 도시들도 요코하마처럼 창조적인 도시재개발사업을 통해 세계와 호흡하는 경쟁력 있는 도시로 거듭나길 기대해 본다.

참고자료

〈요코하마 자치체의 도시 전략적 도시 디자인〉, 타케루 키타자와, 건축(대한건축학회지) 4권 8호, 1996. 8
〈일본 요코하마시 도시디자인 컨트롤 수법에 관한 연구〉, 이정형, 대한건축학회논문집 계획계 20권 3호(통권 185호), 2004. 3
〈일본공공디자인견학투어〉, 정강화, 편집 국회공공디자인문화포럼/한국공공디자인학회(미발간 참고자료), 2007
〈우리가 바라는 미래도시〉, 제해성, 건축(대한건축학회지), 49권 8호, 2005. 8
〈미나토미라이 21〉, 조남건, 국토정보(국토개발연구원) 157권, 1994. 11
〈성공의 조건, 창조도시를 가다: 제2부 요코하마, 함께 이룬 꿈〉, 부산MBC 신년특집, 2007. 1. 24

주낙영
균형발전기획관 국장
성균관대학교와 서울대학교 대학원 행정학 전공
미국 아이오와대학교 대학원 도시 및 지역계획학 석사
제29회 행정고시 합격
경제통상 실장
자치행정국장
행정자치부 지방혁신전략팀장
장관 비서실장 역임

일본의 알프스 꿈
교토 역사(驛舍)

최만진 경상대학교 건축학부 교수

천년 고도 교토(京都)

교토 역사는 천도 1200년을 기념하여 1997년에 지었다. 교토 JR역사는 외부 형태의 특이함, 획일화된 유리재료, 그리고 이와는 대조적으로 역동적이며 다양한 내부 공간 때문에 많은 해석을 자아내게 한다. 이 건축물의 설계구상은 교토의 역사성과 사회성을 그 밑바탕에 깔고 있다. 또한 부분적이기는 하지만 일본 전체의 시대정신과 사회문제까지도 노출시켜 쟁론하고 있다. [사진 1]

교토는 헤이안시대(794-1185년)부터 메이지시대(1868-1912년) 초까지 약 천년 동안 일본의 수도였다. 당시 일본의 명실상부한 정치, 상업, 종교, 문화의 중심지였다. 또한 중국 장안을 모방한 격자형의 계획도시로서 지금도 편리하고 합리적인 도로구조를 가지고 있다. 이러한 기하학적 구조와 주변 구릉지 자연경관 및 벚꽃 등은 아름다운 대조를 이룬다. [사진 2, 3]

교토라는 이름은 12세기경에 확정되었고 원래는 '헤이난쿄'라 불렀다. 이 후 교토는 정치적으로 무사정권에 의해 지배를 당하여 단지 이름만 수도로서 그 명맥을 유지한다. 결국 1868년에는 중앙집권제의 한 지방자치단체로 전락하고 천황마저 도쿄로 가버린다. 이는 교토 시민의 자긍심 상실과 도시의 빠른 쇠

1, 2

3

1. 교토의 관문 교토 역사
2. 건립당시의 도시 면모를 엿보게 하는 현재의 교토 지도
3. 교토의 대표적 사찰인 기요미즈데라(淸水寺)와 교토시 전경

퇴를 가져다 준 사건이었다.

이러한 전락의 위기에 대응하여 교토는 근대화 및 산업화를 추진한다. 즉 근대적 교육제도, 공업, 기술 등을 서양에서 받아들여 학교와 신기술 공장을 세우는 노력을 경주했다. 특히 1895년 천도 1100년을 계기로 추진한 소위 '3대 산업'을 통해 '비와코소스이' 수로 건설, 상수도의 정비, 도로확충, 전기궤도 부설 등을 이행하였다.[1] 이로서 교토는 근대화된 도시로 탈바꿈하기 시작한다.[사진 4, 5]

한편 근대화 및 산업화는 전통을 희생시키는 결과를 초래했다. 이는 천황의 옛 궁을 '교토교엔'이라는 국민공원으로 복원 조성하는 등의 전통 도시경관 보전 운동을 유발시켰다. 이 후에는 천황의 즉위식을 다시 교토에서 행함으로써 교토는 역사 도시이자 일본의 정신적 수도가 되었고 오늘날까지 현대화와 전통, 개발과 보존이라는 이중적 과제를 안게 된다. 2차 대전 전까지 근대적 건물도 적극적으로 수용하였던 교토는 전후에는 역사 및 미관 도시 가꾸기 노력을 강화하였다.[2] 그 결과로 교토는 1994년에 17개의 문화재를 세계문화유산으로 등록하는 개가를 올렸다.

개발과 전통 보존의 갈등을 가장 첨예화시킨 건축물은 '교토 호텔'의 '교토 타워'와 '교토 역사'이다. 1964년에 교토역 앞에 건설된 교토 타워는 그 높이 때문에 격렬한 반대에 부딪혔다. 교토 역사는 높이를 법적 허용치의 반인 60m로 조절했음에도 불구하고 형태와 반사유리 외장 때문에 여전히 많은 사람이 반대하고 있다.[3] 하지만 교토역 건물은 이미 교토 최고의 관광명소로 부동의 위치를 차지하고 있고 교토 역사와 그 사회상을 가장 잘 반영한 건축물이다.

JR교토 역사와 표현주의 건축

교토역 건물이 지향하는 것은 표현주의 건축,[4] 특히 브루노 타우트(Bruno Taut, 1880-1938)의 알프스 건축(Alpine Architektur)이다. 지난 세기 초 유럽에서 있었던 표현주의 건축운동과 교토역 건물의 관계성은 어디에 있는 것일까?[사진 6~8]

표현주의 건축은 1910년에서 1925년 사이에 주로 독일과 네덜란드에서 있었던 사조이다. 표현주의 건축은 당시 일련의 사회상에 대한 반응의 표출이라고 할 수 있는데 주로 두 가지 유형의 반응을 나타낸다.[5] 하나는 전통적으로 사용했던 안정적이고 기하학적인 형태 대신에 왜곡되고 역동적이며 조각적인 조형성을 강렬하게 추구한다. 또한 모나고 날카로운 모양과 흐르는 듯한 형상의 건축 요소를 통해 내면의 불만족

4

5

을 표현한다. 다른 하나는 현실 도피에 기인한 이상향적 경향을 나타내는 것이다. 전쟁 때문에 건축 활동을 할 수 없는 현실에서 스케치나 상상의 글을 적어 시대의 문제점을 고치고 계도하려 하였다. 브루노 타우트의 '알프스 건축'과 '도시의 왕관(Die Stadtkrone)'은 그 대표적인 예이다. 타우트는 산업과 기술이 전쟁에서 파괴와 대량학살의 무기로 사용되는 것에 대한 큰 분노와 무력감을 느꼈다. 이 때문에 그의 '알프스 건축'에서 유리건축으로 알프스 정상에 왕관을 씌우는 환상이 가득한 이상세계를 꿈꾸었다. 이는 기술과 산업이 파괴와 살인의 도구가 아닌 평화와 화합의 도구가 되는 것을 갈망하는 것이다.[6] [사진 9, 10]

알프스 건축에서 가장 중요하게 등장하는 요소는 유리와 수정체[7]이다. 투명하고 순수하고 명확하고 빛으로 가득한 수정체가 혼탁하고 오염된 어두운 세계를 극복할 수 있는 유일한 소재라고 생각했다. 따라서 표현주의 건축가, 특히 타우트는 물성이 수정체와 시각적으로 동일한 유리소재를 절대적으로 신봉하게 된다.[사진 11] 교토 역사 설계에 타우트의 알프스 건축기법을 도입한 이유는 표현주의를 통해 교토의 다양한 역사와 사회상을 설명하고자 함이다. 즉 표현주의 건

7

6

8

4. 교토시 전역에 혼재해 있는 전통건축과 현대건축
5. 교토역 앞의 히가시 혼간지 절 담장부와 높이 131m의 교토 타워
6. 미스 반 데 로에(Mies van der Rohe)의 베를린 프리드리히가의 1921년과 1922년의 표현주의 고층 건물 내부
7. 1997년에 완공한 독일 뒤셀도르프의 〈뒤셀도르프의 문〉
8. 히로시 하라가 설계한 토코 역사 일부

축가가 가졌던 이중적 정서 및 불만과 일맥상통하는 것이다. [사진 12]

첫째, 교토는 수도에서 지방의 일개 도시로의 전락은 현실적 불만과 내적인 억압감을 가져다주었고 사회 전반에 걸쳐 폐허의 위기에 몰려 있었다. 천황과 귀족, 유력자의 도쿄 이주에 반대한 당시의 시민 데모가 이를 증명해 준다.[8] 교토 역의 알프스 수정체 건축은 어둠과 고난을 떨쳐낸 교토 시민의 정신을 찬양함과 동시에 장차 다가올 찬란한 미래를 예고하고 꿈꾸고 있는 것이다.

둘째, 교토역 건물은 교토의 개발과 보존 사이의 갈등에 대한 표현이다. 수도의 지위를 상실한 후의 근대화는 교토의 전통 및 역사 도시 경관을 파괴하게 되었다. 이 때문에 생긴 일련의 도시경관보호 노력과 규제 조치는 건축가의 자유로운 설계와 예술 활동에 큰 장애물로 등장하였다. 이로 인한 어려움 및 불만은 전쟁 때문에 설계를 접어야 했던 표현주의 건축가들의 정서와 유사한 것이다. 따라서 교토 역사의 알프스 건축은 이것에 대한 반항심의 표출로 이해할 수 있다.

셋째, 건축가 히로시 하라는 타우트처럼 첨단 기술과 현대 산업이 전통과 역사를 파괴하는 것이 아닌 진정한 역사와 전통 계승의 도구가 되어야 함을 계도하고

10

9

11

있다. 교토를 정체된 역사박물관 도시가 아닌 전통을 이어가는 살아있는 역사 도시로 만들어가고 하는 것이다.

넷째, 사무라이 무인 통치와 첨단 기술은 일본의 정신과 철학적 빈곤을 가져다주었다. 교토 역사는 기술과 산업을 통해 소외가 아닌 참된 인간 정신과 꿈과 낭만을 가져다주어야 하는 것임을 보여주고 있다.

교토 역사의 내부 공간

교토역사의 내부 공간은 마치 알프스의 산악에 가 있는 듯한 느낌을 준다. 산의 거대함을 느끼게 하는 중앙의 대 공간과 깊고 가파른 계곡의 에스컬레이터는 숨이 멈추는 것 같은 매혹적인 건축적 경관을 자아내고 마치 알프스에서 스키를 타고 하강하는 것 같은 착각을 주기도 한다. 에스컬레이터를 통한 상하이동은 시각을 지속적으로 변화시켜 시시각각으로 흥미로운 장면을 인지하게 한다. 또한 본인이 보는 주체일 뿐 아니라 보여주는 객체가 되기도 한다. [사진 13, 14]

입구를 중심으로 해서 오른쪽에 위치한 산 중턱의 '무로마치' 소 광장에는 야외무대가 있고 그 앞에는 공연 시 객석으로 사용하는 대 계단이 가파른 언덕처럼 떡 버티고 있다. 그 언덕 넘어 꽃잎 조각물이 손짓하는 곳, 즉 에스컬레이터의 끝에 당도하면 하늘 바로 아래에서 화사한 공중 정원이 맞아 준다. 마치 산 속에서 헤매다 무의식중에 찾아들어간 무릉도원에 온 느낌이다. [사진 15~17]

공공적 성격의 공간이 많은 쪽은 북새통처럼 붐비는데 비해 건너편 에스컬레이터는 호텔로 오르는 길이라 비교적 한산하다. 거기에 올라가면 수도원의 작은 중정을 떠올리게 하는 단아한 정원이 우리를 기다린다. 그 위로는 호텔을 연결하는 조그만 하늘 다리가 있다. 이를 뒤로 하고 보면 역사의 양쪽 끝을 연결하는 긴 공중다리가 보인다. 이 다리를 지나가노라면 마치 산등성이를 타고 산행을 하는 느낌이다. 여기서는 바로 앞의 교토 타워를 포함한 교토시의 전경이 훤히 내려다보인다. 공중다리 중간에는 정자 같은 공중카페도 있다. 이 다리 끝에는 계곡을 가로질러 식당가로 가는 좁은 육교가 있어 짧지만 긴 것 같은 산행이 끝난다. 이처럼 교토역은 알프스의 산을 연출하여 이용자에게 경이감과 즐거움을 주고 있다. [사진 18~22]

일본사람들은 모방하여 자기 것으로 만드는 탁월한 능력이 있다. 교토역 건축도 예외가 아니다. 그 예로 교토의 대표적 문화유산인 기요미즈데라(清水寺)가

12

9. 브루노 타우트의 〈도시의 왕관〉
10. 브루노 타우트의 1918년 작 〈수정체의 산악〉
11. 교토 역사의 표현주의적 수정체 건축
12. 교토 역사의 수정체 표현주의 건축 요소

가지고 있는 건축요소를 교토역사의 내부 공간에서도 발견할 수 있다. 첫째의 공통점은 다양한 용도의 건물이 있는 기요미즈데라와 교토 역사의 멀티 콤플렉스 기능이다. 또한 기요미즈데라의 가파르고 살짝 굽어진 계단은 교토 역사의 에스컬레이터와 계단을 연상하게 한다. 이외에도 기요미즈데라의 테라스도 교토 역사에서 찾아볼 수가 있다. 이들 테라스는 도시와의 다양한 시각적 연계를 가진다. [사진 23~26]

기존 역사의 기능은 기차 탑승과 환승으로 제한되어 있었다. 이에 반해 현대적이고 미래지향적인 기차역 건물의 의미는 이것을 훨씬 뛰어넘어 멀티 콤플렉스의 형태를 가진다. 이 개념에 따라 교토 역사를 하나의 작은 도시로 만드는 구상을 하였다. 이곳에는 상점, 문화시설, 회의장, 호텔, 심지어는 교회당 등의 도시시설물까지도 찾아 볼 수 있다. 이전에는 기차에서 내려 시내로 나가서 해결해야 했던 각종 회의나 쇼핑, 음악회 등의 일들을 역사 안에서 자체적으로 해결하도록 한다. 또한 도시민도 기차 여행을 위해서만이 아닌 특별한 만남, 소비, 문화의 장소로 그 역할과 기능을 확장해서 이해하게 된다. 특히 교토 역사는 도시의 오아시스와 같다. 보수적이고 때론 지루하게 느껴지는 역사에서 가장 흥미롭고 활력이 넘치는

13, 14, 15

16

17

18

장소가 되었다. 교토 역사는 더 이상 기차를 타기 위한 노동의 공간이 아닌 쉬고, 즐기고, 생기를 보충하는 곳임을 보여준다. [사진 27~29]

교토 역사의 공공 디자인적 성격

공공건축물로서 교토 역사가 우리에게 던지는 공공 디자인적 의미는 크다. 우선 도시의 관문이자 랜드마크로서 도쿄에 대해 인상적이며 독특한 기억을 각인시킨다. 이는 표현주의가 가지는 강력하고도 호소력 있는 대담한 건축 언어의 사용 결과이다. 또한 교토 역사는 하나의 축소판 도시로서 통합 디자인을 구사한 모범적 사례이다. 즉, 따로 행해지는 도시, 건축, 공공디자인이 아닌 공생과 상조의 능숙한 토털 디자인(Total Design)의 세계를 보여주고 있다. 이것은 통일성 속에 다양성을 가진 심미적 도시 이미지를 연출하게 한다.

이에 더하여 교토 역사는 교토라는 도시가 지향해야 할 공공의 미래에 대한 의미론적이고 심리적인 언어를 표출하고 있다. 즉 기술과 인간의 화합, 과거와 미래의 융화, 산업과 디자인의 조화를 통한 새롭고 평화롭고 아름다운 미래지향적 세계를 향해 손짓하고 있다. 여기, 공공디자인의 철학이 숨어 있는 것이다.

19, 20, 21

13. 14. 중앙 홀의 천창 철골 구조와 전체 전경
15. 16. 하늘을 지붕 삼아 무릉도원에 온 듯한 착각을 주는 하늘 공원
17. 노천 객석으로 사용되는 아래로 향하는 교토 역사의 대 계단
18. 공공적 성격의 커피숍, 식당가, 소 광장(야외무대), 대 계단, 하늘 정원 등으로 오르는 길
19. 비교적 정적인 공간 성격을 가진 호텔 쪽의 전경
20. 21. 역사 양쪽 끝을 연결하는 교토역사 호텔 쪽의 구름다리
22. 공중다리에서 바라본 교토 타워와 교토 시내 전경

우리의 현대사만 보더라도 전쟁, 정치, 경제, 산업화 등이 인간 정신의 끊임없는 위기를 가져다주었다. 우리의 공공건축물도 시대를 대변하고 환상적인 디자인 언어로 새 세계 창조를 위한 계도역할을 해야 할 것을 요구하는 것은 너무 감상적이고 무리한 일일까? 공공디자인을 통한 아름다운 도시 가꾸기 운동이 점차 활발해지는 이때에 공공건축 디자이너로서의 건축가의 반응과 활약을 기대해 본다.

28

註

1. http://www.city.kyoto.jp/koho/kor/historical/1200.html, 역사 도시 교토
2. 교토는 1972년 '교토시 시가지경관 조례'를 제정하였다. 이 조례는 미관지구 지정, 역사지구 보전, 옥외광고물 규제 등을 통해 도시경관을 가꾸는 것을 골자로 하고 있다.(교토의 역사문화 경관 가꾸기, 88-89쪽) 또한 역사적 유적 주위의 자연환경에 대해서는 1966년에 제정된 '고도의 역사적 풍토 보존에 관한 특별조치법'을 통하여 도시 자연미관을 조성해왔다.
3. http://www.ilboniyagi.com, 근대 건축으로 보는 교토(4)
4. 표현주의 건축은 특히 독일에서 대두되었는데 그 대표적인 건축가로는 브루노 타우트(Bruno Taut), 에리히 멘델존(Erich Mendelsohn), 오토 바르트닝(Otto Bartning), 한스 펠치히(Hans Poelzig), 한스 샤룬(Hans Scharoun), 후고 헤링(Hugo Haering) 등을 들 수 있다.
5. 〈표현주의 건축〉, 윤재희, 기문당, 1998, 17쪽
6. 〈Vorlesungen der Geschichte der Neuen Architektur II〉, Julius Posener, 53 ARCH+, 1980 Sept. 64쪽
7. 성경 요한계시록(21장 21절과 22절)에서 심판 후의 새로운 천국을 수정체로 비유하고 있다. 타우트의 유리소재의 사용은 독일의 시인 파울 세르바르트(Paul Scheerbart, 1863-1915)의 저서 '유리건축'에서 절대적 영향을 받았다.
8. http://www.city.kyoto.jp/koho/kor/historical/1200.html, 역사 도시 교토

참고문헌

〈교토 역사와 부산 고속철도 역사를 통해 본 현대 역사의 의미〉, 양우현, 도시환경 디자인연구, 1999년 12월호
〈일본의 경관법 제정과 그 의미〉, 오만근, 월간국토 통권 279호 106p-121p, 국토연구원, 2005년 1월호
〈표현주의 건축〉, 윤재희 편저, 세진사, 1998
〈배낭 메고 돌아본 일본 역사〉, 임용한, 혜안, 2006
〈도시건축의 경관 창조〉, 조용주 외 7인, 기문당, 1998
〈교토의 역사 문화경관 가꾸기〉, 최선주, 월간국토 통권 221호 86p-91p, 국토연구원, 2003년 3월호
〈Hiroshi Hara:The 'Floating World' of his Architecture〉, Botonol Bognar, John Wiley & Sons, 2001
〈Architektur geschichte des 20. Jahrhunderts〉, Juergen Joedicke, Karl Kraemer Verlag Stuttgart+Zuerich, 1998
〈Vorlesungen der Geschichte der Neuen Architektur II〉, Julius Posener, 53 ARCH+, 1980 Sept.

참고 사이트

http://www.ilboniyagi.com, 역사 도시의 근대화 교토 (1), 근대 건축으로 보는 교토 (2), 근대 건축으로 보는 교토 (3), 근대 건축으로 보는 교토 (4)
http://www.city.kyoto.jp/koho/kor/historical/1200.html, 역사 도시 교토

23. 24. 시각적 유사성을 가진 교토 역사의 계단과 기요미즈데라의 계단
25. 26. 도시와의 다양한 시각적 연계를 갖는 교토 역사의 테라스
27. 교토 역사 내의 극장
28. 교토 역사 내의 백화점

최만진

국립 경상대학교 건축학부 조교수
경상대학교 건축 공학과 학사
독일 슈투트가르트대학교 건축 및 도시계획학과 공학석사
독일 뮌헨 공대 건축학박사
독일 공인 개업 건축사
독일 뮌헨 공대 대학원 출강
경상남도 건설기술자문위원
경기지방공사 전문가자문위원회 위원
(사)경남도시 건축연구소 소장

도쿄의 문화중심을 꿈꾸다
공공성을 배려한 도시 속의 도시 록본기 힐즈

최성호 한양사이버대학교 공간디자인학과 교수

도심회귀 현상과 도심재개발

일본 도쿄 도심에 위치한 록본기 힐즈(Roppongi Hills)는 '도쿄의 문화 중심(the Cultural Heart of Tokyo)'을 표방하고 있는 복합문화공간이다. 이 지역은 도심재개발을 통해 2003년 4월 새로운 문화공간으로 탄생했으며 도쿄의 새로운 랜드마크로 자리 잡았을 뿐 아니라 복합문화공간개발의 성공적 표본으로 찬사를 받고 있다. 8개의 건물과 건물 사이의 입체적 공간을 계획하여 이루어진 록본기 힐즈는 예술, 엔터테인먼트, 패션, 주거 그리고 비즈니스까지 인간의 모든 활동을 포함하는 복합문화타운으로서 일일 방문객수가 10만 명을 상회하는 성공적 기록을 세우고 있다. [사진 1]

록본기 힐즈 개발 이전의 록본기(六本木)는 도쿄의 대표적 유흥가로 디스코 클럽이 밀집되어 밤에 더욱 활기를 띄는 지역으로 유명했다. 록본기의 지명은 옛날 이곳에 살았던 무사 6명의 이름에 나무 목(木)자가 공통적으로 있었던 것에서 유래하였고, 주변은 마루노우치, 일본 황궁이 위치한 고교, 긴자 등 역사와 전통이 잘 보존된 고풍스러운 지역과 접하고 있다. 또한 록본기는 관동대지진으로 큰 피해를 입었으며, 2차 세계대전으로 시가지 대부분이 소실된 후 토지

1. 록본기 힐즈 모리타워

구획정리사업이 실시되기 이전에 시가지화가 진행되면서 소규모점포와 목조건물이 밀집된 곳이었다. 록본기 지구는 이 때문에 대규모 부지이지만 내부도로가 잘 정비되어 있지 않은데다 구릉지로 공공교통이 체계적으로 정비되지 못해 도심지 업무지구로의 개발이 늦어져 도심주택 지역으로 남게 된 곳이다. 록본기 지구는 1986년 재개발 유도지구 지정 당시 아사히 TV를 중심으로 작은 집들이 산재해 있었고, 소방차나 구급차조차 들어올 수 없는 미로형의 취약한 도로구조를 갖고 있는 상황이었다. 따라서 도쿄 서쪽의 신주쿠나 시부야 등과 비교할 때 상대적으로 개발이 늦어진 낙후지역이었다.

이러한 지역에 록본기 힐즈와 같은 거대한 도심재개발사업이 가능할 수 있었던 것은 '도심회귀' 현상과 이에 대응하는 정부의 정책변화에서 원인을 찾을 수 있다. 과거 일본정부는 도쿄의 인구증가와 집중화를 우려해 탈 도쿄정책을 펼쳐왔다. 특히 1980년대 신도시건설정책을 펼쳐 교외 거주지건설과 이주가 활발했으며, 도심에 비해 싼 주택가격은 현실적으로 많은 사람들에게 전원생활의 꿈을 실현시켜 주었다.

그러나 시대의 변화와 함께 도쿄로 다시 들어오는 인구가 늘어나면서 신도시들은 가격하락 뿐만 아니

2. 도쿄시티 뷰에서 바라본 동경타워

라 젊은이들이 빠져나간 노년층 주거지로 공동화되는 새로운 국면을 맞이하고 있다. 이러한 도심회귀 현상은 도쿄 뿐만 아니라 런던이나 뉴욕과 같은 여러 대도시에서도 동시에 발생하고 있다. 정책 측면에서는 도시재생사업이라고 부르는 일본의 도심재개발사업 활성화도 큰 영향을 미쳤는데, 지식기반사업으로의 이행에 따른 새로운 성장 동력을 찾기 위해 그간의 도시억제정책을 과감히 포기하고 도심을 적극적으로 재개발하는 방향으로 정책을 급선회한 것이다. 일본정부는 '도쿄의 경쟁력이 일본의 경쟁력'이라는 구호를 내걸고 용적율 완화와 금융지원 등 도심 재개발을 위한 각종 지원책을 내놓았고 이를 확대해 가고 있다. [사진 2]

이러한 배경에서 롯본기 지역의 아사히 TV가 모리부동산에 사옥 재건축을 의뢰하면서 촉발된 롯본기 힐즈 구상은 1986년 롯본기 재개발지역지정 후 1990년에 롯본기 재개발 준비위원회의 구성, 1998년 재개발조합 구성과 마스터플랜 작업을 거쳐 2000년 공사에 착공, 2003년 4월 준공됨으로써 17년이나 걸린 프로젝트의 결실을 맺었다. 모리 측은 의뢰받은 아사히 TV만이 아닌 지역 전체를 재개발하는 쪽으로 방향을 설정하고 400여 명에 이르는 토지소유자를 적극적으로 설득하고 동의를 구하는 과정에 많은 노력을 기울였다. 롯본기 힐즈의 개발은 직장과 주거분리의 개념에서 지식기반사회에 필요한 주거, 직장, 문화시설, 교육, 쇼핑 등을 아우르는 통합의 필요성이 대두되면서 도심회귀현상에 따른 정부정책의 변화와 부동산개발사의 의지, 토지소유자의 의지 등이 부합해 이루어진 시대의 산물이다.

롯본기 힐즈의 공간구성 개념

모리부동산의 사장이며 모리미술관의 설립자인 모리 미노루(森稔)는 롯본기 힐즈를 역동적이며 거대한 규모로 이루어진 '몬젠마치의 현대적 버전과 같은 곳'이라고 하였다. 모리 미노루의 설명에 따르면 일본사람들은 역사적으로 신궁이나 절과 같은 곳을 찾아 순례여행을 즐겨왔다고 한다. 예를 들어 이세신궁 참배라는 성지순례는 근세 이후 대중화되면서 현재에도 수학여행 등으로 지속적으로 이어지고 있는데, 서민들의 이동이 제한되던 봉건시대에 이러한 참배는 세상구경을 위한 합법적 구실을 제공해 주었고 그 결과 대중관광의 출발로 이어졌다고 한다. 이렇게 다수의 참배객들을 끌어 모으는 종교적 중심이 위치한 곳에는 참배객들을 위해 숙박, 식사,

기념품 판매, 여흥 등의 기능을 제공할 수 있는 시설이 발달되었는데, 이런 기능을 담당하면서 사찰과 신사 앞에 자연스럽게 만들어진 시가지를 '몬젠마치(門前町)'라고 하였다. 일찍이 관광인류학자인 넬슨 그레이번(Nelson Grayburn)이 일본 성지순례의 핵심을 '기도하고, 돈 쓰고, 노는 것(pray, pay and play)'으로 간파한 것처럼 일본의 성지참배는 일본인들에게 종교적 주제 이외에 문화적 주제와 상업적 주제가 복합적으로 한데 어우러져 실천되는 의미 있는 장을 제공하며, 그것은 몬젠마치로부터 연유한다고 할 수 있다. 따라서 몬젠마치에서는 폭넓게 다른 사람들과 상호작용하는 즐거움이 중시되고, 구체적으로는 다른 지역민들과의 의견교환과 뉴스의 상호전달, 유쾌한 노래와 춤 등을 풍성하게 나눔으로써 정보와 문화를 동시에 체험하게 되는 것이다. [사진 3]

록본기 힐즈는 몬젠마치처럼 사실상 도시 속의 도시로 숙박과 정보, 문화, 놀이 등이 결합된 복합적 기능으로 구성되어 있다. 이를 위해 록본기 힐즈는 인접 대지와의 사이에 도시가로를 조성하는 방식으로 독립된 공간체계를 구축하고 있다. 내부 공간에 있어서도 도로의 경우 인공지반 하부로 직접 진입하도록 하는 데크하부형 진입체계를 가지도록 설정되어 있고 보행동선은 지하철역과 연계되어 중심부로 주진입이 이루어지도록 집적화되어 있어 주변지역과 명확히 구획된 교통체계를 가지고 있다. 특히 프로그램 배치 방식에 있어서 상업시설이 연속적으로 구성되는 방식이 아니라 주요 공용시설을 연계하는 기본 구성에 상업시설을 가미하는 형태를 취하고 있어 계획적으로 공공적 성격의 문화 및 정보시설을 중심으로 공간체계를 구성했음을 알 수 있다. 또한 건축물에는 반드시 매개공간을 두고 외부공간과 만나게 함으로써 만남의 장을 다양하게 제공하는 것도 특징이다. 아울러 전체적인 외부공간의 조성방식에 있어서도 단순히 수평적, 수직적인 것이 아닌 입체적 구성방식을 택하고 곡률이 있는 유기적 형태를 취하여 다양하게 경관변화가 이루어지고 조망위치에 따라 다채로운 시각적 경험이 가능토록 구성되어 있다.

록본기 힐즈는 예술과 정보의 공유를 중시하는 복합공간이다. 현대판 몬젠마치에 비유되는 록본기 힐즈 공간의 전체구성은 [사진 4]에서 보는 바와 같이 낮은 언덕에 고층 건물과 전망대, 광장, 공원, 호텔, 미술관, 도서관, 공연장, 영화관, 쇼핑몰, 거리 등이 유기적 구조로 연결되어 있다. 록본기 힐즈의 모리타워는 54층의 초고층 빌딩으로 록본기 힐즈 전체에서

3. 록본기 힐즈의 공간구성 모형
4. 록본기 힐즈의 공간구성 체계도

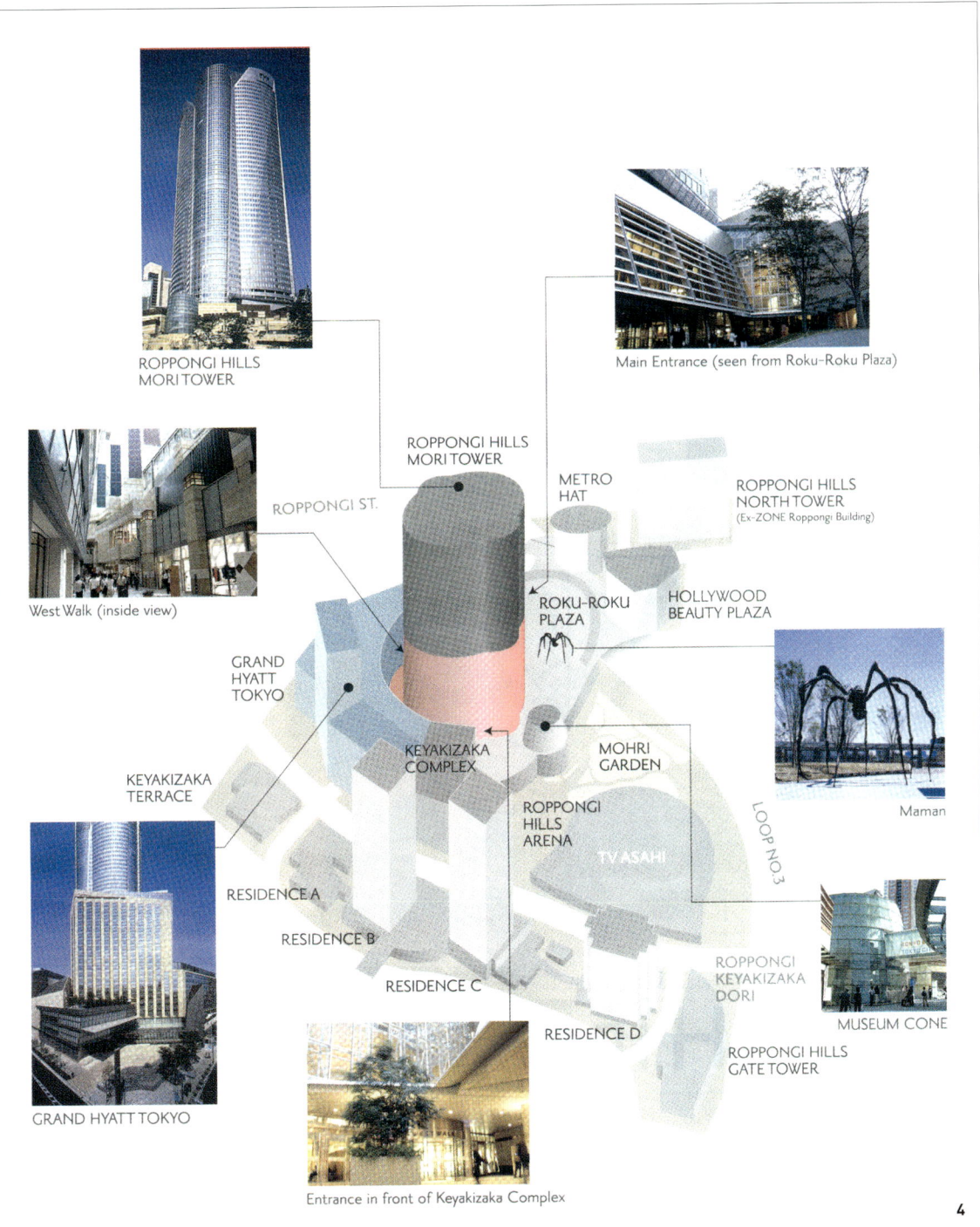

도쿄의 문화중심을 꿈꾸다 93

가장 높은 상징적 건물이다. 이 건물 52층에는 해발 250m에서 도쿄를 360도의 파노라마로 조망할 수 있는 전망대인 도쿄 시티 뷰(Tokyo City View)가 있으며, 52층과 53층에는 '천국에서 가장 가까운 미술관', '공중미술관' 등으로 불리는 모리미술관(森美術館)이 자리 잡고 있다. 또 모리타워의 40층과 49층에는 회원제 도서관과 강의기능, 비즈니스세미나, 포럼시설을 가진 록본기 아카데미 힐즈가 운영되어 지역 내의 지적 활동을 보조하고 있다. 모리타워 저층부에는 최신 유행의 패션의류와 보석상 등 약 80개의 점포와 주민 생활편의시설이 자리 잡고 있다.

록본기 힐즈는 지하철 히비야(日比谷)선 록본기역과 메트로 햇(Metro Hat)이라는 통로로 연결되어 있다. 매트로 햇에는 미용, 음식, 건강과 관련된 점포가 주로 구성되어 있으며, 북쪽에 위치한 메트로 햇을 나오면 모리타워와 이어지는 공간에 광장 '66 플라자'가 조성되어 있다. 이곳에는 록본기 힐즈의 심벌처럼 자리 잡은 루이스 부르주아(Louise Bourgeois)의 설치미술품 〈마망(Mamam)〉이 있다. 록본기 힐즈의 북서쪽에 위치한 힐 사이드는 완만한 경사와 곡선으로 동선을 만든 열린 공간으로 자연석으로 파사드(facade)를 만들어 작은 바위산을 연상하게 한다. 힐 사이드의 내부에는 토호 시네마즈 록본기 힐즈라는 영화관과 각종 오리엔탈 스타일의 상점 등이 구성되어 있다. 약 17m의 고저차이를 느낄 수 있는 산책로는 이벤트 광장인 록본기 힐즈 아레나(Arena)로 이어진다. 록본기 힐즈 아레나는 아사히 TV 건물 및 미디어 전광판과 함께 공연과 만남의 광장 역할을 하며 전체공간의 중심축을 이루고 있다. 산책로의 북쪽에는 에도시대에 만들어진 일본 전통정원의 양식을 따라 만든 모리정원(手利庭園)이 있어 가볍게 산책을 즐길 수 있게 하였으며, 이 정원은 레스토랑과 상점들을 위한 조경요소가 되기도 한다. 또한 상업시설 뿐 아니라, 록본기 힐즈 아레나와 도로로 구분된 건 너편에는 도쿄에서는 드물게 매우 높은 초고층 주거를 표방한 43층, 840세대의 주거시설이 자리하고 있다. 또 전체지역의 뒷부분에는 그랜드 하얏트 도쿄 호텔이 들어서 있어 비즈니스를 위한 숙박기능도 동시에 제공하고 있다. [사진 5]

공공성을 배려한 도시 속의 도시

복합문화공간의 개발은 도시에서 발생될 수 있는 다양한 행위체계를 상정하고 이를 프로그래밍하여야 한다. 도시민들의 복잡한 행위체계를 관찰

5. 록본기 힐즈 아레나와 주거단지
6. 모리타워 52층 전망대

6

하고 이해하였다면 당연히 공동체적 삶에 대한 이해와 공공성에 대한 배려가 따라야 한다. 도시의 기본적 조건은 사람들이 모이는 것이다. 사람들은 일을 위해, 만남을 위해, 휴식을 위해, 구매를 위해, 오락을 위해 모인다. 따라서 복합문화공간을 표방하는 도시 속의 도시는 사무실과 레스토랑, 공원, 문화적 여가를 위한 시설 등이 집적되어 제공되는 것이 당연하다. 이러한 관점에서 록본기 힐즈의 공공성을 우선한 구성과 접근은 바람직한 개발 방향과 대안을 우리에게 가르쳐준다.

록본기 힐즈는 전망이 좋아 임대료를 비싸게 받을 수 있는 건물의 상층부에 문화시설을 대거 위치시켰다. 54층 건물의 53층에 위치한 모리미술관과 49층의 아카데미 힐즈 등이 바로 그것이다. 새로운 개념의 광장인 록본기 힐즈 아레나는 전체공간의 중심부에 대규모로 위치하여 각종 이벤트를 제공하고 있다. 또 거대한 건물을 지을 수 있는 면적을 과감히 정원으로 배치하여 휴식공간을 제공했다. 당장의 임대수익보다는 지역전체의 발전을 위한 합리적 숙고와 공공성에 대한 배려가 이러한 새로운 방식을 가능케 했으며, 이것이 사람들을 이 작은 도시 속의 도시로 끊임없이 불러들이는 근원점이 되고 있다. [사진 6]

모리타워 53층의 모리미술관(Mori Art Museum)은 세계에서 가장 높은 곳에 있는 미술관이며, 한낮에 미술관을 여유있게 감상할 수 없는 도시민을 위해 도쿄에서 가장 늦게까지(밤 10시) 문을 여는 미술관이기도 하다. 실제적 삶에 예술을 다가서게 한 미술관으로 기록될 것이다. 운영시간 측면뿐 아니라 전시내용에 있어서도 모리미술관은 동아시아 미술, 영화, 사진, 건축 관련 전시 등 장르에 국한하지 않으며, 신진작가, 해외작가, 저명작가 등 다양한 그룹을 소개하고 지속적으로 새로운 기획전시를 선보이고 있다. [사진 7]

모리미술관을 방문하면 이 미술관이 높은 곳에 있음을 체험하게 해 주는 특별한 장치가 있다. 그것은 다름 아닌 깔끔하며 미니멀한 엘리베이터이다. 엘리베이터에 탑승하면 머리 위 전체가 나지막한 오렌지 빛으로 가득 채워져 있음을 느끼게 된다. 군더더기 하나 없이 단 하나의 색만이 발광하는 광천장이다. 잠시 후 엘리베이터가 출발하면 이 빛은 서서히 푸르른 빛으로 변화하고 도착할 즈음엔 선명한 하늘빛으로 물든다. 창밖의 풍경을 보여주지는 못하지만 가장 감동적인 은유이다. 좋은 디자인은 새로운 경험을 만들어주는 디자인이다. 색의 변화로 느끼는 짧은 시간의 체험은 이 공간을 더욱 극적이며 기억에 남는 장소로 만든다.

7. 모리타워 53층의 모리미술관 진입부

록본기 힐즈에서 가장 공공적인 또 다른 공간은 중심부에 만들어진 야외 엔터테인먼트 광장인 록본기 힐즈 아레나이다. 연중 수많은 라이브 이벤트로부터 광장 전체를 사용한 퍼포먼스까지 개성적으로 공간을 이용하는 다양한 프로그램들이 계획되고 실행된다. 록본기 힐즈 아레나의 공간미디어 프로듀서를 담당했던 히라노 아키오미(平野曉臣)에 의하면 이 광장의 기본 컨셉은 세계 어느 곳에도 없는 '매일처럼 표정을 바꾸어가는 광장'이다. 언제나 무엇인가 일어나는 장소, 갈 때마다 또 다른 자극이 기다리고 있는 장소, 찾는 사람에게 풍부한 영감을 던져주는 창조적이고 예술적 장소를 만드는 것이 목표라고 한다. 아이디어가 탄생하는 거리를 위해서는 지적이고 질 높은 만남이 있어야 한다는 전제가 설정되었다. 그러기 위해서는 일상적 만남과 무대, 미디어가 결합된 새로운 형태의 광장이 필요했다. 록본기로부터 세계를 향하여 다채로운 메시지를 발신하는 미디어, 그리고 커뮤니티의 핵으로서 다양한 교류가 싹트는 무대, 그리고 문화 활동을 측면에서 지원 육성하는 문화의 인큐베이터를 지향하는 것, 그것이 록본기 힐즈 아레나가 지향한 광장의 상이었다. 록본기 힐즈 아레나의 시도는 21세기 새로운 도시 광장의 방향성을 모색하는 것이었다.

유럽의 광장이 저절로 찾아드는 사람들에 의해 점유되고 어우러져 자신을 표현하는 '광장의 문화'로 보인다면 일본의 광장은 길을 따라 행진하며 행렬 안에서 행렬 밖의 사람을 끌어들이는 '길의 문화'로 비유될 수 있다. 록본기 힐즈 아레나의 초기 이벤트들은 세계정상급의 예술가들을 불러오지만 장르나 유명세 등에 집착하지 않고 이곳에서는 무엇이든 가능하다는 것을 실현하고 중시하는 정책이 펼쳐졌다. 어느 날 가보면 클래식, 그 다음에는 코미디가 있고 또 어느 날에는 서커스, 이른 아침에 가 보았더니 태극권의 행렬이 있는 식이다. 크리스마스나 할로윈에는 어김없이 파티가 열리며 음습한 분위기로 사람을 빨아들이는 데카당스 카페가 기다리고 있다. 그곳에 가면 새로운 체험이 가능하다는 것을 보여주는 기획이다. 이러한 모든 이벤트들은 관객 동원에서 본다면 성공적이었다.

또한 록본기 힐즈 아레나의 브랜드화에도 성공했다. 이벤트는 지역과 사회에 발신하는 기능을 갖지만 결국 만드는 사람들과 참가하는 사람들이 변화하는 공간이기도 하다. 물질적인 공간이 스스로의 가치를 높여가는 동시에 모여든 사람들과 만드는 사람들 역시 자신의 존재의 의미와 가치를 발견하는 장이어야 한다는 것이다. 정적 공간으로서의 광장이 아닌 움직이고 끌어들이는 장으로서의 광장은 공공공간 개발의 기본요소이며 록본기 힐즈 아레나는 이 원칙을 굳게 실천하고 있다.

록본기 힐즈 아레나는 디자인 측면에서 몇 가지의 의미 있는 구성을 가지고 있다. 록본기 힐즈 지층부 공간의 중심축 역할을 하며, 단지 내 이동시 가로지르는 길이 모두 만나는 결절점에 광장을 구성함으로써 보행자들의 가로질러 걷고자 하는 행태심리를 반영하는 동시에 그 걸음을 느리게 이완시켜 관객으로 만든다. 또한 만남의 장인 이 광장은 상층부의 열린 공간에서 쉽게 조망됨으로써 폭넓은 시선의 상호작용을 만들어 공간의 연계성을 강화시킨다. 또한 바닥부의 소재를 나무소재로 처리하여 인위적인 디자인을 보다 자연스럽고 편안하며 안락한 감성으로 바꾸어 주고 있다. 아울러 가로를 건너는 즉시 맞은편의 주거단지와 연계되도록 하여 소음으로부터 주거지를 분리하되 참여의 기회와 접근성을 최대한 보장하는 공간배치 특성을 보여주고 있다. 시설의 구체적인 디자인 측면을 보면 원형의 기둥 없는 넓은 차양막으로 기후와 날씨를 배려한 동시에 공연에 필요한 음향을 처리하기 좋은 구조를 가지고 있다. 또한 아사히 TV의 미디어 전광판은 평상시에는 뉴스와 날씨정보, 각종 기사로부터 영상미디어 전시, 이벤트, 광고에 이르기까지 록본기 힐즈 아레나의 공간을 동적 공간으로 활성화시키는 역할을 하고 있다. 또 이 공간의 의자들은 고정된 형태가 아니라 상황에 따라 가변적으로 배열할 수 있도록 하여 보다 다양한 공간연출이 가능토록 지원되고 있다. [사진 8]

또 하나 록본기 힐즈 아레나 바로 옆에는 전체 면적에 비해 상당히 넓은 면적의 녹지공간으로 모리정원이 구성되어 있다. 록본기 힐즈 전체적으로는 녹지공간을 위해 약 68,000그루의 나무를 심어 자연을 확보하려는 노력을 기울였는데, 정원은 아레나 공간의 배경 숲이 되고 또 아사히 TV와 모리타워의 정원으로 훌륭한 기능을 하여 보다 안락한 공간연출을 보여준다. [사진 9]

세계적 커피전문점의 대명사인 스타벅스 역시 록본기 힐즈에 입점해있다. 이곳의 스타벅스는 아침 7시에 시작해 새벽 4시에 문을 닫는다. 록본기 힐즈가 초기부터 뉴욕이나 런던 등과 연계된 다국적 기업의 직원들이 시간이 다른 상황에서 일할 수 있는 24시간 도시를 표방하여 주거기능과 호텔, 사무실 등을 복합화해 개발했음은 잘 알려진 사실이다. 록본기 힐즈의 새벽풍경은 차분하지만 지속적으로 생동하며

8. 롯본기 힐즈의 공연 및 만남의 광장 – 롯본기 힐즈 아레나

움직이고 있다. 많은 사람들이 아레나 광장에서 또 스타벅스에서 이야기를 나누거나 책을 읽는 모습이 우리에겐 분명 낯설지만 잠들지 않는 이 복합공간의 또 다른 이면을 보여준다. 이곳의 스타벅스는 그들의 기본적인 공간구성전략인 내외부 공간의 교류와 개방이라는 개념을 그대로 적용하였지만 단순 판매보다 적극적으로 만남과 휴식을 제공하는 공공 지향적 성격을 표방하고 있다.

우리나라와 달리 유럽을 비롯해 일본에는 서점과 함께 결합되어 있는 스타벅스가 상당수 있다. 이곳의 스타벅스 역시 서점 츠타야(Tsutaya)와 함께 있는데, 대여 기능이 활성화되어 있어 도서관이 기능하지 못하는 시간의 간극을 메우는 역할을 충실히 수행하고 있다. 실내는 널찍한 소파와 갖가지 잡지를 구비하고 있으며 많은 사람들이 늦은 시간 일과 만남, 휴식, 정보 등 갖가지 이유로 이 공간을 찾고 있다. 상업시설의 최일선인 커피전문점이 제공하는 넓고 안락한 소파와 여기에 앉아 휴식을 취하고 있는 이들의 모습에서 록본기 힐즈의 공공성이 짙게 베어 나온다. [사진 10]

록본기 힐즈를 방문해 걸으면서 바닥을 유심히 본 적이 있다면, 이 복합문화공간의 세심함에 두 번 놀라게 된다. 첫 번째는 바닥재의 정렬된 선이나 세밀한 조정을 통한 완벽한 면 높이의 보정으로 쾌적한 보행이 가능하다는 점이다. 두 번째 이러한 바닥면의 정밀성에 대해 그들의 국민성이나 기술력을 높이 평가할 수도 있지만 그보다 더욱 가슴에 와 닿는 것은 층이 바뀌는 곳이나 높이가 달라지는 곳곳에 세심히 표시해놓은 선과 점들이다. 비슷한 색을 가진 계단이나 단 차이 때문에 안전사고가 생기지 않도록 배려한 표시이지만 형태 측면에서도 길이나 비례를 조금씩 바꾸어 시각적으로 변화와 경쾌한 느낌을 제공하고 있다. 몸이 건강한 사람들도 간혹 실수로 계단에서 발을 헛딛는 경우가 있지만 노약자들을 위해서는 더더욱 그러한 시설들이 필요하다. 록본기 힐즈의 전체지역을 돌아다녀보면 어느 곳이나 장애인이 쉽게 접근할 수 있는 환경을 만들기 위해 유니버설 디자인에 대해 애쓴 흔적들이 역력하다. [사진 11]

록본기 힐즈의 정보시스템과 그래픽 디자인 역시 사적 브랜드임에도 불구하고 상당부분 공공디자인의 성격을 부여하고 있다. 록본기 힐즈의 심벌마크와 로고는 영국출신의 그래픽디자이너 조나단 반브룩(Jonathan Barnbrook)에 의해 제작되었는데, 록본기 힐즈의 영문에서 나타나는 6개의 원과 6개의 나무에서 유래한 의미를 결합한 이 로고타입은 지역명칭과 유래를 잘

9, 10, 11, 12, 13

9. 모리정원 (사진/은덕수)
10. 츠타야 서점의 휴게 공간 (사진/박재한)
11. 바닥면의 안전용 포인트 표식
12. 록본기 힐즈의 로고타입이 적용된 현수막과 기념품 (사진/ 김학민)
13. 록본기 힐즈의 사인 정보시스템

반영하여 지역민의 자부심을 고취시키는 것뿐 아니라 지역정체성 확립에도 기여하고 있다. [사진 12]

록본기 힐즈의 정보시스템은 기본적으로 수많은 임대점포들보다 공공정보에 해당하는 지시사인과 유도사인이 우선적으로 눈에 띄도록 디자인되어 있다. 특히 세부적인 입점점포들의 정보는 시설안내 가이드 브로슈어를 여러 가지 언어로 배포하고, 공간상에서는 지역별 현황과 빠른 길 찾기가 가능토록 주요지점으로 진행할 수 있는 유도사인을 제공하는데 중점을 두고 있다. 이 사인들은 모든 사적 정보보다 최우선적으로 눈에 잘 띄도록 설계되어 있으며, 형태적 측면에서도 통일되어 있어 잘 읽히는 도시를 표방하고 있다. 보행자와 관련된 사인은 밝고 노란 톤의 사인을 사용하고 있으며, 차량과 관련된 곳의 사인은 짙은 청색에 밝은 글씨로 처리하여 기능이 전혀 다른 공간을 색으로도 확실히 구분하고 있다. 또 록본기 힐즈 내 각 지역을 5개 권역으로 구분하여 각기 다른 색을 지정, 합리적 정보체계를 지원하고 있다. [사진 13]

스트리트 퍼니처와 공공디자인

록본기 힐즈는 도쿄의 랜드마크가 되었다. 랜드마크는 흔히 대규모이거나 형태가 과감하거나 역사적 상징성 등을 갖고 있거나 지역자체가 랜드마크가 되는 것이다. 지역전체가 랜드마크가 되려면 다양성이 존재해야 하며, 그 다양성이 하나의 통일된 이미지로 각인되어야 한다. 그 점에서 록본기 힐즈의 거리는 수준 높은 스트리트 퍼니처(Street Furniture) 작품들로 구성된 다양성을 확보하고 있어 기억할 만한 만남을 제공한다.

그러나 다양한 문화를 포용할 수 있는 공간과 시설이 이용자를 배려한다고 해도 록본기 힐즈는 거대자본이 지배하는 공간이다. 그럼에도 불구하고 록본기 힐즈의 최고급 주거시설, 명품브랜드 매장, 상업방송국 등이 갖는 상업성과 일반인을 위한 공익성은 여러 측면에서 다양한 방식으로 타협과 조화를 꾀하고 있다. 록본기 힐즈를 위한 공공미술(Public Art) 프로젝트는 예술을 통해 좁게는 록본기 힐즈의 공공적 이미지, 넓게는 도쿄의 꿈, 희망, 과거와 현대의 복합적인 이미지를 표현하기 위해 추진되었다. 공공미술 프로젝트는 록본기 힐즈 11.5ha전역에 설치작품을 배치하는 공공미술 부문과 남쪽 지역에 해당하는 400m 길이의 게야키자카도리 주변에 사람들이 머무르고 쉴 수 있는 장소를 창조하는 스트리트 퍼니처 부문으로 구분하여 볼 수 있다.

이중에서도 특히 롯본기 힐즈의 스트리트 퍼니처는 인터랙티브한 예술을 경험케 한다. 표면을 바라보면서 느끼는 형태의 독창성이나 새로운 빛의 경험 등과 함께 직접 앉거나 조작함으로써 즐길 수 있도록 유인한다. 때로는 가족이나 친구들과 함께하는 기념사진의 배경으로, 때때로 미끄럼을 타기 위해 오르내리는 아이들을 위한 상상력의 오락거리이기도 하다. 모리 미노루는 '오늘날의 어린이들이 커서 훗날 언젠가 유명한 예술가들이 창조한 조각 위에서 장난을 치며 매우 기쁘게 놀았었다는 것을 알게 되었을 때 느끼는 만족감을 상상해보라'고 하여 스트리트 퍼니처의 가치를 매우 중시하고 있음을 표명하였다.

롯본기 힐즈의 스트리트 퍼니처 프로젝트에는 세계적 지명도를 지닌 작가와 디자이너들이 참여하였다. 이 프로젝트를 총괄한 인테리어 디자이너 우치다 시게루(內田繁)는 스트리트 퍼니처를 통해 문화적 다양성을 보여주고자 했는데, 이는 롯본기 힐즈가 표방한 주제와 일치한 것이기도 하였다. 스트리트 퍼니처가 설치된 게야키자카도리는 롯본기 힐즈 주거지와 면해 있으며 길이 400m의 완만한 경사로로 512그루의 느티나무 가로수가 펼쳐져 있다. 이 거리에는 루이비통(Louis Vuitton), 에스까다(Escada), 막스마라(Max Mara) 등 세계적 명품 브랜드숍들이 자리하고 있다. 현대 건축의 특성이라 할 수 있는 공간의 투명성, 노출 콘크리트, 그리고 재료의 솔직성이 강조된 공간적 맥락은 도시적 세련미를 간결하게 전달할 수 있으나, 한편으로는 건조하고 기계적이라는 인상을 주기도 한다. 따라서 이러한 주변 맥락을 보완하면서 동시에 참여를 유도하는 능동적 관계 형성의 매개체로 스트리트 퍼니처가 가로를 따라 설정되게 되었다. 맥락적 측면에서 명품거리라는 특성이 참여미학적인 공공미술로서의 스트리트 퍼니처를 도입하는데 결정요인이 되었다고 할 수 있을 것이다.

롯본기 힐즈의 스트리트 퍼니처들은 아놀드 벌리언트(Arnold Berleant)가 제안한 바와 같이 삶과 유리된 관습적인 예술에서 탈피하여 '참여적 환경미학'을 기반으로 하고 있다. 이것은 미적 경험이 예술작품으로부터 분리된 미적 지각자의 관조로 형성되는 것이 아니라, 작품을 매개로 하여 자신의 경험 속에 예술가의 활동마저 지각적으로 통합되는 유기적 경험을 의미하는 것이다. (《공간디자인 16강》, 권영걸) 그의 제안에 따르면 '일상생활과의 연속성', '지각적 통합', '대상과 지각자의 참여'와 같은 조건들이 충족되면 일상적 경험, 일상적 참여가 일어나는 환경이

미학의 주된 주제가 될 수 있다고 한다.

록본기 힐즈의 스트리트 퍼니처들은 게야키자카 거리의 양쪽에, 특히 주거지가 있는 남쪽과 외부에서 게야키자카 거리로 접어드는 부분을 중심으로 전개되어 있다. 실제 이용 빈도를 고려해 참여가능성이 높은 지역을 중심으로 위치선정이 이루어진 것이다. 그리고 참여를 유도하는 다양한 방식을 각 작품이 선보이고 있어, 참여 미학적 개념을 갖고 있다. 이는 거리의 보통사람들을 예술소비자의 수동적 위치에서 능동적 생산자 또는 비평자로 끌어냄으로써 생태 미학적 견해를 동시에 표방하고 있는 것이다. 이외에도 야간에는 건물과 수목에 화려한 조명을 설치하여 보행자에게 새로운 경험을 유도할 뿐 아니라, 보행자수가 적은 경우에도 거리의 고급스러움과 상품성이 유지되도록 하였다. 록본기 힐즈의 스트리트 퍼니처는 대량으로 양산된 제품의 설치에 의한 사용의 보편성보다는 디자이너의 개성과 작품이 가지는 의미와 차별성을 더 중시했다. 이는 록본기 힐즈의 스트리트 퍼니처가 공공미술 프로젝트의 일부로 진행되었다는 사실과 록본기 힐즈가 가지는 공간적 상징성과 밀접한 관계를 갖는다.

몇 가지의 스트리트 퍼니처들을 소개하면 다음과 같다. [사진14]의 사진①은 스웨덴 출신의 디자이너인 토마스 샌델(Thomas Sandell)의 '아나스 스테나(Annas Stenar)'로 이 벤치는 배경이 되는 마키 후미키오의 건축과 미야지마 타쯔오의 디지털 설치미술과의 조화를 이룰 수 있도록 미니멀리즘의 흑백으로 제작되었다. 수면에서 도약하는 돌고래의 형상으로부터 영감을 얻어 디자인되었으며, 도시의 아스팔트에 바다라는 유기적인 형태를 입혀 자유로움을 더하게 하였다.

사진②는 미국의 디자이너 카림 라시드(Karim Rashid)의 '스케이프(sKape)'라는 벤치로 복잡한 많은 곡선들이 모여 있는 형상이다. 가로에서 만나는 솔리드(solid) 공간의 형태와 직선중심의 도시경관에 반하는 역동적인 형태가 함께 존재한다. 브라운 톤의 펄(Pearl)로 마감하여 낮에는 빛의 반사에 따라, 밤에는 조명과 보는 각도에 따라 다채로운 색의 효과를 내고 있다.

사진③은 핀란드 태생의 건축가인 안드레아 브란찌(Andrea Branzi)의 '아치(Arch)'라는 작품으로 상점의 창을 통해 내부를 들여다보는 듯한 느낌을 전한다. 그러나 공간이용자가 이 스트리트 퍼니처에 착석하였을 때는 도로 쪽이 오히려 인테리어의 한 측면인

14. 록본기 힐즈의 스트리트 퍼니처

것처럼 인상을 받게 된다. 건물의 일부를 연상하게 사각 프레임은 안과 밖의 관계를 모호하게 만들고, 이로서 안과 밖이 상호 호환 되게 하는 역할을 하는 것이다. 대상물을 바라보면서 움직일 때 감지되는 동적 시각과 착석하여 신체가 움직이지 않을 때 감지되는 순수 시각의 상이한 두 가지 경험을 하나의 스트리트 퍼니처에 구현한 작품이다.

사진④의 작품은 히비노 가츠히코(日比野克彦)의 '이 큰 돌은 어디에서 왔을까? 이 강은 어디로 흘러갈까? 나는 어디로 가는 건가? (Where did this big stone come from? Where does this river flow into? Where am I going to)'라는 철학적 제목을 가진 벤치로, 작가는 어린 시절 자신의 고향에 있는 나가라강의 바위에 앉아서 흘러가는 강물을 바라보던 기억을 작품으로 옮겼다. 강물의 흐름은 시간의 흐름에 따라 완만한 곡류를 만들고, 돌이나 자갈을 점차 유기적 형태의 윤기를 가지게 만든다. 표면은 점묘법으로 표현한 것처럼 셀 수 없이 많고 미세한 흰색, 적색, 녹색, 노란색, 보란색의 점들이 흩뿌려져 있는 것처럼 표현되어 자연 공간 속의 묵직한 돌 느낌을 연출한다.

사진⑤는 우치다 시게루(內田繁)의 '사랑밖에는(I can't give you anything but love)'이라는 작품으로 날아다니는 카펫 또는 붉은색 리본 모양을 연상시키는 스틸 소재의 붉은색 벤치로 재즈곡의 제목에서 영감을 받아 낭만적인 제목이 붙여있다. 선적이고 차가운 공간에 하늘의 양탄자 또는 음악의 선율 같은 감성을 제공한다.

사진⑥은 드룩 디자인(Droog Design)의 '데이 트리퍼(Day Tripper)'라는 벤치로 사람들의 일상 속 앉은 자세를 연구하고, 이를 토대로 다양한 자세를 포용할 수 있는 유기적 형태를 만들었다. 여기에 유럽의 고전적 양식의 탁자와 의자를 결합하고 복잡성을 더하는 문양을 추가하였다. 실제 의자와 커피 테이블을 활용한 작품으로 기대고, 앉고, 눕고, 어슬렁거리는 인간의 행동을 표현했다. 네덜란드 전통꽃문양패턴이 전사프린팅 되어 있으며 일본 젊은이들 사이에 인기 있는 핑크컬러가 적용되었다.

공공물로서 스트리트 퍼니처는 도시환경디자인의 요소가 된다. 케빈 린치는 '도시의 이미지'에서 도시환경의 이미지를 구조(Structure), 정체성(Identity), 그리고 의미(Meaning) 이렇게 세 요소로 구성된다고 주장한다. (《도시와 환경디자인》, 고성종 고필종) 이 관점에서 록본기의 스트리트 퍼니처를 분석해보

④

⑤

⑥

면, 첫째, 구조는 도시 또는 록본기 힐즈라는 공간적 맥락 속에 가지는 위치로 인식해야 한다. 록본기 힐즈의 스트리트 퍼니처는 보편적으로 배치된 도시의 가구가 아니라 특수하고 한정된 공간을 위한 점이적 특징을 갖는다. 그러나 록본기 힐즈가 도쿄 재개발의 일환으로 만들어진 구획이며 동시에 가장 현대적인 구성과 외형을 가졌다는 점에서 이웃한 지역과의 관계에서 구조를 살펴야 한다. 따라서 록본기 힐즈는 도시 계획 측면에서 주변에서 중심으로 변환을 이끄는 존재라 할 수 있다.

둘째, 정체성이라는 면에서 기존의 록본기 지역이 과거를 표방한 전통과 지역의 특수성을 내세운 지역이라면, 재개발된 록본기 힐즈는 현대와 세계적 보편성을 표방한 지역이다. 외형적 정체성이 고층건물과 첨단의 건축소재, 그리고 빛과 영상이 지배하는 멀티미디어의 기술이 결합이라면, 내면적으로는 젊음, 참여, 유행, 그리고 명품이라는 20대 전후의 자본이 지배하는 곳이다. 여기에 록본기 힐즈 정체성의 이념적 한계가 존재한다. 따라서 록본기 힐즈의 스트리트 퍼니처는 열린 공간으로서 공공성과 소비로서 자본의 중간에 위치해 있다. 록본기 힐즈의 스트리트 퍼니처는 즐기고, 만지고, 참여할 수 있는 공공재이지만, 그 설립과정과 작가의 면면은 자본이 투자되지 않으면 이루기 힘든 양면성을 가진다. 그럼에도 불구하고 록본기 힐즈의 스트리트 퍼니처는 지역의 정체성을 강화하고, 자본이 지배하는 공간에서 공공성과 사회성을 지탱하는 역할을 한다.

셋째, 록본기 힐즈의 스트리트 퍼니처는 문화의 다원화와 세계화라는 시대적 흐름을 포용하고 있다. 국내의 경우 특정 지역의 공공미술품이나 스트리트 퍼니처를 설치할 때 지역의 전통적 가치나 브랜드를 강요하는 경향이 있는 것에 반해, 록본기 힐즈의 스트리트 퍼니처는 문화라고 하는 담론으로서 개념만을 설정하고 자유롭고 창의적인 접근을 통해 오히려 새로운 의미를 창출하고 있다. 특히 스트리트 퍼니처의 접근이 가구가 아닌 디자인에서 출발하고 일반인에게 디자인의 가치와 해석방법을 자연스럽게 전파하고 있다는 점에서 록본기 힐즈의 스트리트 퍼니처는 일반인과 디자이너 사이에 존재하는 인식차이를 좁히는 도구라 할 수 있다.

문화공동체로의 화합

록본기 힐즈의 개관 4년 뒤인 2007년 록본기 지역에는 국립신미술관(The National Art

Center, Tokyo)과 도쿄 미드타운(Mid Town)의 산토리미술관(Suntory Museum of Art)이 개관하면서 도쿄의 문화적 중심지로 시너지효과를 내고 있다. 록본기 힐즈의 홍보를 위한 가이드 브로슈어에는 '아트 트라이앵글 록본기(Art Triangle Roppongi)'라는 표현이 새겨져있으며, 이 세 곳의 구체적인 위치를 알려주는 맵을 제공하고 있다. 2007년 봄에 개관한 도쿄 미드타운은 록본기 힐즈처럼 주거기능을 크게 갖고 있지 않은 상업중심의 공간구성을 보이는 복합문화공간이다. 현재 상주하고 있는 업체들의 성격도 상이한데 록본기 힐즈에는 야후저팬이나 골드만삭스, 리만브러더스 등 다국적 기업들이 상당수 입주한 반면, 도쿄 미드타운에는 후지필름과 코나미 등 일본의 토종기업들이 위치하고 있다. 미드타운 역시 개발사는 다르지만 넓은 자연공간을 시민들에게 제공하고 산토리미술관 및 디자인21사이트, 도쿄FM 미드타운 스튜디오를 제공하는 등 공공적 성격의 공간을 만들어 시민들에게 다가가고 있다. 록본기 힐즈는 홍보물을 제작하면서 경쟁상대인 미드타운의 식당을 대거 소개했다고 한다. 이는 록본기힐즈 자체의 경쟁력만이 아닌 지역경쟁력을 높임으로써 자신들의 경쟁력을 강화시키고자 하는 보다 높은 홍보전략인 동시에 복합문화공간이 가져야 할 공공성의 실현이기도 하다. 이러한 전략은 실제로 영향력을 발휘하면서 여러 잡지에 미드타운과 록본기힐즈를 비교하는 특집기사들이 실리고 록본기힐즈의 정체성을 더욱 강화시켜주는 계기가 되고 있다. 미술관이라는 공공성에 바탕을 둔 공간을 통해 록본기 지역을 문화공동체로 격상시키려는 시도를 보면서 복합문화공간개발에 있어 공공성에 대한 배려와 이를 실현시키는 공공디자인의 중요성에 대해 다시 한 번 실감케 된다.

참고문헌
〈도시와 환경디자인〉, 고성종 고필종, 미진사, 1992
〈이세신궁 참배의 성과 속 : 세상유람에서 문화관광으로〉, 권숙인, 한국문화인류학 33-1, 2000
〈공간디자인 16강〉, 권영걸, 국제, 2001
〈지역이벤트를 만드는 지역프로듀서에게 필요한 것〉, 박희숙, 한국문화관광정책연구원 뉴스레터No.44, 2006. 12
〈도쿄 네 멋대로 가라〉, 이영래, 동아일보사, 2005
〈스페이스마케팅〉, 홍성용, 삼성경제연구소, 2007
〈Six Strata: Roppongi Hills Defined〉, Homma Takashi, Horie Toshiyuki, Barnbrook Design, Heibonsha, 2006
〈Art, Design and the City: Roppongi Hills Public Art Project 1〉, Mori Art Museum, Rikuyosha, 2004
〈Discovering & Improving Store Image〉, Sallie W. Wewell, Journal of Retailing, Vol. 50 Summer, 1975

최성호
한양사이버대학교 공간디자인학과 교수
사단법인 한국공공디자인학회 상임이사
서울시 2007 가로환경 공공디자인 지명디자이너
서울대학교 미술대학 산업디자인학과 미술학사
홍익대학교 대학원 산업디자인전공 미술학석사
서울대학교 대학원 공간디자인전공 디자인학석사 수료
한국공항공단 운영처 환경디자인실 실장
(주) 멀티맥스 공간디자인팀 팀장
(주) 알텍종합건영 디자인기획실 실장
(주) 기아자동차 중앙기술연구소 연구원

도심 속의 놀이터 남바파크
놀이가 성립되기 위해서는 재미와 진지함이 공존해야 한다

최정윤 도시미관연구소 소장

현대도시에는 유목민 같은 다양한 계층의 도시민들을 충족시켜줄 수 있는 복합공간이 요구되고 있다. 최근에는 도시공원과 문화 그리고 상업시설의 복합시설이 요구되었고 오사카의 남바파크는 이러한 현대인의 욕구를 충족시켜주는 좋은 예라고 할 수 있다. 도시 환경에 대한 관심도가 높아가고 있는 우리나라에는 아직 종합선물 세트처럼 누구에게나 구미에 맞는 시설은 아직 없다.

내가 처음 남바를 찾은 것은 도시의 거대규모시설물 속에 공원의 미학적 관점에서 접근하기 위한 의도에서였다. 하지만 남바에 대한 선입견과는 달리 아름다운 공원은 보이지 않고 너무나 단순한 외관에 적잖이 실망스러웠다. 이런 나의 첫 인상이 '멋모르는' 성급한 편견이었음을 깨닫는 데는 그리 오래 걸리지 않았다. 발걸음을 한걸음씩 옮기면서 나도 모르게 남바의 공간 속으로 깊숙이 빠져들고 있었다.

어느 한 곳도 막힌 곳이 없는 열린 공간들, 내부에서 외부로, 지하철에서 하늘정원까지 이어지는 커뮤니티 공간들. 위에서 아래로, 아래에서 위로, 쇼핑몰에서 이벤트 광장으로, 다시 인공정원으로 아이처럼 즐겁게 헤매고 다녔다. 정원에서 들리는 새소리, 물소리, 정원 속 계단 사이사이 작은 숲, 층층마다 만나는 작은 광장과 카페, 마치 협곡사이의 폭포수 속을 지나가는 듯한 웅장한 건축물, 건축물 외벽과 건축선과 어우러진 커뮤니티형 가로…. 만나는 공간마다 저절로 탄성을 자아내게 하였다. [사진 1, 2]

남바파크는 상업성과 커뮤니티와 도시성이 하나로 엉켜있는 도시 속의 거대한 놀이터였다. 쇼핑과 휴식, 산책, 즐거운 식사와 차 그리고 사랑을 나누는 연인들, 자유롭게 남바파크를 즐기는 시민들. 그들이 열광할 수밖에 없는 남바파크를 이해하려면 공공디자인 측면보다 건축공간을 먼저 이해해야 한다는 것을 나는 간과하고 있었다. 니혼게이자이 신문이 올 상반기 일본 최고의 인기를 누린 것으로 '복합쇼핑몰'과 '전자화폐'를 꼽을 정도로 일본에서는 복합 엔터테인먼트 상업몰 열풍이 불고 있다. 후쿠오카의 캐널시티에서 록본기 힐즈, 남바파크까지 일본의 복합 엔터테인먼트 상업몰의 성공신화 뒤에는 건축가 존 저드(John A. Jerde)가 있다. 존 저드는 누구인가?

존 저드와 저드 파트너스

저드는 어린 시절 석유노동자인 아버지로 인해 떠돌이생활을 하면서 외롭게 성장하였다. 그때부터 사람들의 모임과 즐거운 추억거리, 즉 공동성

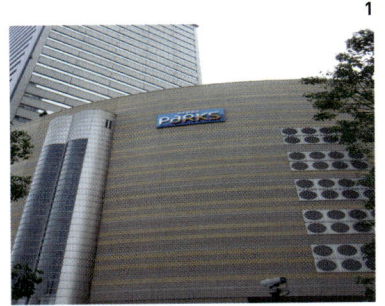

1. 남바파크 파사드
2. 남바파크몰 진입광장

(Communality)에 대한 열망을 갖게 된다. 타고난 예술적 기질을 살려 건축학을 전공하면서 모더니즘 건축과 도시의 비인간화에 대한 문제점을 인식하고 영혼이 없는 건축을 벗어나 유기적 사고(Organic Idea)와 유기적 형태(Organic Geometry)를 통해 구조적이고 수직적인 현대건축의 모더니즘을 탈피하려 하였다. 대학졸업 후 이탈리아 여행을 하면서 현대건축에서 느꼈던 문제점의 실마리를 찾게 되는데 도시를 구성하는 가장 중요한 요소는 사람들의 모임, 소통, 인간적인 활동이라는 것을 느끼게 된다. 이후 사람들의 행위를 우선적으로 계획한 후 건축을 디자인 하는 설계원칙을 세우게 된 저드는 무엇보다도 사람들 간의 커뮤니티를 중심에 두었다는 것을 느낄 수 있게 한다.

저드는 자신의 공간철학을 실현시키기 위해 다양한 전문가들과의 파트너십을 통해 프로젝트를 진행하고 있다. 하나의 대형 상업시설을 설계할 때 환경그래픽과 조경 등 협업분야 뿐만 아니라 경영과 분양 컨설턴트까지 특히, 해당 지역의 건축가를 함께 참여시켜 지역의 역사적 흔적을 남기고 지역주민들의 성향을 반영하였다. 이 점은 공적인 공간으로써 지역의 랜드마크로 자리매김하기 위한 중요한 과정임이 분명하다. 저드는 살아있는 도시를 만들기 위해서는 네 가지의 요소를 담고 있어야 한다고 말한다. 도시의 변천(Urban Transformative), 활력 있는 도시(Urban Vitality), 꿈과 환상(Fantasy), 일상 속의 즐거움(Joy into City Life)이 그것이다. 남바파크는 이러한 존 저드의 철학을 담아낸 또 하나의 결과물이라 할 수 있다. 저드의 건축철학을 배경으로 지금부터 남바파크를 하나씩 살펴보기로 한다.[사진 3]

남바파크의 탄생과 흔적

2003년 10월 7일 오픈한 오사카 남부의 랜드마크 남바파크(Namba Parks)는 도심인 남바(難波)지역의 구 오사카구장과 주변부지 145,000㎡를 도심주거지역(Urban Residence Zone)과 종합위락시설(Total Entertainment Mall)로 개발한 사업으로 지상 30층 규모의 주상복합아파트 파크스(PARKS : Park of Art Resort Knowledge Stage) 타워와 종합 위락공간으로 구성되어 있다.[사진 4, 5]
파크스타워의 1층부터 8층까지는 쇼핑시설이 들어서 있는데 지상으로부터 8층 옥상까지 연결되는 인공구릉지로 형성되어 있다. 파크스타워의 9층부터 30층까지는 업무시설로 이루어져 있어 복합적 용도가 결

3-1

3-2

3-3

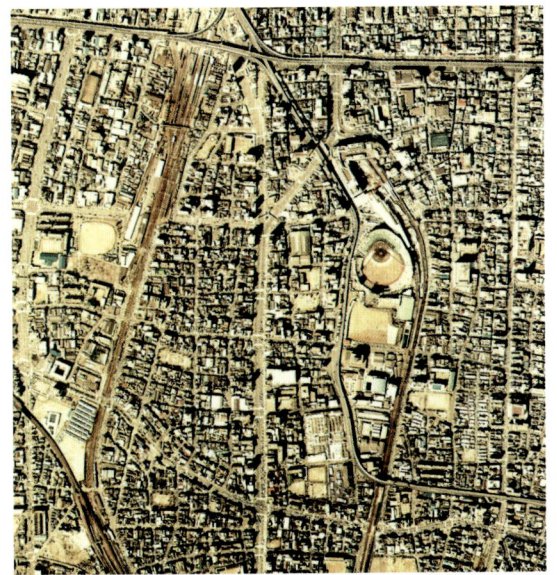

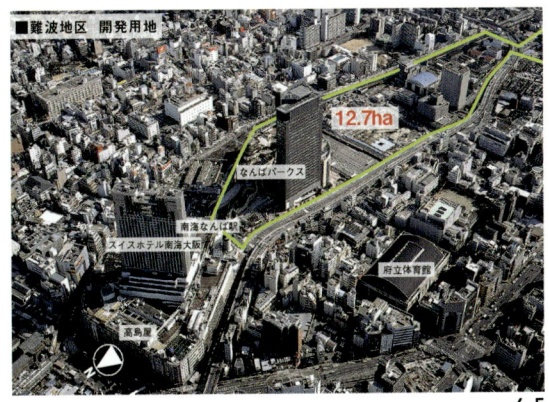

4, 5

합된 복합도시(Compact City)라 할 수 있다.[사진 6] 남바파크는 오사카돔이 개장하기 전까지 오사카 종합운동장의 일부였던 오사카구장 자리에 위치하고 있다. 1950년 개장한 오사카구장은 지금은 역사 속으로 묻힌 일본의 유명한 프로야구팀 난카이 호크스의 홈구장이었다.

남바파크 내에서 오사카구장의 흔적을 찾는 것은 그리 어렵지 않다. 구장이 있던 자리는 현재의 남바파크 건물 2층이라고 한다. 2층의 보도포장을 자세히 보면 오사카구장의 홈플레이트가 있던 자리와 투수 발판이 있던 자리를 발견할 수 있다.[사진 7, 8]

복합 엔터테인먼트 남바파크

엔터테인먼트는 한마디로 놀이를 의미한다. 네덜란드의 역사학자 호이징하(Huizing)는 "놀이는 인간의 본능적이고 무조건적인 욕구를 반영하는 행동을 의미한다."고 하였다. 놀이가 성립되기 위해서는 재미(Fun)와 진지함(Seriousness)이 공존해야 하며 이러한 규칙이 성립될 때 인간은 놀이를 통해 창조력을 발휘할 수 있게 된다고 한다. 이러한 의미에서 보면 놀이는 생산이다. 인간의 시각적 즐거움, 편리함, 다양성 등이 놀이의 필요조건이라면 다

3. The Jerde Partnership = 건축물 디자인(Executive Architect) + 조경(Interiors) + 환경그래픽(Sussman Prejza) + Water Feature(WET Design) + 재경분석(ERA) + 식당가/상가디자이너(Cini Little) + 분양컨설팅 + 지역 건축가와 파트너십 결성 + Lighting
4. 오사카구장의 항공사진
5. 남바지구 개발예정지
6. 남바파크 구성도

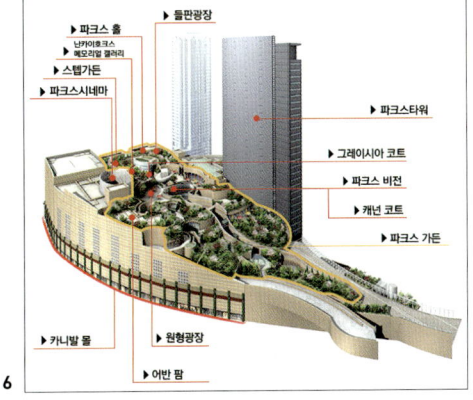

6

양한 체험, 시민의 행위, 이벤트는 바로 놀이의 충분 조건일 것이다.

저드가 그랜드 캐년을 엔터테인먼트 몰에 도입한 것은 캐년의 스케일과 어드벤처, 자연의 신비, 경이로움으로 인간에게 친숙한 이미지를 전달해주고 현대 도시인의 공간적 소외와 단절을 회복시켜주는 환상적인 공간의 콘셉으로 충분하다고 생각된다. [사진 9,10]

남바파크는 파크스가든과 파크스타워를 통해 '재미와 진지함'을 효과적으로 접목하여 놀이의 원칙을 적절히 활용한 성공적 사례라 본다. 파크스가든 전체는 이탈리안 힐타운의 마을구조를 도입하여 미로형 보행동선으로 디자인되어 있고 파크스타워는 주변에서 볼 수 없는 초고층 건축물로 남부지구의 새로운 스카이라인을 형성하고 있다. 캐년의 협곡을 현대적으로 재해석하여 디자인한 파크스가든 건축물은 거대한 스케일의 유기적인 곡면처리로 공간의 상징성을 극대화하였고 사이공간은 공공성을 바탕으로 시민들의 행위를 유도하고 있다. [사진 11~13]

커뮤니티 공간, 커뮤니티 가로

2007년 4월에 완성된 남바파크는 야구장이었던 공간의 특징을 살려 일반 시민들에게 열린 공공간으로서 녹색정원을 제공하고자 하였고 파크스가든은 지역주민들의 참여로 더욱 빛나는 친환경적 공간으로 탄생되었다. 특히 구릉형 디자인을 도입하여 전체 남바파크 디자인 콘셉트에 부합하고자 하였다. 각 층별 옥상에 조성된 녹색정원으로 들어온 사람들은 휴먼스케일에 맞춰 제공되는 다양한 테마 공간 속을 즐기고 층별 쇼핑몰과 연결된 스카이 브리지는 커뮤니티 가로로서 휴식과 쇼핑을 자유롭게 넘나들도록 배려하였다. 옥상공원은 르코르뷔지에의 옥상정원 개념을 재해석하여 도입한 것으로 옥상공원 내에는 시민들을 대상으로 분양한 도심농원이 있다. 파크스가든은 남바지구의 랜드마크로 자리 잡은 파크스타워와 연계되어 풍부한 친환경 휴식공간을 제공함으로써 비즈니스 타워의 가치를 높여주었고 동시에 커뮤니티 공간으로서의 활용도 또한 더욱 높아지게 되었다. [사진 14]

인간적인 교류나 교감은 인간을 우선적으로 배려한 공간이 제공됐을 때 그에 맞는 행위가 발생되고 문화적인 연대의식 속에 인간성 회복을 갖게 된다. 현대인들은 획일적이고 수직적인 공간에서부터 이미 단절과 소외를 경험하게 된다. 이런 면에서 남바파크는 오사카 전철역 주변가로부터 건물 뒷면 전자상가까

7

8

9

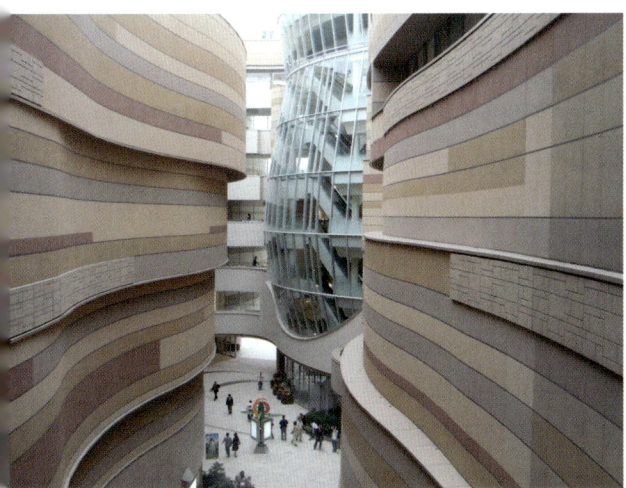

지 한 블록이 모두 연결되어 있고 유기적인 동선과 크고 작은 광장들, 지역민들의 참여를 통한 공간 가꾸기, 역사, 문화에 대한 흔적 남기기, 경관을 고려한 통합디자인까지 건축물과 자연 그리고 사람이 하나로 어우러진 생명력 넘치는 살아있는 커뮤니티 공간이다. [사진 15, 16]

아이스탑 및 상징조형시설

JR 남바역에서 북측으로 좁은 보도를 걷다보면 옥상공원 위에 하얀 비행접시 같은 조형물이 시선을 끈다. 그 조형물에 시선을 맞추고 걷다보면 남바파크에 이르게 된다. 아이스탑(Eyestop) 역할과 남바파크의 이정표 역할을 하는 이 조형시설물은 바로 남바파크 옥상정원의 안테나시설이다. 캐년 스트리트 내부에는 시선을 사로잡는 또 하나의 요소가 있다. 빙하를 모티브로 하여 디자인된 에스컬레이터 홀과 전망광장 '그레이시아 코트'라 부르는 이 구조체는 투명소재의 특징을 살려 각 층을 이동하면서 변화되는 단지 내 경관을 조망할 수 있도록 설계하였다. 아이스탑의 역할과 시선의 역할을 동시에 갖고 있는 그레이시아 코트는 단지 중심에 위치하여 마치 남바파크의 심장과 같은 느낌을 갖게 한다. [사진 17~20]

10, 11

12

13

7. 1978년의 오사카구장
8. 오사카구장의 스탠드를 보존한 원형극장
9. 그랜드캐년 협곡
10. 협곡을 모티브로 디자인된 벽면연출
11. 캐년 스트리트
12. 이벤트 광장
13. 옥상정원의 친환경 어린이놀이터

14, 15, 16, 17, 18, 19

20

도심속의 쉼터 파크스가든

건축물과 절묘한 조화를 이루고 있는 파크스가든은 마치 수목과 정원이 건물보다 먼저 있었던 것처럼 자연스러운 경관을 만들어내고 있다. 가든 내부를 따라 거닐다보면 수목과 꽃은 물론 시냇물과 연못까지 조성되어 자연의 숲속에 있는 듯한 착각을 불러일으킨다. [사진 21, 22] 파크스가든은 네 개의 테마를 가진 존으로 공간의 화려함, 공간의 편안함, 공간의 활기참, 공간을 통한 치유로 구성되어 있다. 사람들의 행태적인 특성을 고려하여 다양한 성격의 체험을 제공하면서도 적당한 차폐를 이루어 사적 공간으로 활용되도록 조성한 면이 돋보인다. [사진 23~26]

아쉬운 환경디자인

남바파크는 대담한 색채를 사용한 캐널시티와는 달리 도시를 구성하고 있는 가로시설물, 보도패턴시설물에 이어 주변건축물까지 유사계열의 색 조화를 사용하여 전체 통합된 아이덴티티를 형성하고 있다. 건축물 전체는 유선형의 건축물에 가로형 스트라이프 그래픽으로 처리하여 그랜드 캐년의 협곡 속으로 빠져드는 듯한 느낌을 준다. 그러나 전체 환경디자인은 디자인 콘셉트와 부조화스러운 면이 없지 않

21, 22

23

24

14. 인공구릉지형대의 옥상공원
15. 옥상공원 야외카페
16. 철로변 경계부의 카니발 몰 가로
17. 기능과 상징성을 갖춘 안테나
18. 19. 지층사이에 자리 잡은 거대한 빙하 그레이시아 코트
20. JR남바역 앞
22. 청정한 인공 시냇물
23. 인공연못
24. 하늘정원의 모던한 플랜터 디자인

은 것 같다. 가로형 그래픽에 부착된 사인은 가독성은 고려하였으나 벽면 전체의 그래픽과 조화는 고려하지 않은 디자인으로 옥의 티처럼 보인다. [사진 27~32]

보도패턴의 경우 타워빌딩의 무채색과 남바파크의 옐로우 계열 칼라를 작용하여 동일한 공간의 영역성은 나타내주지만 전체 건축의 유기적인 속성을 소화하지 못한 단순한 디자인에 그쳐 아쉽다. 세부 디자인들까지 좀 더 세심하게 계획되어졌다면 공공디자인으로서의 배려가 더욱 돋보였을 것 같다. [사진 33, 34]

은은한 남바파크의 밤

오사카의 대표적인 상업가로인 도톰보리(道頓堀)가 개성적인 간판들에 걸맞게 화려하고 다양함의 절정을 이루는 조명들로 불야성을 이루는 야경이라면, 남바파크는 밤이 오기전의 생동감이 넘쳐나는 것과는 다르게 은은하고 차분하게 밤을 드리우는 낭만적인 야간경관을 연출하고 있다. 도시 속의 작은 섬 남바파크는 밤이 되면 은근히 품위를 지키려는 듯 도도히 앉아있다. 상업도시인 오사카는 야간조명으로 도시의 특성과 개성을 표현하고 대비적 조화로서 오사카 밤의 경관을 연출하고 있다. [사진 35~40]

지금까지 간략하게 남바파크의 면모를 살펴보았다.

남바파크는 한마디로 도시민들의 놀이터다. 누구든지 쉽게 접근할 수 있는 곳에 '잘' 놀 수 있도록 만들어 놓은 활력 공간이다. 놀이는 현대문화의 최고산업이다. 잘 놀게 하면 그만큼 생산력이 높아진다는 의미다. 잘 놀게 하는 구성요소는 앞서 표현한대로 즐거움, 편리함, 다양성을 갖추어야한다. 남바파크는 역세권의 편리한 교통시설, 그랜드캐년을 도입한 디자인, 사람들의 행태와 행위를 우선으로 배려한 공간계획, 지역민들의 참여를 통한 커뮤니티 활성화, 친환경적인 녹화공간, 아름다운 경관, 다양한 상업 공간 등이 한데 어우러진 문화 공간이다.

남바파크의 성공은 현대도시공간에 생명력을 부여했기 때문이다. 인간이 소외된, 획일적인 가로와 수직적인 건축만 보이는, 목적만을 위한 경직된 공간의 현대도시에 생명력을 불어넣었기에 현대인들에게 매력적인 공간으로 작용한 것이다. 특정인들을 위한 놀이가 아닌 누구나 다 잘 놀게 하는 공간을 만드는 것은 공공성에 대한 진정한 고민이 전제되어야 가능하다. 그런 면에서 존 저드의 공간 철학은 유니버설하다.

캐널시티, 남바파크, 도쿄 역사를 방문하면서 일본인들에 대한 문화적인 부러움과 우리의 개발논리와 말

25

26

27, 28, 29, 30, 31, 32, 33, 34

25. 26. 옥상공원의 풍성한 나무
27. 강렬한 색채를 도입한 캐널시티
28. 유사한 색 조합을 사용한 남바파크
29. 남바파크와 유사색을 사용한 아파트
30. 유사색을 사용한 전철역 벽면
31. 가로시설물-휴지통
32. 가독성만의 부각으로 인해 부조화스러운 사인
33. 34. 색조화만 고려한 보도패턴

도심 속의 놀이터 남바파크

35, 36, 37, 38, 39, 40

42

43

초적 상업문화에 대한 안타까움을 느낄 수 있었다. 우리의 역세권 복합 문화시설 중 대표적인 역세권 복합 공간이라 할 수 있는 서울역을 생각해보더라도 쉽게 비교되는 부분이다. 서울역에 가면 언제나 마음이 바쁘다. 기차시간이 아직 한참 남아 있어도 어쩐지 서둘러야 할 것 같은 공간이 서울역이다. 서울역 공간에는 사람에 대한 배려를 찾아볼 수 없다. 마치 빨리 떠나보내는 것만이 목적인 것처럼 무거운 건축물만 서있다. 폭력적이다. 우리도 이제 상업적 목적성만이 아닌, 형식적인 공개공지조성이 아닌, 거시적 차원에서 공공성에 대하여 민과 관이 깊이 성찰하고 고민해야 할 때라고 강조하고 싶다. [사진 41~43]

41

참고 웹사이트
http://www.nambaparks.com
http://www.osaka-saisei.jp/town/minami-1.html
http://www.osaka-saisei.jp/town/minami-2.html
http://100.naver.com/100.nhn?docid=741627
http://www.nps.gov/grca/index.htm

참고문헌
〈도시재생과 경관 만들기〉, 이정형, 도서출판 발언, 2007
〈현대관광의 이해〉, 이후석 외, 학문사, 2003
〈월간 환경과 조경〉, 2007. 9

35. 오사카 도톤보리 야경
36. 남바파크의 은은한 야간조명
37. 상가 진입광장의 야간경관 연출
38. 39. 은은함을 강조한 절제된 야간조명
40. 절제와 강조가 돋보이는 시설물조명
41. 남바파크 전경
42. 43. 서울역 전경

최정윤
도시미관연구소 소장
(주)그랜드 D&C 설립(디자인시공전문업체)
동명대학교 건축학과 졸업
동아대학교 산업대학원 도시조경학부 졸업
이화여자대학교 색채디자인연구소 색채전문가 수료
서울대학교 환경대학원 도시환경디자인 최고전문가과정 수료
1996년 도시미관연구소 설립
한국토지공사 김해 율하 MP위원
밀양시 도시계획위원
광교신도시 디자인 자문위원

도쿄 시오도메 재개발 프로젝트
도시 전체로 다가와서 인식되는 정체성을 찾아서

홍승대 　안산공과대학 실내디자인과 교수

들어가며

도시는 살아있는 유기체에 비유되기도 한다. 탄생의 단계에서 쇠락의 시기를 모두 거치는 생명체이기 때문이다. 도시를 다시 살리기(再生) 위한 노력은 병든 이를 치료하는 일처럼 간단치가 않다. 많은 이해관계와 제도, 사람이 얽혀있는 복잡한 유기체이기 때문이다. 따라서 이러한 복잡성을 극복하고 도시를 다시 살리는 일에는 과거와 같은 처방이 통하지 않는다. 그만큼 현대의 도시는 도시의 탄생 시점과 달리 그 성격이나 구조가 다원화되고 다차원화되었기 때문이다. 본고에서는 일본의 도시재생 프로젝트 중의 하나인 시오도메(汐留)를 중심으로 하여 그 배경과 추진 과정, 결과를 소개하고 여기서 나타난 공공디자인의 역할과 앞으로의 방향을 모색해 보고자 한다.

도시재생의 개요

도시재생(Urban Regeneration)이라는 용어의 등장은 도심부의 쇠퇴현상이 나타나기 시작한 1990년대 이후라고 할 수 있다. 특히 도시화의 역사가 길고 탈산업화 사회로 빠르게 진입하고 있는 영국과 독일, 미국, 일본 등의 선진국에서 먼저 도입한 정책이다. 도시화가 진행되는 초기에는 도심 내부로의 인구유입이 급증하고 여러 주변 인프라가 구축된다. 반면 도시를 둘러싼 외곽지역에서는 급격히 늘어난 인구와 도시기능을 분산시키기 위한 정책이 요구된다. 이러한 정책은 공공의 입장에서 도심내부의 개발보다 손쉽고 빠른 시간 내에 성과를 확인할 수 있고 그에 따라 도심외곽은 인구가 꾸준히 증가하여 다양한 수요가 만들어지는 반면, 기존의 도심은 고령화와 빈곤화, 공동화와 같은 쇠퇴현상이 나타난다. 즉 도시의 사망선고가 임박한 것이다.

도시재생은 죽어가는 도시에 진단과 처방을 동시에 내리는 작업이라고 할 수 있다. 가장 손쉬운 처방은 재개발이라는 수단을 동원하는 것이다. 그러나 도시재개발은 많은 후유증을 가져오는 처방임을 경험을 통해 알 수 있다. 도시재개발에 있어서 지역의 사회, 문화, 경제적 특성은 2차적인 문제고 우선은 물리적 차원에서 접근하게 되는데 물리적 가치에 집중하는 개발에는 강약의 흐름이 없고 모든 것이 균일한 가치로서 판단된다. 도시재생은 이러한 개발의 부정적인 측면을 인식하고 도시를 새롭게 만들어서 살려내는 창조적인 작업이다. 도시 재생이라는 처방의 효과가 길게 지속되기 위해서는 그 접근방법이 독창적이어

1. 시오도메의 철도화물역의 흔적

야 한다는 의미가 여기 있는 것이다.

오랜 시간을 두고 만들어진 도시에 대한 기억과 이미지를 확실히 바꾸려면 공공의 힘으로는 부족하다. 민간의 협력과 주민의 협조가 있어야 한다. 그러나 민간의 입장에서는 수익과 인센티브가 보장되지 않는 상태에서 관심을 갖기 어렵다. 이는 주민의 입장에서도 마찬가지다. 도시재생은 이들의 협력을 끌어낼 수 있는 공감대가 있어야 하는 것이다. 공감대를 만드는 첫 단계는 위기의 인식이다. 일본의 경우 1990년 이후 버블경제의 붕괴에 따른 경제 침체와 그에 따른 국가적 위상의 추락이라는 위기의 공감대가 형성되어 있었다.

이러한 공감대 위에 고이즈미 내각은 나누어주는 정책에서 몰아주는 방향(一極集中)으로 국가발전의 전략을 선회시킨다. 그동안 국가의 중추적인 역할을 담당했던 도쿄나 오사카 등의 도시를 중심으로 그 역할을 회복시키자는 것이다. 이들 도시들이 되살아나는 것이 국가의 재생과 연결된다는 신자유주의적 도시관에 입각한 논리인 것이다. 또 다른 전략은 추락한 부동산가격을 회복시키는 것이다. 여기에는 일본 경기침체의 원인을 금융권의 부실채권으로 인한 유동성의 부족으로 보는 시각이 존재한다. 부동산 가격을

3, 4, 5

2

2. 시오도메의 화물역 플랫폼과 관련된 내용을 전달하는 안내 사인
3. 시오도메의 철도 화물역의 철로
4. 하카다의 도시극장(Urban Theater)의 개념을 구체화시킨 후쿠오카 캐널시티
5. 시오도메의 스카이라인
6. 시오도메의 공중보행자 데크
7. 수목이 결합된 시오도메의 보행자 데크

회복시킴으로써 금융권의 부실채권을 처리하고 금융권이 개혁되어야 일본의 재생이 이루어진다는 것이다. 이러한 일본의 도시재생 프로젝트의 추진배경은 유럽이나 북미의 국가에서 추진하고 있는 도심의 부활과 새로운 수요창출이라는 순수한 목적과는 다르다. 따라서 일본의 도시재생은 국가의 위상과 경제를 회복시키기 위한 국가차원 프로젝트라고 할 수 있는 것이다.

국가적 차원의 위기의식과 별도로 지역의 공급자들에게 만들어진 공감대는 다른 지역과의 차별화에 대한 고민이었다. 이는 일본 내에서 추진되고 있는 대부분의 도시재생 관련 프로젝트가 공통적으로 나타내는 특징인 近(대중교통의 편리함), 新(새로움), 大(대규모)라는 것 이외에 추가할 수 있는 그 지역만의 '정체성(Identity)'을 찾아야 한다는 것이다. 지역에 사람과 자본이 모일 수 있도록 하는 고유한 매력은 시설과 경관만으로 만들어지는 것이 아니기 때문이다.

지역의 관리운영조직은 이러한 개념을 구체화시키기 위해서 만들어진다. 조직의 설립초기에는 프로젝트의 준비를 위한 성격을 갖지만 프로젝트의 완성단계에서는 시설의 유지와 관리, 이벤트의 기획, 지역의 광고, 경비, 방범에 이르는 다양하고 포괄적인 내용으로 확대되어 나아간다. 시오도메의 경우는 공공(도쿄도와 미나토구)과 민간의 파트너십에 의해 시오도메지구 마을조성협의회가 먼저 설립되어 프로젝트가 시작되었고, 프로젝트가 완성되어가는 시점에서 중간법인 형태의 시오도메 시오사이트타운 매니지먼트(Sio-Site Town Management)가 만들어진다. 지역운영관리조직의 활동내용은 전술한 바와 같은 지역의 서비스(Area Service)와 지역의 유지관리(Area Maintenance)에 국한 되지 않는다. 이러한 활동의 목적은 현재의 가치를 유지시키는데 있지만 최근에는 지역의 정체성을 바탕으로 한 미래의 가치창출이라는 측면까지 확대되고 있다.

시오도메의 공공디자인

현재 일본 내에서 추진되고 있거나 완료된 도시재생 프로젝트의 장소들은 시간의 흔적을 갖고 있다. 후쿠오카 캐널시티(福岡 Canal City)는 가네보 화장품 공장의 이전지였으며, 요코하마 미나토미라이 21(横浜 Minato Mirai 21)은 조선소 등의 이전으로 만들어진 장소이다. 도쿄 시오도메의 역사적 흔적은 철도화물역(구 국철)이며, 이러한 흔적은 도시재생과정에서 그대로 보존되어 있다.[사진 1~3]

후쿠오카 캐널시티가 '도시극장(Urban Theater)'이라는 컨셉을 가지고 백화점, 호텔, 영화관 등을 결합시킨 복합상업시설이라면 시오도메의 구성은 미래형 도시를 표방한다.^[사진 4]

세계적인 광고회사 덴츠(電通) 빌딩과, 시오도메 시티센터(汐留 City Center), 일본 TV 타워(日本 TV Tower) 등 커튼월의 초고층빌딩이 도시의 미래를 암시한다. 거기에 공중에 떠있는 보행자 통로와 모노레일, 상업시설과 업무시설을 연결하는 복합용도의 지하광장 등은 이방인들에게 색다른 공간감을 체험하게 한다.^[사진 5]

공중에 설치되는 보행자 데크(Pedestrian Deck)는 보행자의 안전과 편리를 위한 배려로써 일본의 도시재생 프로젝트에 자주 등장하는 메뉴이다. 이러한 시설은 자동차를 기반으로 구성되는 현대도시에서 보행이 방해받는 데 주목해서, 사람 중심의 관점에서 보행을 멈추지 않고 이동을 가능하게 하는 것이다. 그러나 시오도메 지역의 보행자들을 위한 통로는 3-5층 정도의 높이를 갖고 지역전체를 순환하고 있어 보행자들은 땅을 밟지 않은 상태에서 건물과 건물 사이를 이동할 수 있다.^[사진 6]

특히 지표면과 지하, 보행자 데크를 상호 연결하는 보행자 동선에 대해서는, 거리로서의 일체감을 주기 위해서 패턴과 재료를 통일하고 있다. 거기에 적당한 양의 수목을 결합시킴으로써 인공적이고 규칙적인 공간에서 나타나는 시각적인 부담을 덜어주고 있다.^[사진 7]

시오도메 지구 마을조성협의회는 1999년에 '도시를 리셋(reset)한다'는 슬로건으로 '간만(干滿)이 있는 공원 도시(タイダルパーク)'라는 거리의 컨셉을 만든다. 이는 부지 내부를 동서로 관통하는 시오도메 간선도로의 가로수 공간과 부지 내 각처에 설치된 미니공원을 유기적으로 조합하는 것으로, 녹지가 풍부한 환경을 만든다는 것이다. 또한 도시의 녹지축과 각 거리의 교차점에는 '물(水), 나무(木), 불(火), 흙(土), 쇠(金)'의 5개 테마를 적용하고 있다.^[사진 8, 9]

그리고 그 컨셉을 기반으로 지역의 이름을 '시오도메 시오사이트(汐留 Sio-Site)'로 정하고 구체적인 마을 만들기를 시작한다. 시오사이트는 지구(地球)와 자연의 공생에 의해서 태어난 지역, 워터 프런트, 미래 발신기지의 사이트를 의미한다. 지역을 상징하는 심벌마크는 지구와 바다가 태동하는 것을 표현하는 물결을 모티프로 하고 있다.

이러한 지역의 상징시각물은 도시의 이용자 모두가 애착을 가질 수 있는 마을을 조성하기 위해 추락방지

8

9

10

펜스나 가로등의 배너, 보행자 데크의 바닥패턴 등에 적용되어 거리를 이해하기 쉽게 만들고 있다.[사진 10]

시오도메를 떠나며

시오도메는 도시를 되살리는 일에 있어서 디자인의 역할을 다시 생각하게 하는 장소이다. 또한 어떻게 접근해야 하는가를 보여주는 사례이기도 하다. 거기에는 공공 부문과 민간 부문의 역할분담과 주체들의 적극적인 참여가 있었고 지역의 미래에 대한 고민이 있다. 눈에 보이는 결과물 뿐만 아니라 참여와 개선을 위한 소프트웨어가 함께 디자인되어 있다. 그리고 우리가 갖고 있는 도시에 대한 생각, 공공디자인에 대한 인식과 많은 차이가 있는 곳이기도 하다.

시오도메 도시재생 프로젝트의 결과는 개별적인 시설물이나 사인 등으로 나타나지 않는다. 도시전체로 다가와서 인식된다. 일견, 지나치게 단순하게 처리되고 이해하기 어렵게 만들어진 것이 아니냐는 반론이 제기될 수 있을 정도로 디자인의 흔적이 눈에 띄지 않는다.

우리는 프로젝트의 종료 시점에서 디자인을 통해 이루어진 결과를 확인하려드는 습성이 있다. 사적인 디자인에는 이러한 평가가 유효하지만 공공을 위한 디자인에서는 위험할 수 있다. 공공디자인은 결과보다 과정을 중시해야 하며 그 과정에서 공동체를 변화시키는 힘이 있기 때문이다. 따라서 많은 시간이 필요하고 기다림이 있어야 하는 것이다.

우리에게 공공디자인은 새로운 도전이며 숙제이다. 디자인을 통해서 우리 사회를 변화시켜야 하고 사회를 변화시키는 과정에서 너와 나의 삶의 질이 함께 나아지도록 해야 하는 것이다. 또한 일반시민에게 디자인의 가치를 알리고 참여를 유도하고 경험을 공유하도록 해야 한다. 우리사회에서 이러한 숙제들은 이제 더 이상 미룰 수 없는 시점에 도달했고, 준비가 된 사회에만 자연스럽게 던져지는 것이다. 준비가 되어 있고 적당한 때에 이르렀으니 시작하지 않으면 직무유기가 될 것이다. 지금부터 우리 도시의 멋진 변신을 함께 그려보자.

홍승대
안산공과대학 실내디자인과 교수
서울대학교 산업디자인과 졸업
홍익대학교 실내디자인과 석사학위
서울대학교 건축학과 박사과정 수료

8. 시오도메 시티센타(汐留 City Center)의 미니공원
9. 시오도메 미니공원의 야경
10. 추락방지를 위해 높이 설치된 시오도메의 펜스

공공건축과 리노베이션

일본에서 만난 안도 다다오의 건축
건축이 아름다워야 도시가 예술작품이 된다

권재욱　경기지방공사 사장

도시는 단순한 물리적인 공간이 아니다. 단지 생명을 유지하고 이어가기 위한 공간도 아니다. 우리의 삶을 더욱 풍요롭고 아름답게 꾸며가는 살아 있는 공간이다.

최근 도시 공간 문화의 개선을 통하여 삶의 질과 도시 경쟁력을 향상시키기 위한 운동으로 공공디자인이 강조되고 있고, 이의 구체적 적용을 위한 조직적 활동을 위해 사단법인 공공디자인 문화포럼이 창립된 것도 도시에 대한 새로운 인식에서 출발한다.

공공디자인 문화포럼은 관계전문가, 계획가, 사업시행자에게 선진 사례를 접할 수 있는 기회를 주기 위해 해외견학 프로그램을 기획하였고 필자는 일본 견학여행에 참가하였다. 여행 중 갖가지 창의적인 구상과 독특한 디자인으로 도시가 저마다의 개성과 조화로 새롭게 부각되고 있는 현장을 둘러 볼 수 있었는데 그 중에서도 필자에게는 소문으로 만 들어온 안도 다다오의 건축을 만난 것이 신선한 충격이었다. 아니 감동이었다.

'노출 콘크리트'의 미학, 건축의 누드작가로 불리는 안도 다다오와의 만남은 건축이 어떻게 예술이 될 수 있으며, 그러한 건축을 통해 도시가 얼마만큼 아름다운 공간으로 창조될 수 있는가를 절감하게 해 주었다.

"나의 건축은 인간과 생활을 단절시키는 추상적인 것은 아니다. 인간의 생활을 배제한다면, 건축은 성립할 수 없으며, 공간이 아무리 극적이라 할지라도, 생활과 유리되어서는 의미를 잃게 된다. 그렇다고 건축을 일상성 속에 매몰시키려는 것은 아니다. 건축은 하나의 창조적 행위로써 생활을 위한 공간에 상징성을 부여하는 것이라고 생각한다." – 안도 다다오

고독한 천재 안도 다다오

안도 다다오의 건축을 이해하기 위해서는 먼저 안도 다다오의 성장과정을 살펴보는 것이 필요하다. 안도 다다오는 1941년 일본 오사카 시에서 빈민의 아들로 태어났다. 중학교 2학년 때 처음으로 자신의 집을 증축하는 이웃의 목수를 통해 건축에 대한 경험을 갖게 되었고, 고등학교 졸업과 동시에 목공소의 목수가 되려는 시도를 하였으나 주변의 심한 반대로 무산되었다. 해외여행 기회를 잡기위해 한때 권투선수로도 활동했던 안도 다다오는 정규적인 건축학습 없이 체험을 통한 독학으로 건축을 공부한 것으로 알려져 있다. 18세가 되던 해인 1959년에 친구의 소개로 건축 일을 하게 되면서 건축과 첫 인연을 맺는다. 실제로 현장에서 건축을 배워 나갔던 그는 20세에

1. 야외극장 산책로에서 본 효고현립미술관의 전경

르꼬르뷔지에의 작품집을 보고 건축을 배우고 싶은 욕망을 가지게 되어 모델에서 스케치에 이르기까지 트레이닝을 시작하였다. 1962년부터 1969년까지 8년에 걸쳐 미국, 유럽, 인도 그리고 아프리카 등지로 여행하였으며, 미켈란젤로, 아돌프 로스, 알바 알토 등의 작품과 고전건축물을 보고 직접적인 체험을 통하여 온몸으로 건축을 느끼면서 독자적인 건축관을 형성하기 시작하였다.

안도 다다오는 1969년에 설계사무소를 개설하여 '스미요시 주택'을 통해 일본 건축학회장상을 수상하면서 건축가로서 성공의 첫걸음을 내딛게 된다. 그 후 '로즈가든', '코시노 주택' 등 수 많은 주택작품으로 일본 문화디자인상을 수상하여 국내에서의 입지를 굳혀 갔으며, 1979년의 헝가리 전시회를 시작으로 90년대 후반까지 활발한 국내외의 작품 및 전시활동을 통해 해외에 널리 알려지기 시작하였다. 1985년 알바 알토 메달 수상을 시작으로 1991년 미국 예술문화아카데미가 수여하는 아놀드 브루너(Arnold W. Brunner)기념상 등 세계 최고의 권위 있는 상을 휩쓸기도 했다. 안도 다다오의 이력의 특이성은 그의 건축이 범상치 않을 것임을 예견케 하며 그와의 만남이 신선한 감동으로 다가오게 하는 첫 출발이다.

안도 다다오의 건축미학

"볼륨(volume)과 빛에 의해 구성되는 공간을 구현시키는 소재로서 오늘날 콘크리트가 가장 잘 어울린다고 생각한다. 내가 사용하는 콘크리트는 조소적인 단단함과 중량감을 갖지 않는다. 균질한 가벼움으로 표면을 형성하지 않으면 안 된다." – 안도 다다오

안도 다다오의 건축하면 제일 먼저 떠오르는 단어가 '노출 콘크리트'이다. 콘크리트를 건물의 외피로 그대로 사용하는 것을 말하는데 콘크리트 자체를 마감재로 인정하는 기법이다. 안도 다다오는 르꼬르뷔지에가 '롱샹교회'에서 보여준 브루탈리즘(Brutalism 구조와 재료의 미학성 강조)의 영향을 받아 공간을 좀 더 투명하게 의식할 수 있는 건축을 생각하던 중 콘크리트를 새롭게 사용하는 방법을 터득한 것이다. 실제로 안도 다다오의 노출 콘크리트를 보면 흡사 대리석처럼 매끈하여 구조체로서의 중량감을 거의 느낄 수 없으며 빛이 반사될 때엔 따스함마저 느끼게 한다. 안도 다다오는 그런 섬세한 콘크리트를 만들기 위해 재료의 혼합비율을 부단히 실험했으며 거푸집으로부터 타설까지 나름대로의 새로운 방법을 개발해냈다. 그는 콘크리트마저도 인간의 흔적이 느껴지

도록 인간의 지혜와 감성을 담으려 했다. 그의 노출 콘크리트 건축양식은 '자연과 건축의 혼화'라는 독특한 건축철학으로 승화되고 있다. 생명, 감성, 아름다움과는 전혀 어울리지 않는 단지 기능적인 재료로만 인식되어 온 콘크리트를 이렇듯 최고의 미학적 경지에 까지 끌어올린 비결 속에 안도 다다오의 건축미학이 숨 쉬고 있다.

안도 다다오, 그 신선한 충격

일본 견학투어에서 만난 안도 다다오의 건축물은 안도 다다오 건축의 정수라고 할 수 있는 효고현립미술관과 오사카 제1의 명소로 자리 잡은 산토리박물관이다.

안도 다다오 건축의 정수, 효고현립미술관

멀리 계단과 축조된 언덕 위에 육중하면서도 단아해 보이는 건물이 심상치 않았다. 얼핏 그리스 신전 풍모로 나타났으나 가까이 갈수록 노출 콘크리트 특유의 질감이 묘한 깊이를 더한다. 노출 콘크리트의 섬세함과 미려함이 유감없이 발휘된 효고현립미술관은 건축물 자체가 가장 감상할 만한 작품이다. 계단과 난간, 단단한 기둥 위에 날렵하게 내민 캔틸레버 지붕이 절묘한 균형과 조화를 이루며 건축미를 고조시킨다. [사진 1]

효고현립미술관은 장소와 기억이라는 재생의 주제로 건축된 작품으로, 1995년 리히터계 7.2의 지진으로 약 6,400명 이상의 사망자를 낸 관동(Hanshin Awaji)대지진으로부터의 재건사업으로 1997년 국제 현상설계로 당선되어 건립되었다고 한다.

약 27,500㎡의 연면적에 전시장 이외의 옥내 공간이나 옥외 공간이 넓게 구성되어 있다. [사진 2] 미술관의 구성은 굉장히 단순해서 석재 벽으로 된 기단부와 병렬로 배치된 세 개의 유리박스로 이루어진다. 각 박스는 두 겹의 외장구조 형태로 유리박스가 전시실을 만드는 콘크리트 박스를 덮고 있다. 유리와 콘크리트 사이의 공간은 외부 공간을 내부 공간으로 끌어들이고, 내부 공간은 외부 공간으로 내보이는 회랑의 역할을 한다. 이렇게 분명하고 단순한 구성은 내부 공간과 외부 공간 사이의 경계에 정교하고도 다양한 공간 경험을 창조하는 복잡성과 모호성을 부여한다. 기단부는 인근의 '수변 공간'까지 연결되어 있어서 박물관 개장시간에는 시민들에게 야외 전시공간이자 정원으로 제공된다.

미술관 앞뜰과도 같은 야외원형극장과 수변 공간을

따라 연결된 산책로를 걷다보니, 어느새 잡스런 생각은 사라지고 예술작품을 감상할 만한 안온한 마음의 상태로 자연스럽게 정화됨을 느꼈다. 그리고 그 산책로는 바로 미술관으로 이어져 있었다. 이렇듯 안도 다다오는 미술관을 외따로 놓아두지 않고 그 위치와 환경을 아울러 재창조하고자 했던 것으로 생각된다. 조금 힘들기는 하지만 높은 노출 콘크리트 벽을 따라 지그재그로 올라가는 계단과 중앙홀로 들어서자마자 나타나는 하나의 조각품 같은 원형계단을 오르내리는 즐거움은 또 다른 감동으로 오래 남을 것이다. [사진 3, 4]

오사카 제1의 명소, 산토리미술관

오사카 만에 위치한 산토리미술관(Suntory Museum)은 카이유칸(海遊館), 텐포잔 마켓 플레이스와 더불어 오사카의 핵심 관광명소가 된지 오래다. [사진 5] 오사카 항 지하철역에서 도보로 약 10분 걷다보면 바닷가 쪽으로 그 형상을 볼 수 있다. 높이 20m, 폭 28m에 달하는 세계 최대급의 스크린을 통해 입체영상을 상영하는 아이맥스 영화관(IMAX theater)과 세계의 걸작 포스터 약 1만 5천점 등의 소장품을 중심으로 다채로운 기획 전시를 하는 갤러리, 고급스러운 숍, 레스토랑 등을 갖추고 있는 복합 문화시설로 일본의 유수한 식품 제조업체인 산토리(Suntory)사에서 운영하고 있다.

제일 먼저 눈에 들어온 것은 다소 생소해 보이는 스테인리스 스틸로 된 약 40m의 반추형 큰 드럼이었다. 좀 더 다가가 자세히 보면 구체를 포함하는 역원추형으로부터 2개의 직육면체 건물이 바다 쪽으로 내달아 있다. 필로티 하부와 건물 내부에서 보이는 바다 전경과 바다 쪽 해변광장에서 보이는 미술관 그림은 그 자체가 거대한 예술작품이었다. [사진 6, 7]

산토리미술관 역시 수변 공간과 친밀한 관계를 설정함으로써 안도 다다오의 건축적 특징을 잘 보여주고 있다. 특히 확 트인 바다로 경사져서 내려가는 플라자와 그곳에 있는 다섯 개의 기념비적인 열주는 약 70m에 이르는 방파제에 열을 지어 늘어서 수변 공간의 매력을 한껏 과시하고 있었다.

출입구 부분의 긴 계단과 육중한 기하학적 모양의 외형은 거대하고 딱딱한 느낌을 주지만, 유리와 철재의 창을 통해 딱딱하고 답답한 느낌을 시원하게 해소시켜 준다. 또한 역원추형의 형태와 직육면체 매스는 주변 건물과의 관계에 있어서는 압도적이지만, 주변 환경을 넘어서기보다는 공존하고 있으며, 기하학적 순수성으로 자연과 교감을 나타낸다. [사진 8, 9]

5. 북측에서 본 산토리미술관
6. 미술관 내부에서 본 바다
7. 필로티 하부에서 본 바다

7

미술관의 해변 쪽 계단식 광장과 바다에 접해 있는 해변을 하나로 연결시킴으로써, 박물관 공간을 통해 오사카 항의 모습을 느낄 수 있도록 했으며, 광장 지평선의 연장이 바다의 수평선과 하나 되게 했다. 한편, 바다와 면한 곳은 전시 중에 유리와 스틸로 된 창을 통해 일출과 일몰을 감상할 수 있게 배려하고 있다. 안도 다다오는 물의 도시 오사카에 맞게 '물'이라는 요소를 절묘하게 끌어들여 일본 제일의 아름다움을 보여주고자 한 것이다.

1층 로비에는 은은한 조명을 설치해서 콘크리트의 딱딱함을 부드럽게 만들어 줌으로써, 안도 다다오의 콘크리트 특성을 잘 드러내 준다. 2층에 형성된 갤러리는 바다에 면한 서측 전면 유리창으로부터 자연광을 유입하여 풍부한 공간을 창출해낸다. 이러한 빛을 통한 효과는 안도 다다오가 유년기를 보낸 목조주택에서 창호지를 통해 유입되는 부드럽고 따스한 햇빛에 대한 경험이 투영된 것으로 그의 독특한 미학의 한 부분을 구성한다. 공간과 형태를 연계시키는 빛과 노출 콘크리트에 의한 기하학적 구성에서 그의 건축물이 지닌 독특성이 발현된다. 안도 다다오는 동양주택의 주재료인 나무와 종이로 된 건축문화 속에 오래 살아왔던 일본인의 감성으로 콘크리트라는 투박한

8

10

8. 출입구 내부계단
9. 산토리미술관 출입구
10. 물 위에 떠있는 듯한 물의 교회
11. 물의 교회에서 본 연못
12. 빛의 교회 내부
13. 바람의 교회

소재에서까지 부드러움을 찾으려 했다.
산토리미술관 전면 유리에 비치는 석양은 흡사 태양이 바다 속으로 빨려 들어가는 듯한 환상적인 장면을 연출한다고 한다.

안도 다다오의 다른 작품

효고현립미술관과 산토리미술관은 안도 다다오 건축을 체험할 수 있는 좋은 기회가 되었다. 그러나 안도 다다오의 건축철학을 이해하기 위해서는 다음의 건축 사례를 소개하는 것이 꼭 필요하다고 생각된다. 물론 이 외에도 안도 다다오의 뛰어난 걸작들이 세계 곳곳에 보석처럼 박혀 현란한 빛을 발하고 있다.

자연을 주제로 한 '물의 교회'

북해도의 외딴 산악지역에 지어진 '물의 교회'는 '빛의 교회', '바람의 교회'와 함께 자연을 주제로 한 연작 중 대표작이다. 자갈이 깔린 수심 20㎝ 정도의 인공호수를 면하고 교회가 서 있으며 연못의 물은 개울로 흘러내리게 되어 있어 항상 잔잔한 물살이 일고 있다. [사진 10~13]
교회 로비로부터 입구를 유도하는 가벽이 ㄱ자 형으

로 연못까지 둘러쳐져 있으며 입구에서 어두운 원형 계단을 돌아 내려가면 예배당이 있고 전면은 전동식 슬라이드 유리벽이 설치되어 있어 연못을 바라보게 되어 있다.

예배당에서 바라본 연못은 그 정제된 인공적 자태가 마치 무대세트와도 같이 느껴지는데, 빽빽이 나무로 둘러싸인 조용한 내부 공간에 수면의 찰랑거림만이 존재하는 모습은 마치 일본식 대표정원인 류안지(龍安寺)정원과 흡사하다.

안도 다다오 스스로도 이 교회는 일본 전통 정원의 조원수법의 하나로 자연의 일부분을 따서 상징적으로 재현하는 '차경' 수법을 염두에 두었다고 말한 적이 있지만, 이 교회는 외부와 예배당을 연결하는 중요한 매개로 물을 사용하여 아담한 규모의 교회를 자연 한가운데로 옮겨 놓았다.

교회의 중심부에 서서 밖을 보면 십자가가 아름다운 산과 숲의 경치를 배경으로 액자 속의 그림처럼 나타나고, 상부에서 매다는 구조의 전체면 개방이 가능한 유리문은 시시각각으로 변화하는 자연의 풍경을 그대로 보여준다. 사람들은 그 신비한 변화에 자연의 웅대함과 성스러움을 느끼기에 부족함이 없다. 다만 이렇듯 신비롭고 아름다운 공간이 주로 일본인의 결혼식장으로 이용된다는 것이 안타까울 뿐이다.

고대세계의 숨소리를 되살린
구마모토 현립장식고분관

구마모토 현립장식고분관은 구마모토 아트폴리스 프로젝트(KAP Kumamoto Artpolis Project)의 일환으로 만들어진 건축물로 구마모토 지역의 역사 유물 중 고분을 대상으로 한 독특한 주제의 박물관이다.

구마모토현 내에는 수많은 고분군이 존재한다고 한다. 그 중에서도 장식고분은 186점이 발견되었으며 전국의 38%에 이르는 작품을 소유하고 있다. 장식고분군은 출토한 자료를 토대로 실물 및 모형 전시, 영상으로 소개하는 일본 최초의 세계적으로도 보기 드문 고분전용 박물관이다. [사진 14~17]

이 작품에서도 안도 다다오는 고분관 전체와 주변의 환경을 하나로 묶어서 그대로 보여주려고 했다. 건물은 주위를 한눈에 볼 수 있도록 돋우듯이 설계되었으며 주변의 환경에서 돌출되지 않게 반 이상을 땅속에 묻었다.

이에 따라 건물 전체를 관통하는 경사로 위에서 건물 내외부의 전경을 동시에 전망할 수 있으며 건축물에

14

15

16

17

14. 구마모토 현립장식고분관 고분군
15. 자연과 교감하는 구마모토 장식고분관
16. 구마모토 현립장식고분관 진입부
17. 구마모토 장식고분관 경사로

18. 광교신도시 택지개발사업 조감도

한정된 전시공간의 개념을 주변 장소로 확장한 의도된 산책로를 만들어냈다. 실제 고분이 점재하고 있는 장소에 세워진 이 건물은 전방 후원분을 모방하여 현대 고분의 이미지를 나타내고 있다. 박물관의 방문객은 주차장으로부터 건물로 이어지는 대나무 숲을 따라 걸어가는 사이에 마치 고대 세계의 숨소리가 들리는 듯한 숙연함을 느낄 수 있다고 한다.

안도 다다오가 준 숙제 - 광교

지금 경기지방공사는 한국의 신도시 역사를 새롭게 쓸 야심찬 프로젝트를 시작했다. 광교 명품신도시가 그것이다. [사진 18]

울창한 광교산이 오롯이 감싸듯 둘러있고 원천, 신대 두 개의 호수가 그림같이 자리 잡고 있는 천혜의 이곳에 무엇을 넣고 어떻게 배치하여 명품으로 만들까? 한국 신도시 중 최고의 녹지율과 최저의 인구밀도에 테크노 밸리와 경기도청사가 들어오고 국내외 유수의 대기업이 입주할 비즈니스 파크, 학교와 주민이 친근하게 공유하는 에듀 타운, 호수 변을 따라 이어질 예술과 낭만의 거리, 수변의 컨벤션 센터, 수도권 남부 문화복합상권의 얼굴이 될 파워 센터 등등. 전체 1,120만㎡ 중 330만㎡ 이상을 특별계획구역으로 설정하여 세계적 전문가에 의한 마스터플랜과 현상공모와 설계경기로 최고 수준의 명품도시를 지향하고 있다.

이번 일본 여행에서 만난 안도 다다오는 새로운 안목과 큰 숙제를 안겨 주었다. 그에게 있어 도시는 커다란 캔버스였다. 독창적인 구도와 아름다운 빛으로 도시는 새롭게 태어났다. 말할 것도 없이 가장 중요한 도구는 건축물이다.

오늘날 도시는 종합예술작품이다. 건축물은 그 도시의 이목구비다. 귀요 눈이요 입이요 코이다. 도시의 이목구비인 건축이 아름답고 개성적이어야 도시가 예술작품이 된다. 광교는 꼭 그렇게 태어날 것이다. 일본에서 만난 안도 다다오의 부탁이다. 4년 후 광교가 어떻게 변하게 될지 상상력을 동원해 보라. 광교 명품신도시는 그 이상을 보여줄 것이다.

권 재 욱
경기지방공사 사장
부산고, 부산대 경영학과 졸업
경남대 북한대학원 졸업(북한학 석사)
단국대 부동산대학원 부동산학 박사
한국토지공사 경영지원 이사, 부사장
아주대학교 산업대학원 겸임교수
통일정보신문 논설위원(객원)

공공건축을 통한 지역문화 정체성의 국제화
일본 후쿠오카의 넥서스 월드

김경숙 한양대학교 디자인대학 교수

유난히도 더웠던 올 여름방학을 이용해 공공디자인 문화포럼과 한국공공디자인학회에서 공동으로 주관한 일본 큐슈 및 칸사이 지역의 공공디자인 견학에 참가하여 그간 강의와 업무에 지친 내 자신을 회복하는 소중한 기회를 갖게 되었다. 후쿠오카를 비롯해 교토, 오사카, 고베 등지의 공공건축 및 공공디자인시설물 등을 시찰하였으며 그 중에서도 국가가 시민들의 삶의 질과 지역의 위상을 제고하기 위해 심혈을 기울인 공공건축물에 대한 답사는 공간디자인을 전공한 필자로서 더 없는 기쁨이자 보람이 아닐 수 없었다. 공간 및 환경디자인의 학문적인 지식과 함께 답사 체험을 통해 습득한 지식은 무엇보다 중요하다. 이번 기회에는 주어진 모든 대상의 공공건축을 필자의 욕심대로 면밀하게 체험하기에는 시간적인 제약과 주거시설물의 사적 영역 내부관람이 불가능했던 이유 등으로 아쉬움은 남았지만, 답사 후 마음 깊이 새겨지는 훌륭한 건축물을 창조한 건축가들의 노고에 새삼 감사를 느꼈다.

일본이라는 나라는 우리와는 가깝고도 먼 이웃나라 중의 하나이다. 과거로부터 현재까지 청산해야 하는 수많은 과제를 안고 있지만 동북아의 미래를 책임지고 나가야 할 동반자로서 특히 문화, 예술 등의 상호 교류는 불가피하다. 일본과의 문화적 교류는 90년대 초반 이후에나 성사되었으며, 21세기에 들어서면서 국내문화는 다방면에 걸쳐 일본과의 교류가 활발하게 이루어지고 있다. 실제로 일본영화의 국내 상영, 음악, 재패니메이션(Japanimation)이라 불리는 일본 애니메이션, 특히 무라카미 하루키 등의 작품은 우리나라에서 베스트셀러에 이를 만큼 괄목할만한 성과를 거두었다. 이러한 문화는 정치나 경제보다도 더욱 큰 잠재적인 힘을 소유하는 것으로 물리적, 경제적인 교류가 생활 속의 도구와도 같은 존재로 영향을 미친다면, 문화적인 교류는 삶의 질과 국민 정서의 가치관까지도 변화시키는 위력을 지닌다.

이러한 문화적 바탕은 그를 뒷받침할 수 있는 국민정서를 통해 출현되며, 국민들이 만들고 일궈나가는 그들만의 '삶' 이라는 절대적 변수를 기초로 한다. 이는 모두 '인간' 이라는 공통된 주제를 통해 존재하는 것으로 중요한 것은 '문화' 를 어떻게 수용하며 어떻게 자국민의 것으로 소화하는가에 있다. 무조건적인 수용과 걸러내지 않은 해석은 자칫 그릇된 질서를 낳을 수 있으며, 나아가 그 나라의 정서와 가치관까지 흔들리게 할 수 있을 것이다. 그러므로 문화는 삶의 질서와 환경, 나아가 지역 및 국민의 가치관까지를 포함하며 그 대표적인 것이 바로 삶과 가치관의 원천인 '장소와 공간'이라 할 수 있다. 장소는 열린 공간으로서 '장'의 역할을 의미하고, '공간'은 닫힌 그릇과 같은 '용기'로 구분할 수 있으며, 공통된 특징은 무엇인가를 포함하거나 담아내는 '터'를 형성한다는 것이다. 여기에는 인간과 자연을 포함하는 자연적 요소, 그리고 공공건축물과 공공시설물 등의 인공적 요소를 담는다.

그 중 공공건축은 '나'라는 주체를 통해 타인과 함께 공유할 수 있는 삶의 '용기'이자, 인간과 인간관계의 문화적 커뮤니티를 인위적으로 조성시킬 수 있는 '쉘터(Shelter)'의 기능을 포함한다. 이러한 공공건축물은 시대적인 반영과 동시에 지역적 특성이 나타나며, 이를 이루는 중심체는 인간과 건축 사이에 생성된 '지역문화'의 산물로 존재한다. 이 같은 건축은 함께 공유하여 '우리'라는 집단적 의식을 기반으로 그들만의 틀을 형성하여, 자치적 힘을 불어 넣어야 하지만 때로는 외부세계의 문화적 유입으로 인한 커뮤니티가 형성되기도 하는데, 무엇보다 중요한 것은 그를 수용하는 주체자의 자세와 수용의 방법이며 이것이 문화로서의 역할을 갖는 공공건축의 의무라고 할 수 있다.

그러므로 공공건축은 자치적인 생활의 법과 흐름을 통해 형성되는 그들만의 삶의 패턴을 담아내는 그릇으로서 존재하기도 하며 때로는 소규모의 문화적 발생지로의 역할을 수행하기도 한다. 역사적인 실례를 살펴보면 과거 메소포타미아의 문명, 이집트의 문명이 하나의 도시를 형성한 것은 지역민과 함께하는 생활 패턴의 형성과 동시에 문화적 커뮤니티로 엮어졌음을 의미한다. 커뮤니티에 포함되는 건축물은 개체로서의 독립적 역할은 물론, 한데 어우러져 전체 공동지역체로서 지역을 대표하는 자치적인 문화를 형성한다. 즉, 사용주체와 물리적 환경이 교집합의 역할을 수행하며 동시에 지역문화를 표면화하고 이끌어내어 자치적 삶을 형성해 나가는 '장소'의 역할로서 이는 '문화'라는 커다란 '쉘터'와 결코 뗄 수 없는 불가분의 관계를 형성한다. 때로는 시간적 오브제로서의 전통과 지역적 오브제로의 동양에 대한 특성이 함께 융화되는 각기 다른 외부 문화를 통해, 지역문화라는 커다란 맥을 형성하며, 그 안의 상징적 지표로서 역할을 수행하게 된다.

이러한 지역문화의 형성은 그 방법과 주체 그리고 수용자의 전제된 가치관의 융합이 핵심이라고 할 수 있으며, 이는 상호간의 개방과 교류를 통해 그 생명력을 갖는다고 할 수 있다. 이러한 의미에서 지역문화의 교류와 개방에 대한 방법을 바르게 해석하고 이를 성공적으로 실현한 곳이 바로 '넥서스 월드(Nexus World)'가 아닌가 생각된다.

next와 us의 조합어인 넥서스 월드는 후쿠오카 시내의 동구 가시이 4가에 위치하며 대지 면적이 무려 9,000㎡가 넘는 대규모 단지다. 하나의 마을, 즉 단지를 조성하는 이 프로젝트에 참여한 건축가들은 일본을 비롯해 스페인, 프랑스, 오스트리아, 미국, 덴마크 등 국제적인 유명 건축가들을 포함해 100여 명이 넘는다고 한다. 일본 규슈지방의 경제적, 문화적 거점인 후쿠오카는 국제도시로서의 변모와 획일적이고 개성 없는 집합주거형태를 탈피하여 보다 나은 디자인과 거주자의 감성을 존중하는 차세대 도시공동주거의 제안으로 후손들에게 미래형 도시공간 환경을 제공할 목적으로 구상되었다고 한다. 단지의 구성은 소규모의 전문 상점과 주택들의 결합, 도서관과 쇼핑센터가 함께 위치한 주택, 은행과 주택의 결합 등으로 이루어져 공공시설과 주거시설이 한 건물에 결합된 새로운 개념의 가로형 공동주택단지의 실현이라 할 수 있다.

미래주거에 대한 개념은 꾸준히 강조되어 유니버설 디자인(Universal Design)으로부터 생태 건축(Ecological Architecture), 지속가능한 건축(Sustainable Architecture), 그리고 기본개념인 미래주거시스템(Smart Home System) 등을 포함한다. 이러한 디자인 개념들은 모두 현재보다 나은 삶과 환경의 질을 제공한다는 목적을 가지며 그간의 디자인의 개념은 새로운 것의 창조라기보다는 기존의 질서와 환경의 질적 향상을 개선하여, 보다 인간이 생활하기 편한 환경을 조성하는 것에 초점을 두었다. 현재의 환경은 인위적 산물의 숲으로 조성된 모더니즘의 잔재로서 모더니즘의 이념은 현대적이며 공장의 대량생산과 축조가 용이한 도구의 생산이 핵심으로, 이는 진정한 인간을 위한 디자인이라기보다는 디자인을 위한 디자인으로 그 명목을 유지했다고 볼 수 있다. 이러한 모더니즘은 20세기 말 서서히 약화되었고 이후 인간 삶의 질적 향상에 대한 요구의 수용이 우선시 되었으며 이는 다변화된 개인적 공간(Private Space)보다는 전반적인 환경과 문화를 포괄하는 단지주거(Urban Planning)에 초점이 맞추어졌다.

여기에서 가장 핵심적인 부분은 자연과 인위적 환경

물의 조화와 순응, 인간의 삼위일체가 융화된 환경제공이 목적이라고 할 수 있으며 일본 후쿠오카시의 넥서스 월드(Nexus World)는 바로 이러한 부분에 초점을 맞춘 프로젝트였다. 주최 측은 개성이 서로 다른 건축가들을 구성, 각기 다른 역사와 풍토, 문화의 거주공간에서 성장한 각 국의 건축가들에 의해 전 세계의 다양성을 수집하고 이 프로젝트의 목적에 부합되도록 각 나라의 상호 과제 등과 혼합시켜 그에 대한 문제점의 해결방안을 도출하고자 하는 의도를 지녔다. 아마도 계획단계에는 각기 다른 문화와 지역에서 활동한 세계적인 건축가들이 과연 목적에 맞는 조화로운 주거단지를 실현시킬 수 있을지 상당한 우려와 실행의 어려움이 따랐으리라 생각된다.

그 예로 각기 다른 다섯 개의 언어에 의한 의사소통의 문제를 비롯하여 각각의 건축가들 상호간의 경험을 하나의 공통된 목표 안에 불어넣어 조화시켜야 하는 난제가 있었을 것이다. 그러나 이에 대한 실마리는 일본건축가 아라타 이소자키를 중심으로 램 쿨하스(Rem Koolhaas), 크리스티앙 포잠박(Christian de Portzamparc), 마크 맥(Mark Mack), 스티븐 홀(Steven Holl), 오사무 이시야마(Osamu Ishiyama), 오스카 투스케(Oscar Tusquets) 등의 세계적인 거장들과 100여 명의 참여 건축가들에 의해 풀려 나갔으며 참여 건축가의 인원만 보아도 이 프로젝트에 대한 열정과 노력, 기대가 어느 정도였는지 가히 짐작된다. 완성된 이곳은 자칫 다양한 개성을 지닌 건축가들의 특성을 반영한 특색 있는 건축물들의 조합과 나열로 비추어질 수 있으나 내면의 의미를 살펴보면 넥서스 월드의 목표를 지향하는 그곳만의 개성이 표출되고 있으며, 그 줄기는 자연과 인공물인 건축, 인간이라는 주제를 거점으로 힘차게 자라나며 가지를 뻗고 있다. 아마도 넥서스 월드의 컨셉은 이질적인 이념들과 일본이라는 지역성, 자연에 대한 해석 모두를 감싸안고자 하는 다소 무리한 의도가 담겼다고 볼 수 있으나 이러한 시도는 보기 좋게 실현되어 전 세계에 성공적인 사례로 주목받게 되었다.

11동에 이르는 건물은 약 250여 세대의 주호를 갖는다. 여기에는 마치 커다란 나무를 가꾸기 위해 토양을 만들고 이를 유지하기 위한 수분과 영양분이 건축가들의 끊임없는 협의를 통해 수시로 공급됐을 것이다. 각각의 주호와 섹터(Sector)들은 후쿠오카의 가시이라는 곳에 뿌리를 내렸고 이를 완성하기 위한 인력은 건축가를 포함한 시공자 모두를 합치면 9만 2천 여 명에 이른다고 한다. 주거단지의 계획은 어느 특정 주호에 초점을 두기보다는 섹터와 섹터간의 상호연결과 하나의 조직 체계를 갖기 위한 각기 다른 명확한 컨셉에 의해 진행되어진다. 넥서스 월드 프로젝트의 코디네이터 역할자인 건축가 아라타 이소자키는 일본에서 성장한 가장 일본다운 건축, 동시에 미래주거 개념에 적합한 건축을 그 누구보다 잘 소화해 낼 수 있는 적임자로 발탁되어 그 역할을 톡톡히 수행하였다. 이곳의 모든 건물은 제각기 해당 건축가의 개성이 드러나면서도 겉으로 보이는 시각적인 표현이 최소화된 점은 주목할 만하다.

스페인의 건축가 오스카 투스케에 의해 설계된 주거 제1동은 유럽의 문화를 반영한 흔적이 곳곳에 묻어나고 있다. 입구 부위에 사용된 따뜻한 이미지를 갖는 역사적 건축물의 외관소재인 스터코 마감, 올리브색을 지닌 스페인식 기와, 벽돌타일, 스테인드글라스의 사용, 투스케 작품의 특징이라 할 수 있는 아루형의 계단부 디자인 등은 전통 속의 모던함을 표현하여 전통을 잇고자 하는 그의 노력과 시도를 보여준다. 이 동은 스페인 건축가의 작품답게 유럽 분위기가 느껴지는 고전적인 외관으로 전통 속의 모던함을 표현하였는데 대칭 형태의 건물에서 느껴지는 엄격함이 아름다운 창문 디테일 디자인에 의해 부드럽고 따뜻한 느낌을 자아내고 따뜻한 느낌의 붉은 벽돌과 대조되는 창문의 푸른색 라인이 서로 조화를 이루며 산뜻한 느낌을 준다. 도로로부터 아치형의 아케이드를 지나 단지 내부로 진입하며 1층은 상업공간으로 구성되었다.

또한 대칭으로 배치된 두 개의 건물은 아름다운 창문 배치와 디자인, 외관을 둘러싼 우아한 코니스의 장식에 의해 고전적인 외관의 이미지를 지닌다. 이는 스페인 출신의 건축가에게서 묻어나오는 문화와 역사, 지역적 특성이 자연스레 이곳에 표현된 것이라 할 수 있다. 이러한 노력은 건물의 구성요소의 디테일에도 적용되었는데 예를 들어 사계절을 테마로 한 외벽의 가로 1m, 세로 8.5m 규모의 스테인드글라스는 스페인 카탈로니아에 위치한 공방에서 전통을 잇는 장인인 바르데 페레스에 의해 1200년 전부터 내려오는 수공업의 기술로 제작된 것으로 제작기간만 무려 3개월이 넘게 걸렸다 하니 가히 작품에 쏟는 건축가의 열정에 감탄하지 않을 수 없다. 그러나 분명 투스케만의 건축에 대한 관념과 해석 그리고 이를 바탕으로 한 일본적인 모티브는 각 공간에 적절히 반영되었으리라 생각된다. [사진 1~3]

1. 주거동의 대칭으로 배치된 2개의 건물 전경. 오스카 투스케 작품, 넥서스 월드 주거동
2. 단지 내부에서 보는 건물의 모습. 오스카 투스케 작품, 넥서스 월드 주거 1동

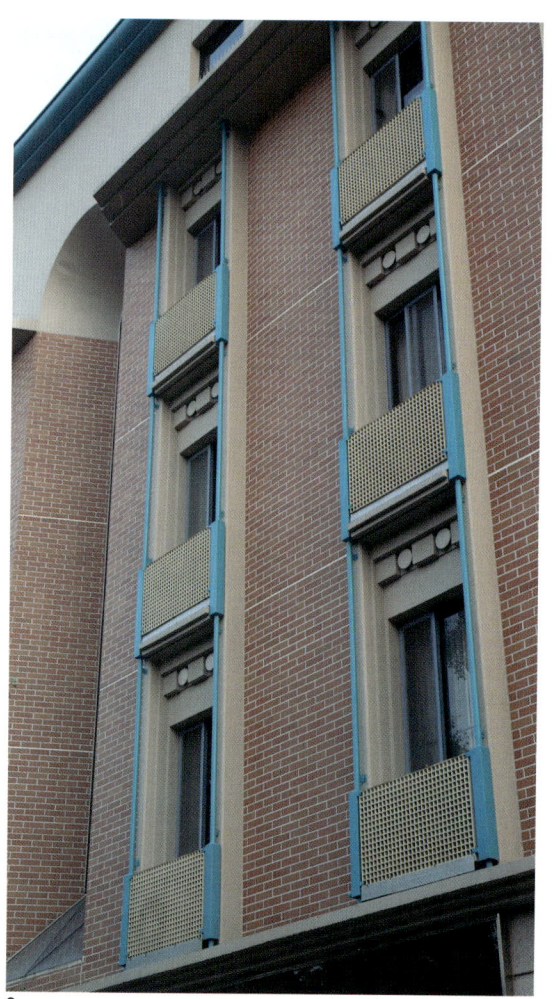

프랑스 건축가 크리스티앙 포잠박에 의한 2, 3, 4동은 먼저 도시공간의 정의를 어디에 둘 것인지에 대한 고민으로부터 시작되었으며 폐쇄적인 사적 공간보다는 내외부의 관계성, 폐쇄된 공간과 열린 공간의 대립에 초점을 두어 계획되었다. 또한 내외부의 경계는 공간의 한정됨과 함께 다른 공간과 연계되어 이어지고 열려 있는 중요한 지점으로 이러한 개념은 각 블록을 변형시키거나 열어 보이게 계획함으로써 건축이 지닌 자유로움을 최대한 확보했다고 건축가는 말한다.

네 개의 건물로 구성된 이곳은 도로로부터 양편에 위치한 두 개의 프레임 동을 가지며 이 건물은 매우 도시적인 이미지로 추상적 기하학적 형태로 표현되었다. 이 두 개의 건물 사이에는 정원이 형성되어 있으며 정원의 안쪽으로는 전면의 두 동과는 전혀 다른 특색의 또 다른 두 개의 건물이 위치한다. 그 중 한 건물은 산 모양의 형태를 가진 블랙 콘크리트에 화강암의 깨진 조각을 박아 넣은 외관의 마운틴 동이며, 다른 하나는 이와는 대조적으로 경쾌한 작은 탑 모양의 템피에토라는 명칭의 건물로서 이들은 서로 다른 형태와 재료, 색채들을 지닌 채 함께 조화를 이루며 인간과 미래에 대한 메시지를 담고 있다.

6, 7, 8, 9

도로에 접해 있는 2개의 프레임 동은 매우 도시적 이미지를 가지며 추상적인 기하학적 형태로 표현되어 있고, 발코니의 붉은 색, 푸른 색, 노랑, 핑크의 대조적인 색채조합과 유동적인 곡선 형태, 그리고 둥근 원통형의 계단실이 서로 조화를 이루며 경쾌한 분위기를 자아낸다. 프레임 동의 정면 입구는 유리블록의 작고 큰 사각형과 핑크색의 둥근 나선형 계단실, 흰색 벽에 깊이 파인 정사각형 창문 등이 대조를 이루며 서로 조화되어 정숙한 분위기에 부드럽고 따뜻한 느낌을 부여하고 유리블록에 의해 자연채광이 용이하다. 흰색 건물에 직사각형으로 깊이 파인 창문이 핑크색의 둥근 나선형 계단실과 함께 어우러져 대조의 미를 느끼게 한다.

이렇듯 포잠박이 제안한 이곳 건물의 형태도 매우 흥미로우나 이들 건물에 의해서 형성되는 중정인 코트야드는 더욱 중요한 의미를 갖는다. 이러한 코트야드는 프랑스의 전통적인 플라자 기법에 의한 것으로 외부에서는 차단된 사적 영역이자 동시에 거주자에게는 개방되는 공공 영역으로 존재한다. 건축가의 설명에 의하면 이는 지역성에 의한 일본의 전통 정원과 프랑스식의 코트야드의 조합으로써 두 나라의 조화로운 문화적 산물을 표현한 것이라고 한다.[사진 4~10]

10

3. 건물 외부 창문의 디테일 모습. 오스카 투스케 작품, 넥서스 월드 주거 1동
4. 주거 동 총 4개의 건물 중 정문 안쪽에 위치한 2개의 건물 모습. 크리스티앙 포잠박 작품, 넥서스 월드 주거 2, 3, 4동
5. 템피에토와 마운틴 동의 전경. 크리스티앙 포잠박 작품, 넥서스 월드 주거 2, 3, 4동
6. 마운틴 동의 계단실 전경. 크리스티앙 포잠박 작품, 넥서스 월드 주거 2, 3, 4동
7. 프레임 동의 정면 입구 모습. 크리스티앙 포잠박 작품, 넥서스 월드 주거 2, 3, 4동
8. 흰색 건물에 직사각형으로 깊이 파인 창문. 크리스티앙 포잠박 작품, 넥서스 월드 주거 2, 3, 4동
9. 도로에 접해 있는 2개의 프레임 동 중 한 건물의 외부 전경. 크리스티앙 포잠박 작품, 넥서스 월드 주거 2, 3, 4동
10. 프레임 동의 발코니 전경. 크리스티앙 포잠박 작품, 넥서스 월드 주거 2, 3, 4동

일본건축가인 오사무 이시야마에 의해 설계된 5, 6, 7동은 숲이라는 은유적 표현에 의해 다양한 소리의 울림이 어우러져 하나의 숲을 형성하듯 전체적으로 매우 복잡한 관계성을 표현하고 있다. 건물의 개방된 배치는 마당이라는 중요한 매개체를 통해 자연을 포용하는 전통의 개념을 엿볼 수 있다. 이곳의 세 개 건물은 바나나 동, 야자나무 동, 파인 동 등 나무이름을 가지며 숲이라는 컨셉에 부합하듯 각 건물은 약간씩 비틀어지고 기울어진 형태를 지녀 마치 자연의 시간 속에 휘고 구부러진 나무들의 복잡한 모습과 생명력을 갖는 자연의 움직임을 표현한 것이라 느껴진다.

이 건물은 숲이라는 은유적 표현에 의해 다양한 소리의 울림이 어우러져 하나의 숲을 형성하듯 매우 복잡한 관계성을 표현하고 있는데 자연의 소리와 자연이 살아 움직이는 듯한 그러나 평온함이 숨 쉬는 숲과 같은 곳으로 거주자에게 편안함과 안정감을 제공한다. 또한 수직으로 긴 정적인 느낌의 사각형 건물에 휘어진 듯 치솟아 오르는 계단실과 건물 상부로 갈수록 기울어지듯 넓어지는 발코니의 동적인 모습이 자연스레 조화를 이룬다.

이곳의 야외 공간은 단순하고 평평한 대지에 인공 언덕을 조성함으로써 복잡함을 부여하여 숲이라는 건물의 컨셉을 따르고 있다. 이 언덕 아래의 움푹 파인 공간은 주차장으로도 사용되며 한편으론 어린이들의 비밀스러운 놀이터의 역할도 겸한다고 한다.

이렇듯 이곳은 자연의 소리와 자연이 살아 움직이는, 그러나 평온함이 숨 쉬는 숲과 같은 곳으로써 현대인이 갖는 일상의 스트레스 속에서 편안함을 제공하는 도시 속의 오아시스로 존재하는 듯하다. [사진 11~15]

오스트리아 건축가인 마크 맥의 8동 건물은 창문의 처리가 매우 특이하며 집집마다 층의 높이와 창문의 형태가 제각기 다르고 전형적인 도시형 주택 건물의 단단한 외관에 구멍을 뚫은 듯한 창과 발코니가 서로 어우러져 기하학적인 아름다움을 보여준다. 붉은 색과 노란 색의 대조적인 색채조화와 각기 다른 창문의 형태와 크기가 매우 모던하며 역동적인 분위기를 자아낸다. 건물 외관 창문은 평면적인 크기와 형태가 다를 뿐 아니라 깊이도 다양하여 사각형 박스 건물에 입체감을 부여한다.

독특하게 처리된 붉은 레드의 스타코 마감과 목재 루버를 사용한 건물이 한데 어우러져 컬러풀하고 모던한 건축적 모습을 나타내고 있다. 전통적인 도시형

11

12

13

15

주택인 붉은 건물은 단단한 외관에 구멍을 뚫은 듯한 발코니와 창들을 통해 외부 도로에 접한 공적 공간의 코너 플라자를 내다보며 반대 방향으로는 이와는 대조적으로 조용한 사적 공간의 실내정원을 갖는다. 특이한 점은 넥서스 월드의 모든 건축가는 이곳에 존재하는 각각의 건물에 두 가지 상이한 특성들의 조화를 추구하였다고 생각된다. 이는 공적 영역의 공공성과 사적 영역의 프라이버시 즉, 열린 공간과 폐쇄적 공간의 이원성, 또한 상업공간과 주거공간의 이원성이 조화를 이룰 수 있도록 해결해야 하는 과제로부터의 결과로 생각되며 이곳 마크 맥이 설계한 건물에서는 물론 다른 동에서도 각 건축가들의 컨셉을 통해 잘 표현되었다고 보여 진다.

한편 건물의 내부는 마크 맥이 직접 디자인한 가구와 수납공간이 확보되어 소가족에서 대규모 가족까지 폭넓게 대응할 수 있도록 계획되었다. 이는 다양한 가족형태를 주거에 반영한 경우이며, 정적인 공간이 동적으로 가변되어 상황의 변화에 대응할 수 있는 주거의 개념을 실현시킨 것이다. 이러한 가변형의 주거 형태는 점차적으로 증가되고는 있으나 스마트 홈과 같은 기술적인 진보에 의한 시스템적인 시도만이 있을 뿐, 이곳에서 보이듯 물리적으로 직접 표현되는

14

11. 숲을 주제로 한 부드럽고 유동적인 건물의 전경. 오사무 이시야마 작품, 넥서스 월드 주거 5, 6, 7동
12. 평온함이 숨 쉬는 숲과 같은 분위기. 오사무 이시야마 작품, 넥서스 월드 주거 5, 6, 7동
13. 자연의 시간 속에 휘고 구부러진 나무의 복잡한 모습과 생명력을 보여준다. 오사무 이시야마 작품, 넥서스 월드 주거 5, 6, 7동
14. 단아한 분위기와 안정적인 느낌을 자아내는 수직선의 창문 형태. 오사무 이시야마 작품, 넥서스 월드 주거 5, 6, 7동
15. 휘어진 듯 치솟아 오르는 계단실과 건물 상부로 갈수록 넓어지는 발코니의 동적인 모습. 오사무 이시야마 작품, 넥서스 월드 주거 5, 6, 7동

가변에는 매우 소극적이라고 생각되며 마크 맥이 계획한 이곳의 가변적 공간은 현재에도 적용되고 시도되어야 하는 좋은 사례라 볼 수 있다.[사진 16~24]

덴마크의 건축가인 램 쿨하스가 설계한 9, 10동의 건축물은 대상 부지가 뒤편에 있는 두 타워와 접해 있는 대지조건에 의해 넓은 면적의 저층 건물로 계획되었다고 한다. 각 주호의 중앙에 형성된 중정의 계획은 높은 평가를 받았으며 외국인으로서는 최초로 일본건축학회상을 수상한 작품이기도 하다. 여러 각도에서 보이는 시각적인 아름다움을 제공하는 지붕들, 그리고 외벽에 돌담 모양의 블랙 콘크리트를 둘러싼 풍경은 쿨하스만의 또 다른 개성을 담아내고 있다. 특히 블랙 콘크리트에 대한 해석은 기존의 전통적 표현을 위한 자재를 모티브로 활용, 공간분할과는 다른 새로운 감각의 일본에 대한 해석을 표현하고 있다. 또한 이곳은 인간에 대한 동경과 유럽문화권에 대한 재해석, 다양한 가치관을 건축에 불어 넣음과 동시에 시대에 대한 반영, 그리고 생태건축과 같은 미래주거 개념 등을 통해 건축에 생명을 불어넣는 듯하다.

편안하게 제공된 경사지를 통한 광장을 비롯, 내부는 자연과 인간이 일체되는 흐름을 동반하였으며 중앙에 위치한 중정에 대한 해석은 동양사상에 의한 동양적 공간연출의 표현이라 할 수 있다. 또한 음양에 대한 해석은 서양에서와는 다른 의미의 빛과 어둠에 대한 의미를 가지며 이는 서양의 스테인드글라스와는 달리, 비추어져 드리워지는 그림자와 때로는 창호지를 통한 음영의 아름다움으로 자연과 더불어 오묘하고 은은한 서정성을 자아낸다.

외벽이 돌담모양의 블랙 콘크리트로 둘러싸인 9동 건물의 외관은 기존의 전통적 이미지를 표현하기 위해 블랙 콘크리트 자재를 모티브로 활용, 새로운 감각의 일본에 대한 해석을 표현하여 동양적 감성을 자아내고 둥근 돌담형태의 이미지와 1층 상업시설의 수직적 이미지가 대조를 이루며 독특한 분위기를 연출한다. 쿨하스는 유럽 문화권에 대한 재해석과 다양한 가치관을 건축에 불어 넣음과 동시에 시대에 대한 반영, 생태건축의 미래주거 개념을 통해 건물에 생명력을 불어넣었다. 돌담형태의 건물 2층 상부로 솟아 오른 지붕은 다양한 각도로 보이는 시각적 아름다움을 제공한다.

단지 내부에서 진입하는 건물 앞 작은 공원의 입구에서는 둥근 3개의 링을 서로 다른 위치에 설치하여 출

16

17

18, 19, 20, 21, 22, 23, 24

16. 도로에서 본 주거 8동 건물의 전경. 마크 맥 작품, 넥서스 월드 주거 8동
17. 전형적인 도시형 주택 건물에서의 창과 발코니의 어우러짐. 마크 맥 작품, 넥서스 월드 주거 8동
18. 건물 외관 창문 디테일 모습. 마크 맥 작품, 넥서스 월드 주거 8동
19. 붉은 색 건물과 노란 색 건물의 색채, 높이, 형태의 대조. 마크 맥 작품, 넥서스 월드 주거 8동
20. 조형미와 색채미를 보여주는 두 건물의 측면. 마크 맥 작품, 넥서스 월드 주거 8동
21. 건물 외관 1층에서 상부를 바라 본 모습. 마크 맥 작품, 넥서스 월드 주거 8동
22. ㄱ자 형의 붉은 색 주거동의 전경. 마크 맥 작품, 넥서스 월드 주거 8동
23. 건물전면 외부도로에 형성된 공공공간의 코너 플라자에 접한 건물 연결 개구부의 모습. 마크 맥 작품, 넥서스 월드 주거 8동
24. 붉은 색 건물의 진입계단 디테일의 모습. 마크 맥 작품, 넥서스 월드 주거 8동

입구를 만든 아이디어가 돋보이고 작은 동산은 공룡의 몸 형태로 이루어져 어린이들의 놀이터 역할을 겸하고 있으며 돌로 만들어진 표면 위는 풀들이 자연스레 덮고 있다. 생태 건축의 이미지와 조화를 이루는 공원의 모습이 매우 서정적인 느낌을 자아내고 바닥과 동일한 재료의 둥근 원형 벤치가 마치 땅위에서 자연스레 솟은 듯 편해 보인다.

이외에 노송나무가 둘러 서 있는 테라스와 사다리로 올라가는 전망대, 블루 컬러 유리, 나뭇결 바닥 등의 재료들은 서양적인 색채와 동양적 감성이 공유되어 한데 어우러진다. 쿨하스는 비록 일본에서 성장하고 활동한 건축가는 아니지만 마치 이곳에서 자란 건축가다운 일본의 맥을 담은 건축물의 설계로 그 답지 않은 작품을 탄생시킨 것이다. [사진 25~31]

마지막으로 주목할 만한 미국의 건축가 스티븐 홀이 설계한 11동은 모든 건물이 분리된 듯하지만, 하나로 연결된 매스와 겹겹이 쌓여진 세포의 켜와 같은 모습을 지니며 스티븐 홀만의 특징을 그대로 나타내고 있다. 안도 다다오가 로코 하우징에 반영한 것과 같이 경사지를 그대로 살린 자연지형과의 융화는 앞서 언급한 생태적 건축개념과 일맥상통하

25, 26

27

28

29

며, 여기에 그는 자연을 거스르지 않으면서 때로는 자연의 일부와 같이 바람과 함께 숨 쉬고 햇빛의 따사로움을 느끼게 하는 인위적 건축물을 탄생시킨 것이다.

남향의 규칙적인 개구부를 갖는 다섯 개의 건물은 서로 둘러싸여 네 개의 오픈 마당을 형성하며 이 오픈 마당은 주택공간의 성스러움과 감성을 자아내듯 물로 채워져 있다. 마당의 물에 의해 비쳐지는 하늘의 모습과 물결의 흔들림에 반사되는 태양 광선은 열린 주택 내부의 천장에 드리워져 움직이는 그림자를 연출한다. 주거 동 진입 현관의 건물 천장에서 솟아나온 듯한 캐노피는 마치 건물 개구부를 도려낸 일부 조각이 돌출된 듯하며 직선적인 사각형태의 건물과 조화를 이루고 있는데 건물 모서리를 끼고 있는 코너 창문이 특징적이며 다양한 형태의 창문과 사각 형태로 파여진 발코니의 모습이 전체 건물의 매스와 잘 어우러진다. 또한 주택 외부의 표현과 콘크리트 재료, 푸른 회색빛의 어두운 색채 마감은 일본의 색과 분위기를 표현하기 위한 노력으로 보인다. 주택 내부는 힌지에 의해서 시간과 빛에 따라 플라스터 벽이 자유자재로 축회전하는 가변기법인 힌지드 스페이스라는 독창적인 컨셉이 적용되었는데 이는 바로 스티

30, 31

25. 외벽이 돌담모양의 블랙 콘크리트로 둘러싸인 9동 건물의 외관전경. 램 쿨하스 작품, 넥서스 월드 주거 9,10동
26. 도로변에서 바라본 건물 외관 전경. 램 쿨하스 작품, 넥서스 월드 주거 9,10동
27. 건물 1층 외부 상업시설의 파사드 전경. 램 쿨하스 작품, 넥서스 월드 주거 9,10동
28. 중정에 접한 건물의 측면과 후면 모습. 램 쿨하스 작품, 넥서스 월드 주거 9,10동
29. 스티븐 홀의 주거 11동과 골목을 사이에 두고 접해 있는 건물의 측면 모습. 램 쿨하스 작품, 넥서스 월드 주거 9,10동
30. 단지 내부에서 진입하는 건물 앞 작은 공원의 입구 전경. 램 쿨하스 작품, 넥서스 월드 주거 9,10동
31. 9동과 동일한 형태의 10동 건물 전면에 위치한 공원 모습. 램 쿨하스 작품, 넥서스 월드 주거 9,10동

32, 33, 34, 35

36
37

32. 도로에서 바라 본 주거 11동 건물 외관 전경. 스티븐 홀 작품, 넥서스 월드 주거 11동
33. ㄷ자 형태로 둘러싸인 오픈 마당. 스티븐 홀 작품, 넥서스 월드 주거 11동
34. 건물 전면부에 1층으로 구성된 상업시설 입구 전경. 스티븐 홀 작품, 넥서스 월드 주거 11동
35. 주거 동 진입 현관의 모습. 스티븐 홀 작품, 넥서스 월드 주거 11동
36. ㅁ자형으로 배치된 건물의 좌측면 전경. 스티븐 홀 작품, 넥서스 월드 주거 11동
37. ㅁ자형으로 배치된 건물의 후면과 우측면 전경. 스티븐 홀 작품, 넥서스 월드 주거 11동

븐 홀에 의한 일본 전통 장지문을 차용한 현대적인 재해석의 표현이라 볼 수 있다. [사진 32~37]

이상과 같은 넥서스 월드의 각기 다른 건축적 철학과 이념의 다양성을 하나로 묶어주는 통일성은 일본과 후쿠오카의 지역성과 역사성의 해석에 의한 것이라 생각되며 또한 '일본의 국제화' 작게는 '후쿠오카의 국제화'로 정의할 수 있을 것이다.

삶의 터전으로서 가시이4가는 일본이라는 지역 내에 세계적인 소도시를 창조하였으며 이를 토대로 그곳의 거주자들은 그들만의 또 다른 문화를 형성해 나갈 것이다. 이제 도시 및 공공건축은 물리적인 차원을 넘어 삶의 터전으로서 그리고, 삶과 문화로 그를 가꾸고 이끌어 갈 '생명력'을 지녀야 할 것이며 '지역문화'의 의미로서 시간과 장소의 역사성을 내포한 지역의 '정체성'을 나타내야 한다. 그 나라와 문화를 알고 싶다면, 그 나라의 전통과 그것이 반영된 지역과 건축물을 경험해보라 권하고 싶다. 또한 간혹 내 자신의 정체성이 궁금해질 때 내가 살고 있는 환경, 나아가 내가 만나고 있는 사람들, 내가 소유하고 있는 생각이나 가치관들을 다시 정리해보라고도 얘기하고 싶다.

나 스스로 습득하여 지니는 것이 전부가 아니며 또한 세상만사가 혼자 행하고 이루어지는 일이 없듯, 내가 갖는 가치관을 비롯하여 내가 이루고 있는 가족, 그리고 환경까지 모두가 나를 감싸고 보호하고 수용해주는 지역과 국가 내에 존재하는 것이며, 내가 속한 그 속에서 지역 문화는 싹트고 나는 거기에 스며드는 것이다. 세계의 문화적인 역량을 지닌 건축가들의 손에 의해 가장 세계적으로, 또한 매우 일본스럽게 표현된 넥서스 월드의 주민들은 주체적인 문화와 지역성이 반영된 쉘터를 통해 그들만의 '지역문화'를 탄생시킬 것이다. 우리나라도 이미 국제화를 위한 개방과 흡수, 문화의 대외 전달이 이루어지고 있으며 또한 여러 지역에서의 국제적인 프로젝트도 성행되고 있다. 그러나 무엇보다 중요한 것은 우리만의 정체성을 추구해야할 것이며 공공건축을 기반으로 지역문화의 국제화를 위한 끊임없는 노력을 기울여야 할 것이다.

김경숙
한양대 산업디자인과 환경디자인전공 교수
독일 국립 비스바덴(WIESBADEN) 조형대학교 실내디자인과 학사
독일 국립 비스바덴 조형대학교 대학원 석사
연세대학교 주거환경학 박사
한국실내건축가협회 부회장
서울시 디자인서울위원회 위원
경기지방공사 자문위원
서울메트로 심의위원
광주시 공공디자인위원회 위원

한신/아와지 대지진 기념 사람과 방재미래센터
폐허를 딛고 문화를 살린 개성 있는 지역으로

박석훈　(주)디자인다다 어소시에이츠 대표이사

1995년 1월 17일 새벽 5시 46분경, 일본 관서지방의 효고현에는 진도 7.3의 강진이 강타했다. 이 한신/아와지 대지진을 통해 고베(神戶)시는 자연재해의 뼈저린 참상을 경험하게 되었다.

효고현 아와지섬의 북부를 진원으로 발생한 대지진은 일순간에 많은 귀중한 생명을 빼앗아 갔을 뿐만 아니라 많은 도시기반시설을 순식간에 파괴했다. 사망자와 행방불명자가 6,400명이 넘었으며 오사카와 고베를 잇는 한신 고속도로, 신간센의 교량이 속수무책으로 붕괴되고 고베항 등의 항만시설도 심각한 피해를 입어 그 기능이 마비되기에 이르렀다. 지진이 강타한 지역은 고베시 등 10개 시 10개 정에 달하며 이 지진으로 인한 피해는 약 10조 엔, 집을 잃은 이재민은 최대 32만 명이 넘는다고 추정하고 있다.

이 엄청난 재앙으로부터 피해복구가 본격적으로 시작된 것은 지진발생으로부터 6개월이 지난 시점이었으며 재난예방의 굳은 의지인 '효고 불사조계획'을 통해 지진이 발생되기 이전으로의 회복 차원이 아니라 다가오는 고령화 사회에 대한 대비 및 기존 산업시스템의 전환 등 지역의 전반적인 개혁에 혼신의 힘을 다한 계획을 수립한 결과였다.

현재 고베시는 도시 어느 곳을 가더라도 지진으로 인한 폐허의 흔적을 찾아보기는 어렵다. 지진 발생 후 10년이 다 되어가는 동안 고베시는 피나는 노력을 통하여 피해복구와 도시재건을 이룩하였으며 시민들도 이제 피할 수 없었던 자연의 재난으로부터 서서히 치유되어 이미 이전의 일상생활로 돌아가게 되었다. 이를 통해 고베시는 자연의 힘 앞에 피할 수 없었던 대지진의 재난을 극복하고 그 과정에서의 교훈을 통해 인류와 함께 하는, 그리고 인류를 위한 새로운 도시로 거듭나게 되었으며 지진피해를 생산적으로 이용해 문화를 살린 개성 있는 지역을 만들게 되었다. 이를 상징하며 그 중심에 서 있는 것이 바로 한신/아와지 대지진기념관인 '사람과 방재미래센터' 이다. [사진 1]

지진피해의 경험과 교훈을 알리고 국제 방재, 인도지원 거점 형성의 중심기능을 하는 곳으로써 고베시 동부 신도심에 있는 사람과 방재미래센터는 두 개의 건물로 구성되어 있으며 왼쪽에 방재 미래관이, 오른쪽에 사람 미래관이 들어서 있다. 한신/아와지 대지진의 경험과 교훈을 후세에 계승하고 국내외 재해에 의한 피해를 줄이는데 공헌하며 생명의 존엄성과 공생이 중요함을 세계에 알리기 위한 시설로 개관된 사람과 방재미래센터는 2002년 4월에 방재 미래관이 먼저 개관되었으며 2003년 4월에 사람 미래관이 문을

1. 인간과 방재 미래센터
2. 한신/아와지 대지진을 상영하는 영상 시스템

사람과 방재 미래센터의 미션

전시: 피해자, 시민, 자원봉사 등 많은 사람들의 협력과 연계를 바탕으로 한신/아와지 대지진의 경험과 훈련을 알기 쉽게 전시하여 방재의 중요성과 생명의 소중함을 전한다.

실천적인 방재연구와 전문가의 육성: 한신 이와지 대지진의 경험과 훈련, 학술적인 지견과 축적된 연구성과에 근거하여, 정부, 지방자치체, 커뮤니티, 기업 등의 방재정책이나 재해대책의 입안 및 추진하는 실천적인 방재연구를 실시한다.

자료수집·보존: 한신 아와지 대지진의 교훈을 차세대에 전승하기 위해, 진재나 방재에 관한 자료를 적극적으로 수집·축적하여 방재정보를 시민에게 알기 쉽게 정리하여 발신한다.

재해대응의 현지지원: 대규모 재해시 재해대책의 실천적이고 체계적인 지식을 통해 적절한 정보제공이나 조언으로, 피해지의 피해경감과 복구/부흥에 힘쓴다

재해대책 전문직원의 육성: 한신 아와지 대재해의 경험을 연구성과에 반영하여, 방재에 관한 실천적 지식이나 기술을 체계적, 종합적으로 제공함으로써, 재해대책 실무의 인재를 육성한다.

교류·네트워크: 한신/아와지 대지진이나 방재에 관한 행정실무자, 연구자, 시민, 기업 등 다양한 네트워크의 형성을 통해 사회의 방재력 향상을 위한 대처를 촉진한다.

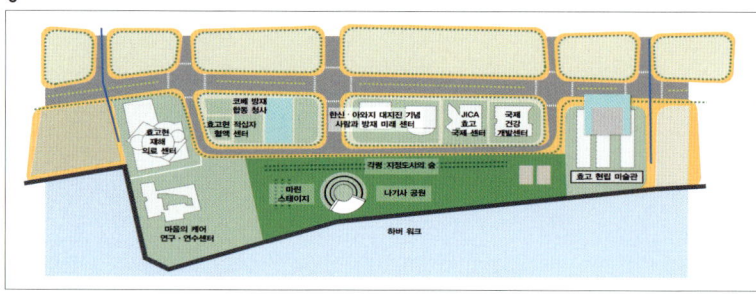

열게 되었다.

방재 미래관에는 한신/아와지 대지진의 발생 직후부터 재건을 추진하는 현재까지의 모습을 담은 영상과 각종 자료가 전시되어 있는데 4층에는 한신/아와지 지진 영상을 중심으로 지진에 의해 붕괴한 빌딩이나 고속도로 등의 모습을 마치 재해현장에 있는 것처럼 생생하게 체험할 수 있는 영상 시스템을 갖추고 있고 대진재 홀에서는 지진피해에서 복구와 부흥에 이르기까지 도시와 사람들의 모습을 상영하고 있다. [사진 2]

3층에서는 한신/아와지 대지진의 실제 자료를 통해 지진피해 직후에서 재건까지 사람들의 삶과 도시의 모습을 소개하는 코너를 운영하고 있으며, 시민의 협력에 의해 수집한 지진피해 관련 자료가 자료 제공자의 체험담과 함께 전시되는 생생한 역사의 현장으로 구성되어 있다.

또한 기획전시실에서는 매년 수차례에 걸쳐 재해와 방재를 테마로 한 기획전을 개최하고 재해와 방재에 관한 실전적인 지식을 익힐 수 있도록 하는 방재 워크숍을 비롯하여 인터넷을 통해 각종 최신 방재정보를 검색할 수 있는 자료실이 알차게 구성되어 있다. 방재 미래관과 2층에서 연결되어 있는 사람 미래관은 대지진으로 통해 깨닫게 되는 생명의 존엄성과 공생을 위한 의미 그 자체를 테마로 하여 자연과 인간이 교류하는 감동과 치유의 공간으로 구성되고 있다. [사진 3]

사람과 방재 미래관이 지진에 대한 다양한 정보와 교훈을 알리고 있다면 국제방재인도지원협의회는 한신/아와지 대지진의 경험과 그 교훈을 세계의 공유재산으로 널리 알리고 국제적인 방재관련기관의 유기적인 연대를 추진하고 있다. [사진 4]

따라서 우수한 창작, 공연사업이나 예술문화 보급, 인재 육성 등 예술문화 창조기반 정비사업 등 주민이 센터운영에 참여하는 협동중심의 창조적인 시민문화를 통해 고베시는 이미 자연조차도 인류가 공유하는 공공환경에 대한 자산가치적 접근으로 간주하고 있을 정도다. [사진 5]

고베시의 사례를 통해 지역민 개개인의 지식이나 경험을 사회에 활용하고 스스로 사회의 주인으로 부각되는 발휘형 사회로부터 민과 관이 협력하는 공공을 중심으로 하는 협동체제를 통해 다른 점을 서로 인정하고 즐기면서 함께 살아가는 활력 있는 지역사회를 구축하고 자연환경과 인간의 삶이 공생하는 지속가능한 순환형 사회를 만드는 것이 바로 공공과 공공디자인 개념의 실현을 위한 강력하면서도 현실적인 대안이 아닐까 생각한다.

3. 사람과 방재미래센터의 사람 미래관
4. 사람과 방재미래센터의 미션
5. 대지진으로부터의 부흥 프로젝트 Happy Active Town Kobe

박석훈
다다 어소시에이츠 대표이사
국민대학교 조형대학 공업디자인학과 학사
국민대학교 조형대학 공업디자인학과 대학원 졸업
한국전시디자인학회 이사
서울시 2007 공공디자인 공모전 벤치디자인 초청작가
서울시 2007 공공디자인 공모전 키오스크 디자인 초청작가
문화관광부 오늘의 젊은 예술가상 수상 선정

근대건축물 재활용

요코하마 붉은벽돌창고

배양희 문화관광부 행정사무관

붉은벽돌창고의 연혁

요코하마는 하코다테, 나가사키와 더불어 1859년 7월 1일에 일본 최초로 해외에 개방된 3대 개항장으로 1868년 메이지유신 이후 청일전쟁을 거치면서 고베(神戶)가 홍콩, 상해를 능가하는 동양 최대의 항구로 성장한 것에 자극받아 중앙정부에 적극적인 시설확충을 요구함에 따라 본격적인 근대항만시설로서 신항부두가 건설되었다.

붉은벽돌창고는 이 신항부두의 세관시설로서 건설되었으며 정식 명칭은 신항부두보세창고이다. 당시 대장성 임시건축부 설계감리부장인 쓰마키 요리나카(妻木賴黃)에 의해 독일 풍으로 설계되었는데, 쓰마키는 다츠노 킨고(辰野金吾)와 함께 일본 근대건축의 거장으로 대장성 관련 건축물에 많이 참여한 인물이며, 요코하마시에 있는 다른 대표작으로는 마차도에 있는 현립역사박물관 (구 요코하마정금은행 본점) 등이 있다.

1호 창고는 1908년에 착공하여 1913년에 준공되었고, 2호 창고는 1907년에 착공하여 1911년에 완공되었다. 총공사비는 100만 엔(1899년 당시 가케소바 1개에 1전8리)이였으며, 2호 창고에만 벽돌이 318만 본, 야하카제철소에서 생산된 철재가 약 560t, 약 400t의 시멘트가 사용되었다.

지진발생에 대비해 벽돌과 벽돌 사이에는 철재를 삽입시켜 보강조치하였으며, 이에 따라 1923년 관동대지진 때에도 건물피해는 1호 창고의 파손 30%에 그쳤다. 제2차 세계대전 중에는 일본군부의 군수물자 보관창고로 이용되었으며 패전 후 1945년부터 미군에 접수되었다가 1956년 일본정부에 반환된 후 1호 창고는 요코하마 세관이, 2호 창고는 요코하마 시가 관리해 왔으며 1989년에 세관시설로서의 역할을 종료하였다. [사진 1]

붉은벽돌창고의 추진 경위

붉은벽돌창고는 건설 당시부터 요코하마의 물류거점으로 기능하면서 '요코하마의 붉은벽돌'로 불려왔으며 시민들에게 친숙한 존재로 자리 잡고 있었다. 그러나 1970년대 중반부터 취급량이 크게 감소하는 등 상황이 변화함에 따라 붉은벽돌창고의 처리문제가 대두되었다.

특히 붉은벽돌창고를 재활용하게 된 배경에는 '붉은벽돌클럽 요코하마'의 활동이 자리하고 있다. 1987년에 요코하마 청년회의소와 요코하마 상공회의소는 요코하마 국제회의장에서 '요코하마港 붉은벽돌포

1. 요코하마의 붉은벽돌창고는 2개 동으로 구성되어 있고 그 사이에 광장이 있어 여러 가지 이벤트가 펼쳐지는 공간으로 활용되고 있다. 오른쪽의 짧은 창고가 1호 창고이며, 왼쪽의 긴 창고가 2호 창고이다. 가운데 공간을 이벤트 공간으로 활용하고 있다.

럼'을 공동개최하였고 이 포럼을 통해 환경전문가, 건축가, 저널리스트 등 다양한 패널리스트가 참석하여 의견을 교환하는 등 붉은벽돌창고가 시민들의 주요 관심사로 떠오르게 되었다. 1989년 12월 1일에 '붉은벽돌클럽 요코하마'는 가나카와현의 주요 신문에 "우리들은 붉은벽돌창고의 보존, 재활용의 일익을 담당하겠습니다."라는 제하로 광고를 게재하고 500여 명의 시민참가자들의 명단과 활동내용을 홍보함으로써 귀중한 문화유산인 붉은벽돌창고에 대한 일반시민들의 의식을 제고하는데 크게 기여하였다.

이러한 상황전개를 배경으로 요코하마시는 1991년도부터 항만국의 주도아래 건축가이자 전 동경대 교수 무라마츠 테이지로(村松貞次郎) 등 관계전문가를 구성원으로 한 '붉은벽돌창고 보존개수검토위원회'를 조직하여 이 창고의 처리문제를 담당하게 하였고 이 창고를 귀중한 역사적 유산으로서 보존하는 한편 시민들의 편의시설로서 활용하기 위해 1992년 3월에 대장성(현 재무성)으로부터 소유권을 취득하였다. 이에 따라 1993년에 보존 및 개수 작업이 본격적으로 실시되었으며 2000년 7월에 2호 창고 사업주체를 결정하는 등 운영체제도 정비되었다. 2001년 9월부터 11월까지 요코하마트리엔날레를 위해 1호 창고를 잠정적으로 제공해 사용하였으며, 2002년 4월 12일 2호 창고와 함께 그랜드 오픈을 실시하였다.

시 당국은 건물보강을 위한 수리작업과 함께 활용방법에 관한 검토 작업을 실시한 결과 '요코하마항의 번영과 문화를 창조하는 공간'을 사업 컨셉으로 설정하였다. 기본 컨셉의 구체적 내용은 다음 세 가지로 요약된다. 첫째, 시민의 문화 활동에서 교류, 창작모임 및 발표회 등을 손쉽게 개최할 수 있는 친근한 활동장소를 제공한다. 둘째, 연극, 재즈, 패션쇼 등에서 요코하마의 특색을 지닌 사업을 실시하고 관련정보를 국내외에 발신한다. 셋째, 국제규모의 미술전, 연극제, 전시회, 음악콩쿠르 등 문화적 영향력을 발휘할 수 있는 이벤트를 적극적으로 실시한다. 한편 붉은벽돌창고를 개보수하는 데는 1호 2호 창고를 합쳐 62억 엔의 공사비가 투입되었다. 2004년 2월에는 건축설비유지보전추진협회로부터 베스트 리폼상(Best Reform Arward)을 수상하였다. [사진 2~4]

붉은벽돌창고의 활용 실태 및 평가

붉은벽돌창고는 '요코하마항의 번영과 문화를 창조하는 공간'이라는 기본 컨셉에 따라 1호, 2호 창고 및 광장이 특색 있게 활용되고 있다. 1호 창

2

3

4

5, 6

고는 역사적 자산으로서의 상징성을 살려 주로 문화공간으로 이용되고 있다. 예술가, 일반시민을 불문하고 요코하마다운 문화를 창출하거나 그러한 문화를 체험할 수 있는 장소를 제공하고 있다. 2층에는 A, B, C, 세 개의 전시공간이 있는데 최대 45일간 임차하여 전시하면서 영상기기 및 인터넷 등의 시설을 이용할 수도 있고 야외의 이벤트 광장과 연계하여 대규모 복합이벤트를 개최할 수도 있다. 3층에는 연극, 음악, 재즈, 영화 등을 위한 300석 규모의 공연홀을 배치하고 있고 가설식의 무대와 객석은 자유로운 레이아웃을 가능케 하며, 객석을 철거하면 클럽 이벤트 및 파티 등에도 활용할 수 있다.[사진 5]

2호 창고는 벽돌창고가 자아내는 독특한 분위기 및 해안입지의 특성을 살려 엔터테인먼트의 요소가 넘치는 번영과 휴식의 공간으로 설정하고 있다. 이를 구체적으로 보면 다음 세 가지로 요약된다. 첫째, 벽돌창고의 역사성 및 해안입지성을 살려 음식문화를 중심으로 한 점포전개를 실시하여 요코하마의 번영을 창출한다. 둘째, 번영공간에 상응하는 엔터테인먼트성이 넘치는 재즈 라이브하우스 및 이벤트 등을 연출한다. 셋째, 민간사업자에 의해 1호 창고의 문화적 활용과 연계한 폭넓은 문화 사업을 적극적으로 전개

7

2. 붉은벽돌창고 내부 바닥에는 벽돌을 보존하여 이 건물의 역사를 보여주고 있다.
3. 붉은벽돌창고 내부에 건축 장식물을 보존하고 있다.
4. 철제문, 바닥 등을 그대로 활용하여 역사성을 간직하고 있다.
5. 옛 모습이 그대로 보존되어 있는 1호 붉은벽돌창고 모습
6. 7. 상업용으로 활용하고 있는 2호 붉은벽돌창고의 외부

한다. 1층에는 오픈 카페 및 잡화점 등 17개 점포가, 2층에는 가구 및 인테리어 등 4개 점포가, 3층에는 레스토랑 4개가 들어가 있다. 많은 관광객들이 찾고 있으며 각종 TV 드라마의 로케이션 장소로도 자주 등장하고 있다. [사진 6~9]

붉은벽돌창고는 당초 연간 300만 명의 이용을 목표로 세웠으나, 개장 1개월 만에 관람객이 100만 명을 돌파했으며 2002년도에 2호 창고는 관람객 680만 명 및 매상고 48억 엔을 기록하였다. 이와 같이 붉은벽돌창고에는 상업시설 및 문화기능이 공존하고 있으며 교통편이 그다지 좋지 않은 장소임에도 불구하고 일반시민 뿐만 아니라 많은 외지 관광객이 찾아오는 등 지역 경제 활성화에도 크게 기여하고 있다.

붉은벽돌창고의 운영시스템

소유자인 요코하마 시 당국은 붉은벽돌창고를 직접적으로 관리하지 않고 몇 개 주체로 분리되어 운영되고 있다. 우선 사업 컨셉에 기초한 효율적 운영을 위해 시 당국이 1호, 2호 창고를 묶어서 제3섹터인 '(주)요코하마 미나토미라이21'에 대여하는 형식을 취하고 있다. 나아가 1호, 2호 창고의 활용목적에 따라 운영주체를 달리하고 있는데 문화시설인 1호 창고는 '(주)요코하마 미나토미라이21'에서, 2층과 3층은 '요코하마시 예술문화재단'에서 위탁 운영하고, 1층 공간을 요코하마지역 사업자에게 대여하고 있다.

상업시설인 2호 창고는 (주)요코하마 미나토미라이21이 (주)요코하마 붉은벽돌에 대여하고 있다. (주)요코하마 붉은벽돌에는 기린 홀딩스(기린맥주), 삿포로맥주, 뉴도쿄, 하리마시스템, 사가미철도, 다카나시유업, 다케나카(竹中)공무점 등이 출자하고 있다. 1호 창고와 2호 창고 사이에 있는 이벤트 광장에 대해서는 시 당국이 (주)요코하마 미나토미라이21에 위탁하여 관리운영하고 있다.

붉은벽돌창고의 정책의 시사점

요코하마시는 방치되고 있던 창고를 재개발하여 '붉은벽돌창고'로 탄생시켜 특색 있는 도시미관의 창출 및 문화공간의 형성에 성공했으며 이를 통해 많은 관광객을 유치함으로써 지역경제 활성화에도 커다란 효과를 거두고 있다. 붉은벽돌파크의 성공 사례에서 우리는 다음과 같은 시사점을 도출할 수 있다.

첫째, 역사적 유산에 대한 접근방식에서 보전과 활용

8. 고즈넉한 2호 창고 외부 모습
9. 레스토랑과 각종 상품점이 모여 쇼핑공간으로 활용되고 있는 2호 창고 내부 모습

을 병행하고 있다. 즉 건축된 지 90여 년이 지난 창고를 폐기처분하지 않고 역사성을 중시하여 보전하면서도 현재 주민들의 일상생활과 연계된 활용을 추진함으로써 새로운 자원을 창출한 것이다. 그 과정에서 NGO인 '붉은벽돌클럽 요코하마'의 활동을 적극 활용하고 있다.

둘째, 기본 컨셉 및 개발방식 등에서 일치된 의견을 형성하기 위해 저널리스트 및 관계전문가 등으로 구성된 '붉은벽돌창고 보존개수검토위원회'를 설치하여 운영하였다.

셋째, 재개발 추진비용에 대해서는 전적으로 정부예산에 의존하기보다는 민간 기업으로 구성된 컨소시엄(Consortium (주)요코하마 붉은벽돌)을 설립하여 자금을 조달하고 있다.

넷째, 개발 후 운영에 있어서는 문화적으로 활용되는 1호 창고와 상업적으로 활용되는 2호 창고를 잘 조화시키고 있다. 역사적 문화유산을 관리함에 있어서 단순한 보전 및 특정 목적에의 한정을 초월해 상업적 측면을 고려함으로써 보다 많은 일반 주민들의 호응을 얻고 있다.

다섯째, 종합적인 도시계획에 맞추어 역사적 건축물의 재개발을 실시하고 있다. 요코하마의 도시계획인 '미나토미라이21 가로형성 기본협정'을 토대로 결정된 '신항지구거리 가이드라인'에는 붉은벽돌창고의 경관을 배려한 색채계획이 들어 있다. 또한 바다로부터 보이는 건축물의 스카이라인을 계획하는 과정에서 붉은벽돌창고가 지구전체의 기본 높이를 결정하는 기준으로 적용되고 있다.

참고자료
요코하마시 항만국 발행 홍보자료
요코하마시 항만국 홈페이지 자료
다케나카(竹中)공무점 홍보자료
〈소생하는 항국의 번창 '붉은벽돌창고의 과거와 현재'〉, 요코하마 경제신문, 2004. 4. 29
기타 인터넷 자료 등

배양희
문화관광부 행정사무관
이화여자대학교 정치외교학과 졸업
제44회 행정고등고시 합격

공공의 또 다른 신세계를 꿈꾸며
구마모토 아트폴리스와 함께

배춘규　(주)씨티이안 대표이사 | 자료정리 : 이정희 허자경 연구원

공공의 신세계로 들어가기 위해

어떤 '곳'에 속하여 살아가는 우리. 그런 우리에게 도움을 주고자 생겨난 공공. 1960년대 끼니를 거르지 않는 것만으로도 만족한 시절이 있었다. 산업화, 대중화가 시작되면서 사람들은 더 빨리 발전하고 더 많이 갖는 것에 욕심을 내기 시작했다. 그러면서 우후죽순으로 만들어지게 된 공공시설들은 시간이 지나면서 주인을 잃어가고 그에 따라 사용빈도 역시 줄어들게 되었다. 그 결과 공공건물 및 공공시설들은 그대로 방치되면서 거대한 쓰레기 더미가 되어버렸던 것이다.

지금까지 디자인의 발전은 주로 산업을 중심으로 한 '사적 영역의 디자인(Private Design)'에 치우쳐 있어서 '공공 영역의 디자인(Public Design)'은 상대적으로 저발전 상태였다. 시민의 질적 수준에 맞는 디자인과 다양한 목소리를 담을 수 있는 공공디자인 개념이 필요하다. 공공공간과 공간시설 그리고 공용 사용물은 개인의 차원을 떠나 크게는 한 국가의 이미지를 결정짓는 국가 정체성 확립에 필수적 요소로 작용하며, 이는 한 국가의 선진화를 평가하는 중요한 기준이 되고 있다.

그러나 우리나라에서 공공디자인은 주로 지자체나 건설교통부, 환경부 등이 주관하고 있는데 그 고유 업무영역과 책임소재의 모호성으로 인해 효과적인 질적 관리가 불가능하였다.

그렇기에 일관성 있는 중앙부서의 업무추진, 그리고 대국민 문화 공간 서비스를 통한 선진화된 새로운 문화 창출이 새로운 과제로 대두되고 있다. 공공공간을 활성화하기 위해서는 편리성과 심미성, 기능성이 갖추어진 새로운 '공공디자인(Public Design)'이 필요한 때이다.

이에 더하여 환경을 생각하고 영구히 지속할 수 있는 문화적 자산으로 더 나은 생활문화공간인 새로운 세상을 창출해 나아가야 하겠다. 이러한 기능을 살린 공공디자인의 성공적 사례로서 일본의 '구마모토 아트폴리스(Gumamoto Artpolis)'를 소개하고자 한다. 이는 단순한 건조물의 개념을 넘어 지역주민들과의 융합으로 지역의 명소를 개발하여 관광사업에 활성화를 가져왔다.

이를 통해 도시민의 쾌적한 생활 영위를 목적으로 제공하는 도시 내의 모든 공공시설물이 더욱 발전되길 기대하며 우리나라가 새로이 추구해야 할 방향을 주체적으로 모색해 보고자 한다. 본 내용은 '구마모토 아트폴리스 Information'을 참고로 작성했다.

일본의 신세계 구마모토 아트폴리스

일본에는 43개의 현이 있다. 구마모토는 규슈에 있는 8개의 현 중 하나로, 일본을 이루는 4개의 섬 중 남서쪽의 가장 끝에 위치하고 42,163㎢의 면적에 약 1,476만 여 명이 살고 있으며 일 년 내내 관광객의 발길이 끊이지 않는 일본 최대의 관광지이다. 구마모토는 과거 1950년대 미나마타병으로 인해서 좋지 않은 이미지를 가진 곳이었다. 1988년 당시, 구마모토의 지사가 독일의 건축박람회를 시찰한 후 감명을 받아 아트폴리스 정책을 시작하게 되었으며 당시 일본의 버블경제를 바탕으로 그 자금을 아트폴리스에 투자하여 지금의 프로젝트 건물들이 들어서게 되었다.

구마모토 아트폴리스(KAP Kumamoto Artpolis)는 '지방화시대의 도시개발사업을 문화행사로 변환시켜 구마모토 현을 무대로 하여 지역의 풍부한 자연과 역사, 풍토를 살려 나감으로써 도시와 환경을 아름답게 꾸미고 예술과 문화가 살아 숨 쉬는 지역으로 가꾼다.'는 취지를 가지고 1988년 4월에 시작된 '도시설계 및 환경설계운동'으로서 지방자치적인 도시미화 운동이자 도시건축 문화운동의 개념으로 전개되었다. 이 운동의 태동은 독일의 'IBA Berlin'과 같은 도시건축운동을 일본에도 기획, 발전시켜 일본식의 건축문화와 이에 따른 도시미화를 추구한다는 것이었다. 또한 이는 지역 내의 모든 개발행위가 궁극적으로는 해당지역의 문화적 자산이기 때문에 환경설계나 건축행위의 결과가 양이 아닌 질의 측면에서 평가받아야 하고 이를 통해 후세에 문화적 유산으로 남길 수 있는 건축물, 다리, 공원, 기념비 등 뛰어난 건조물을 창조해 나가고, 현민들의 도시문화와 건축문화 등에 대한 관심을 높이고 지역의 활성화에도 이바지하는 구마모토 현의 독자적인 풍부한 생활공간을 창조하는 프로젝트이다.

현재 67개의 아트폴리스 사업은 3개의 민간사업과 64개의 공공사업으로 이루어지고 있다. 그 중에서 인상적이었던 몇몇 시설물들의 사례를 살펴봄으로써 장점과 그 정신을 알고자 한다.

구마모토 아트폴리스의 공공건축물

구마모토 북 경찰서는 구마모토 아트폴리스의 재건축 1호 건축물로서 1990년에 준공한 경찰서이다. 시노하라 가즈오가 설계하여 1993년 일본 올해의 건축물로 선정되었다. 수백 개의 특수 반투명 유리를 사용하여 안에서만 밖을 볼 수 있고 밖에서는

1

2

3

안을 볼 수 없다. 역삼각형 구조물로 철골조와 SRC 구조가 사용되었다. 위로 올라갈수록 넓어지는 구조로 상층부는 강당 등의 용도로 사용되고 있다.^[사진 1]

웅장한 돌담을 남긴 구마모토성이 올려다 보이는 현립미술관 분관은 엄숙하게 자리 잡고 있는 분위기에 어울리도록 건설되었다. 이 프로젝트는 이 자리에 있던 옛 현립도서관의 재생공사로서 에어리어스 트레이스와 호세 라베니아, 다이와의 설계로 외부와 내부가 새로운 건물로 탄생하였다. 외관은 구마모토성의 위엄한 모습에 호응하듯 장엄하고 지붕은 투구와 같이 돌출되었으며 전시 벽에 수납할 수 있는 구조를 가진 것이 특징이다. 야간에는 조명으로 인해 화려함이 한층 더한다. 내부는 외관과는 표정을 바꾸어 포근함을 느낄 수 있도록 1층에서 4층까지 뚫려진 지붕 부분에 전면 합판을 붙였다. [사진 2, 3]

구마모토성의 북서쪽 교통량이 많은 도로변에 위치한 츠보이 파출소는 역사적인 분위기가 남아 있는 거리에 유달리 눈에 뜨이는 건조물이다. 기존의 구조물이 노쇠하여 재건축한 것으로 지역 주민의 안전을 확보하는 파출소 기능을 충실히 도모하고 동시에 주변 지역의 상징적인 건물이 되는 것을 지향하고 있다. 기존의 박스형 외관을 탈피하고 두 개의 직방체가 교차하여 겹쳐진 세련된 구성으로, 1층 부분의 직방체가 부지 입구의 폭 가득히 외관을 만들고 있다. 도로에 돌출된 2층 부분의 금색 직방체는 공중에 떠 있으며 새의 모양을 하고 있는 KOBAN(꼬방, 파출소의 일본 발음)은 새가 나는 듯 파출소의 존재를 알리는 사인보드 역할을 한다. 금색의 구는 위에 보이는 코방새의 황금알 같기도 하다. 시각 공해로 시달리는 요즘, 이렇듯 이색적인 사인보드와 주변의 벤치와 외등 같은 오브제들은 파출소를 재미난 요소로 인식할 수 있게 하며 개방된 공간으로 탈바꿈하게 하였다. 일상의 경치와 어울릴 수 있는 독특한 풍경으로서 친숙해질 수 있을 듯하다. [사진 4, 5]

파크돔은 다카이 데이치가 설계한, 기후에 관계없이 즐길 수 있는 전천후 형태의 시설이다. 이중 공기막 구조로 된 렌즈형태의 지붕은 직경 100m, 두께 14m이고 중앙부에 솟아 있는 부분은 음향을 좋게 하며 채광이나 환기를 위한 개구부의 역할도 한다. 초원 위에 둥실 떠 있는 구름과 같은 우산의 이미지를 기본으로 둥근 천정 주변에 있는 유리를 붙인 링 모양의 트러스로부터는 밝은 빛이 들어온다. 직경 128m의 링 트러스는 높이 24m의 세 개의 봉이 세트로 된 8개의 기둥으로 지지되어 있다. 자연광을 통과시키

1. 구마모토 북 경찰서
2. 현립미술관 분관
3. 현립미술관 분관
4. 5. 구마모토 기타 경찰서 츠보이 파출소

는 막은 내부를 밝게 할 뿐 아니라 유지 관리비를 경감하기 위한 대안으로서 자연 에너지를 이용한 것이다. 둥근 천정의 주변으로 확장된 공간은 아메바와 같은 부정형을 하고 있어 '아모르파스 존(Amorphous Zone)'이라고 이름 지어진 이것은 지역성과 21세기 화두인 환경친화적 건축으로 손꼽히며 사무소, 체육단련 코너, 수영장 등의 시설을 갖추고 있다. 운동을 즐기는 사람과 휴식을 즐기는 사람을 모두 배려한 시설이다. [사진 6, 7]

동쪽으로 규슈산지의 산맥을 바라보고 맑고 푸른 물이 흐르는 도모치 마을은 아름다운 자연과의 조화를 가장 중요시하며 '돌다리와 산과 호수의 마을'이라 불린다. 녹음과 바람, 풍부하게 비치는 빛, 숲 속의 마을답게 목재를 충분히 활용한 공간디자인이 편안함과 개방적인 느낌을 안겨준다. 이 안에는 콘서트 및 연극을 즐길 수 있는 홀, 도서관, 컴퓨터 교실 등이 완비되어 있어 주민 문화생활의 거점이 되는 동시에 주민 간에 교류할 수 있는 커뮤니티 공간으로 활용되고 있다. 사람과 자연, 사람과 사람이 마주보며 이야기할 수 있는 장소답게 애칭이 '메아리'로 지어졌.

여기에 세워진 도모치마치 물류교류센터는 도모치 마을의 특징인 산맥을 가르지 않는 것을 토대로 플라이 타워를 낮게 배치시켰고, 고령자가 많은 것을 고려하여 평지에 가깝게 홀을 만들었다. 또한 지형의 특징을 살려 2층 건물이라도 쌍방으로 접근할 수 있도록 구성하였다. 통풍과 차광을 중심으로 하는 환경 중심 형으로 공기조절과 냉난방 영역의 부담이 적은 방식이 일본에서 처음으로 사용되었다.

숲 속의 마을답게 나무를 사용하고 싶다는 요청에 대응하여 홀 지붕을 받치는 트러스 및 차광루버를 겸비한 커튼 월의 세로 창살, 안과 밖의 리듬감을 만드는 세로로 된 격자를 도입하여 차양과 함께 특징적인 디자인으로 완성했다. 곡면으로 된 벽의 타일은 산의 푸르름과 어우러져 바닥으로 내려오면 점차적으로 흙과 나무에 가까운 색으로 변하며, 반사되는 빛이 아름다운 잔물결처럼 로비로 유도되는 듯한 연속적인 모습을 보인다. 빛과 바람이 공간에 리듬을 안겨주며, 배연과 통풍을 겸비한 두 개의 조명타워는 야간에 불을 켜는 큰 등롱처럼 도모치의 야경을 수놓는다. [사진 8~10]

야츠시로 시립박물관은 도요이토의 작품으로 옛 성주인 마쯔이 집안이 소장하고 있는 각종 미술품을 중심으로 과거에서 현재까지 이르는 야츠시로의 문화와 역사를 소개하는 박물관이다. 부지는 야츠시로 성지에 가깝고 문화시설이 모여 있는 녹음이 풍부한 문

6

7

8

9, 10

교지구의 중심에 있어 부지 내의 나무들은 가능한 한 남겨두었다. 구릉 위에는 현관 홀 및 카페 등의 개방된 공간이 가볍게 걸쳐져 있는 듯 지붕 밑에 펼쳐져 있다. 금속적인 외피에 싸인 수장고는 지붕 위에 떠 있듯이 자리잡고 있으며 미래의 쇼소인으로서 박물관의 상징적인 역할을 수행하고 있다.[사진 11, 12]

구마모토시에서 남동쪽으로 50여km 떨어진 세이와 마을의 전통 인형극장 세이와촌은 지역색과 전통성을 잘 반영시켜 이시이 가즈히로가 디자인했는데 찾아오는 관광객이 15만 명을 넘으며 여기서 발생하는 수입만 연간 2억 엔이다.

세이와촌의 각 가정은 역사적인 배경으로 인해 한 두 개씩 전통인형을 가지고 있었기 때문에 그 인형들을 다 모으고 전래되어오는 이야기들을 인형극 형태로 보여주며 인형극 마을을 만들자고 계획하게 되었다. 지역풍경과의 조화, 목조건물, 오랜 시간 문화재로 남을 수 있는 건물, 이 세 가지 과제를 안고 시작된 건축물에 지역 특산품, 특징적인 문화를 담아 경제적 효과를 보고 있는 것이다. 지역 특산품을 판매하는 '물상관' 에서 일하는 사람들의 평균연령은 73세로 노인들에게 농사가 아닌 또 다른 경제수단을 제공하고 있다.[사진 13, 14]

11   12

6. 7. 파크돔
8. 9. 10. 도모치마치 문류교류센타
11. 12. 야츠시로 시립박물관 – 미래숲 뮤지엄

구마모토 현 내에는 수많은 고분군이 존재한다. 특히 이곳에서는 186점이 발견되었으며, 전국의 38%에 이르는 작품을 소유하고 있다. 현립장식고분관은 출토한 풍부한 자료를 토대로 실물 및 모형전시, 영상으로 소개하는, 전국에서 최초로 세워진 고분전용박물관이다. 실제 이고분이 자리잡고 있는 장소에 세워진 이 건물은 전방후원분(前方後圓墳)을 모방하여 현대 고분의 이미지를 나타내고 있다.

부지는 현 북부에 위치하고 있으며, 주위에는 분구의 모습, 형태의 아름다움 또한 일본에서 손꼽힐 만한 전방후원분인 후타고즈카 고분이 있는 고분군이 산재해 있다. 이 박물관은 단지 전시만을 위한 건축물이 아닌 고분군과 주변 환경을 일체된 공간으로 생각한 환경박물관이다.

방문객은 주차장에 내려 나무 숲 속의 오르막길을 따라 걸으면 건물에 도착하게 되며, 워터 커튼 옆을 통과해 옥외 계단을 오르면 시야 전체에 녹음 속의 고분군이 펼쳐지며 고대 세계의 숨소리를 자연스럽게 느낄 수 있다. 그 장소를 통하여 과거에서 현재까지 이어져오는 웅대한 시간의 흐름을 감지하게 된다. 장식고분관을 가기 위한 나무계단은 세심한 손길로 작업을 했다고 한다. 그 위를 올라가면 시간의 흐름이라는 계단이 보인다. 계단이 아닌 경사로를 이용하여 서서히 고분을 즐기면서 내려 갈 수 있는 여유와 끊어지지 않는 연속감을 느낄 수 있다.

안도 다다오의 건축에서 항상 볼 수 있는 빛의 유입이 이 건조물의 특징이다. 건물의 모서리 모서리에 창들을 놓아서 건물이 어두워지지 않도록 하고 있고 주변 부속건물이 모두 고분관에 연결되어 있어 모두가 '하나'의 느낌을 준다. [사진 15]

구마모토 아트폴리스의 공공시설물

우시부카 하이야대교는 우시부카의 어업기지인 서쪽의 신 어항과 국도 266호선을 이어주는 연락대교로 구마모토 아트폴리스로 인해 아름다운 건조물로 완성되었다. 파리의 퐁피두센터를 설계한 렌조 피아노가 작은 섬마을을 위해 하이야대교를 설계했다. 길이 885m의 다리는 700개의 방풍막 설치로 은빛 비늘을 뽐내는 날렵한 물고기의 모습을 하고 있다. 투명방풍스크린이 보행로 옆에 설치되어 있어 바람을 맞지 않으면서도 바다 풍경을 감상할 수 있다. [사진 16]

야베마을은 석교문화지역으로 국가의 중요문화재인 쯔우준교오오우를 비롯하여 수많은 귀중한 돌다리가

13. 14. 전통 인형극장 세이와 촌
15. 현립장식고분관
16. 우시부카 하이야대교
17. 18. 아유노세대교
19. 다마나 전망관

남아 있는 곳이다. 깊이 140m의 V자형 미도리카와 계곡을 건너는 아유노세대교의 모습은 자연환경의 조화를 배려하면서도 의외성을 느끼게 하는 참신한 구조를 가지고 있다. '다리가 있는 풍경'을 목적으로 계곡의 한쪽 편은 개방되어 있고 반대편은 산과 계곡의 사면 중간쯤에 바위로 둘러싸여 사장교와 V자 교각을 맞춘 불균형적인 형태의 이미지로 지형에 어우러지게 했다.

절벽 표면에는 바위가 노출되어 있고, 거기에 콘크리트 텍스추어가 자연스럽게 드러나 있다. 또한 사장교에서의 분위기 같은 긴장감을 강조하였고, 깎아진 듯 솟은 계곡의 엄숙함도 느끼게 한다. 아유노세대교에서는 '다리를 건너는 것'과 더불어 다리와 다릿목에 만든 광장에서 '계곡의 풍경을 바라보는 것' 또한 중요시되고 있다. [사진 17, 18]

다나마 전망관은 건축가 다카사키 마사하루라의 독특한 형태와 아름다운 주변경관이 잘 어우러진 언덕 위의 휴식처라 할 수 있다. 1992년에 지어진 이 전망관의 개념은 살아있는 환경생명체로서의 건물이었다. 타나바의 발전을 기원한다는 세 개의 화살과 건물에서 유일하게 하얀색 페인트를 칠해놓은 부분, 구름 모양을 만들어 놓은 것 같기도 한 하늘을 향해 펼

15, 16

17

18

19

처진 수평선은 전망대이자 지역의 랜드마크라는 특수성 때문에 가능한 형태이다. [사진 19]
수평으로 펼쳐진 전원풍경 안에 거대한 스케일의 규슈 신간센 역이 건설되었고 그 동쪽 출입구 광장에 그를 위한 조그만 모뉴먼트(기념물, Monument) 기라리가 있다. 유리섬유를 혼합한 콘크리트 안에 철근을 넣어 만든 높이 6.3m, 아래 부분의 삼각형은 각 변이 8m, 10m, 13m인 구조물이다. 이는 내부 공간을 지닌 벽과 지붕이라는 건물 같은 부재와 스케일로 만들어져 있다. 벽과 지붕에 뚫린 무수한 구멍이 보이는 거리에서는 그 표점이 일변한다. 벽과 지붕은 특수한 콘크리트로 만들어져 있어, 일반 철근콘크리트 구조에 비해 두께가 지극히 얇아 종이로 만든 가벼운 구조물이 놓여진 것 같이 보인다.
내부에는 구멍으로부터 일광이 내리쬐어 둘러싸여져 있으면서도 밖에 있는 듯한 느낌과 함께 쉴 수 있는 장소가 된다. 전체적으로 크고 작은 4500여 개의 네모진 구멍이 뚫려 있으며 안에 들어가면 내리 쏟아지는 '나뭇잎 사이로 비치는 햇빛'이 반짝반짝 빛나 보이는 것으로부터 '기라리(반짝)'라는 이름을 붙였다고 한다. [사진 20, 21]

구마모토 아트폴리스의 공동주택단지

현에서 운영하는 현영 류자비라 단지는 구마모토시의 동부에 있는 국도 57호선 히가시에 인접한 조용한 주택가에 있던 목조단층단지를 재건축한 것이다. 이 단지는 '모여서 삶'이라는 주민의 공동의식을 키우면서 지역에 대해 폐쇄적이지 않는 '장소'가 공동 테마이다. 또 전면도로에 대하여 건물의 높이를 낮게 함으로써 택지주변 거리의 풍경과 연결성을 꾀하고 있다. 크고 작은 두 개의 삼각형을 조합한 것 같은 불규칙한 택지를 유효하게 이용하기 위해 두 종류의 건물타입으로 구성되어 있는데, 하나는 평면적으로도 기러기가 무리를 지어 날 때와 같이 비스듬히 줄지어져 넓은 테라스를 겹친 계단식 타입이고 다른 하나는 전면도로와 단지 내를 시각적으로 연결시켜 주변과의 일체화를 꾀하기 위해 1층을 전부 필로티(Pilotis)로 만든 타입이다.

모든 가구는 이 두 개의 건물에 의해 만들어진 안뜰을 통해 들어간다. 계단-복도-테라스-현관-LDK에 이르기까지 개방형으로 서로 연결되어 있는데 이는 상호가 서로를 느끼는 가운데 집단생활 의식이 자라나게 될 것에 대한 기대를 반영한 것이다. [사진 22, 23]

현영 호타쿠보다이이치 단지는 1991년 8월 야마모토

20
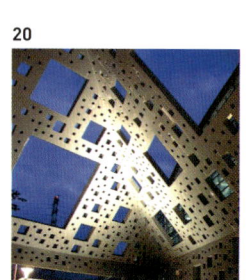

22

22, 23

리켄이 설계한 저소득층의 현대풍 공동주택으로 한 달에 1~2만 엔의 임차료를 내면 평생 살 수 있다. 가운데 넓게 자리 잡은 정원을 사이에 두고 'ㄷ자' 형태로 건물이 배열된 것이 특징이다. 주민간의 익명성을 타파하여 상호작용을 하는 것을 목적으로 하는 지역 나름의 개성이 묻어나는 건조물이다. [사진 24]

랜드마크의 요소가 있는 현영 오비야마 A단지는 구마모토 아트폴리스 참가 프로젝트 중 최초의 설계공모로 채용된 설계안이다. 세 개동으로 구성되어 있고 주동을 연결하는 스카이워크는 건물에 새로운 활력을 주고 있다. 각 동은 10종류의 각기 다른 구조의 주택이 복잡하게 조합되어 있고 중간층은 기둥만으로 설계되어 광장으로 이용될 수 있다. 그 광장들은 공중에 떠있는 접근로인 스카이워크로 연결하여 건물의 회유성을 높였다. 옥상에는 아치모양의 차양을 설치해 근접해있는 '호타쿠보 제1단지'의 차양과 일체감을 보여준다. [사진 25]

구마모토 시영 신지 단지 재개발계획은 구마모토 아트폴리스 최대 규모를 갖추고 있다. 여기서 다섯 명의 건축가가 하나의 공통된 생각을 바탕으로 각각의 개성을 최대한으로 발휘한다는 것을 전제로 프로젝트가 추진되었다.

24

25

20. 21. 신야츠시로 역앞 모뉴먼트 기라리
22. 23. 현영 류자비라 단지
24. 현영 호타쿠보다이이치 단지
25. 현영 오비야마 A단지

26. 신지 공동주택단지 A블록
27. 신지 공동주택단지 B블록
28. 신지 공동주택단지 C블록

27, 28

신지 공동주택단지 A블록은 기존 거주자의 재입주를 위해 될 수 있는 한 기존의 지형을 비롯해 돌담의 형태와 전 통로패턴 등을 그대로 남기도록 배려하였다. 전체 길이 170m의 5층 건물이 양 날개의 역할을 맡고, 그 안에 정원을 둘러싸고 있는 2, 3층의 낮은 건물을 배치함으로써 외부 공간의 길이가 비교적 높은 주택구역을 구성하도록 하였고, 저층아파트와 비슷한 디자인을 5층에 넣어 주변의 주택구역과 스케일의 연속성과 통일성을 유지하고 개방적인 느낌을 주었다. [사진 26]

광장을 중심으로 선대칭과 두 개의 주택동이 마주 보도록 건설된 신지 공동주택단지 B블록은 거실을 광장에 접하도록 배치하였다. 전체를 극장으로 해석하여 주택동을 객석, 그 사이의 산책로를 무대로 풀이하였다. 산책로에 접한 방이 전부 공공구간이 되어 목욕탕, 화장실 등을 중앙에 집약시켰다. 모든 계단을 산책로에 직결시켜 가족 간, 단지 내 주민 간, 그리고 가까운 주민과의 교류를 원만히 하였다. [사진 27]

신지 공동주택단지 C블록은 동서 1km 정도의 길고 광대한 부지 중앙에 위치하고, 서지역과 동지역을 연결시키는 것과 같은 주택동이 굴곡으로 이어져 있다. 이 단지는 지역부흥의 거점으로 이용되도록 도시에

남은 적은 부지를 지역에 개방하였다. 재개발전 주민들의 주택환경을 형성하였던 '좁은 대화의 공간'을 재현하기 위해 북쪽 복도에서 계단을 연결하는 부분에 정원과 같은 이미지의 공간을 만들어주어, 그 공간을 통해서 거실과 테라스로 연결하는 일체감을 중요시하였다.[사진 28]

일찍이 이 지역에는 긴 세월에 의해 우거진 식물과 더불어 살고 있는 사람들에 의해 독특한 분위기와 공간을 창출한 시영주택이 계단식으로 세워져 있었다. 그 공간 속에서 느낀 따뜻한 동남아시아 지역과 같은 개방적이고 독특한 분위기와 에너지에 대한 기억을 이 주택동 속에 형태와 색깔로써 표현하고 있다. 종래의 공영주택은 계단 주위가 어둡고 어수선하였으므로 이 문제를 해결하기 위해서 신지 공동주택단지 D블록에서는 계단을 외부에 설치하였으며, 이에 따라 주택동 가구의 입구를 알기 쉽게 표시하는 사인역할과 동시에 북쪽 측의 풍경을 즐기면서 가정으로 들어가도록 유도하는 역할도 한다.[사진 29]

신지 공동주택단지 E블록은 유일한 3층 건물로 주위의 낮은 주택들과 어울리는 크기를 채용하였다. 저밀도의 플랜을 채용함으로써 편안한 대화의 장소인 광장을 제공하고 있고, 주변 주택지와 접하고 있는 단지 중앙에는 두 번째의 집회소를 설치하여 단지 주민 이외에도 이용하기 쉽도록 배려하였다. 가구와 가구 사이에 샛길을 형성하였고 이전의 자연풍경을 반영한 광장을 둘러싸고 있다. 플랜은 L형으로 거실 양면의 개방이 가능하고 지역주민의 스케일에 친숙하기 쉬운 유니트로 인식되도록 단락을 짓고 곡선으로 변화를 주었다.[사진 30]

우리가 열어야 할 공공의 신세계

앞서 살펴본 일본의 구마모토는 미나마타 병이라는 현의 나쁜 이미지를 구마모토 아트폴리스 정책으로 쇄신하여 지역문화를 새로 쓴 좋은 예이다. 구마모토는 이 아트폴리스를 통해 후세에 남길 수 있는 문화적 자산과 새로운 생활문화를 창조하고 지역으로의 파급효과를 창출하여 현 내의 전 지역으로 확산해 나가고자 한다. 이는 구마모토 아트폴리스의 목표이자 진행 중인 역사라고 할 수 있다. 우리는 구마모토 아트폴리스에서 섬세하면서도 적극적이고 혁신적인 개발을 배워야 할 것이다. 사실 그에 앞서 우리에게는 해결해야 할 현안문제가 너무 많다.

무엇보다 학연이나 지연에 얽매인 인사제도와 1994년 성수대교 붕괴, 동 년도의 아현동 가스폭발사건,

29

30

1995년 삼풍백화점 붕괴사건 등 부주의와 부실시공, 시공가격에 대한 불신 등이 난무한 이 시대의 문제점을 바로잡아 나쁜 인식에서 벗어날 수 있어야 할 것이다. 또한 나라의 역할로는 모호했던 업무영역을 일관성 있는 중앙부서의 업무로 추진하여 효과적인 관리가 필요하다. 또한, 디자이너에게 기대되는 역할로서 시각 공해물로 전락해버린 사인물들, 정돈되지 않은 오브제들(시설물), 도시문화에 비해 낙후된 공공기관들은 장인의 손길이 닿은 새로운 시각의 건조물로 재창조되어야 하며 마지막으로 공공시설 사용자인 시민들에게 주인의식을 함양시켜야 한다. 지금은 시민의 질적 수준에 맞는 디자인과 다양한 목소리를 담을 수 있는 공공디자인 개념을 통해 선진화된 새로운 문화를 창출해야 할 때이다.

이로 인해 편리와 미를 겸비한, 지역을 상징할 수 있는 랜드마크적 건조물이 탄생될 것이고 한 지역을 명소로 이끌어낼 수 있을 것이다. 독자적이고 창조적인 생활공간의 도시설계 및 환경설계운동을 통하여 그 지역을 명소화시켜 외국인 유치뿐만 아니라 도시민에게도 흥미로운 도시로 다가가 관광산업에 활성화를 가져오는 결과물을 만들어낼 수 있으리라 생각한다.

각자가 책임의식을 갖고 역할을 수행한다면 그때에 비로소 예술과 문화가 공존하는 도시가 될 것이며 한 국가의 이미지를 결정하는 중요한 요소가 될 것 이다. 더 나아가 역사적인 문화유산으로 자리매김하여 국가의 선진화를 가져오는 초석이 될 것이다. 새로운 발상과 새로운 인재를 발굴하여 공공공간과 공공시설에 새로운 정신이 반영되길 기대하며 이 글을 마친다.

배춘규
(주)씨티이안 설립 대표
한국금속공업조합 회원
대한전문건설협회 회원
실용신안등록 버스승강장 설치용 구조물
실용신안등록 승강장 기둥 설치 구조
실용신안등록 안전펜스 결합구조
실용신안등록 다용도 안전펜스 구조
산업디자인 전문회사 설립
ISO 9001:2000인증

나고야 국제디자인센터와 센트럴파크
공공을 위한 디자인에 충실한 나고야의 도시디자인

장영호 디자인서울총괄본부 공공디자인개발팀장

나고야의 부흥과 디자인도시로의 태동

21세기는 '환경의 시대'라고 불리고 있으며, 지역의 활성화, 재생을 도모하기 위한 하나의 방법으로 도시 안의 가로와 건축물, 오픈스페이스, 교통기관 등의 형태도 더욱 인간적인 스케일에 입각한 쾌적한 환경으로의 탈피가 요구되고 있다. 지금까지의 도시발전을 살펴보면, 경제성장을 기반으로 하여 '고도성장'에서 '안정성장'으로의 전환과 시대적 배경을 기반으로 하여 대량소비나 물질주의가 만연하는 많은 도시가 만들어졌으나, 최근에는 이러한 것들에 대하여 도시공간에 새로운 디자인 시스템을 도입하여 문제가 적어질 수 있는 방향으로 유도 또는 개선하고자 하는 움직임이 대두되고 있으며, 이러한 움직임의 근거가 되는 발상이 '도시공간에 대한 질적 충족'이자 '문화적 가치의 지향'이라 할 수 있다.

도시공간을 크게 나누어 보면, 건물, 택지 등의 민간 소유공간과 도로나 공원, 하천 등의 공공공간이 있다. 과거에는 도시공간의 질적 향상, 즉 도시 내의 총체적인 환경개선을 위해서 비율이 높은 도심부 내의 건물 등 민간 소유공간에 대한 규제나 유도를 추진하는 것이 궁극적인 목표였으나, 여러 가지 권리관계나 사업의 잠재력 등의 과제가 존재하고 있었기 때문에 단시일에 완성될 수는 없었다.

그에 비해 도시전체의 디자인은 100년에 걸친 계획이 필요하다고 하는 목소리도 있지만, 공공부문을 우선적으로 실시하고 정책적으로 확대해 나간다면 도시전체에 대한 디자인에 비하여 단기간 내에 완성시킬 수 있다는 장점을 얻을 수도 있다. 그것은 공공공간의 대부분은 행정판단에 따라서 용이하게 사업을 수행할 수 있기 때문이다. 더욱이 이러한 방법을 이용하여 도시공간을 선도적으로 개선해 나가는 것, 그리고 공공공간의 질적 향상을 조기에 도모하는 것 등이 도시디자인 선진국에서는 하나의 방법으로 정착되어 왔다고 할 수 있다.

나고야(名古屋)시도 도시의 존속을 걸고 디자인을 살려서 계속적으로 재생을 시도하고 있는 도시 중 하나로 1989년에 세계디자인엑스포를 유치하고 디자인도시를 선언하면서 디자인 중심 도시로 부상하였으며, 특히 도시 내에 인공적 자연공간의 도입과 공원지역 확대사업에 주력해 왔다. 또한, 디자인 도시로서 더욱 발전하기 위해 국제디자인센터를 유치하여 설립하였다.

하지만 현대사에서 보여주고 있는 나고야는 220만 명의 인구가 살며 다양한 산업의 중심지로서 일본에서 네 번째로 큰 도시로 발전했지만, 근대사에서의 나고야는 도시성장과정에서 일본의 다른 도시보다도 혹독한 과정을 거쳤다고 할 수 있다. 태평양전쟁 때에는 전시체제 하에서 무기생산을 중심으로 한 군수공업도시였던 탓에 잇따른 공습으로 인하여 시가지의 1/3이 소실되었다. 그러나 어느 곳보다도 빨리 부흥도시계획에 착수하여 100m 도로의 건설 등 도로정비를 중점적으로 개발을 실시하여 오늘날의 도시 기반이 정립되었다. 하지만 그 후에도 부흥과 급성장이 진행되고 있던 중에 1959년 이세만(伊勢灣)에 상륙한 태풍의 영향으로 사망자 1,800명, 이재민 13만 명을 기록하는 재난을 겪게 되었고, 이 태풍의 영향으로 그 후의 도시계획에서는 '무재해 도시'를 제1원칙으로 표방하게 되었다.

이러한 점에서 볼 때, 전쟁의 폐허 속에서 현대적 도시로의 변모는 여러 면에서 서울과 흡사한 과정과 고통을 지녀왔다고 할 수 있다. 나고야시는 인구 및 면적의 증가와 3차 산업의 발달과 병행하여 도시기능도 크게 변하였으며, 시민의 안전, 쾌적한 생활공간의 확보, 문화 창조, 경제적 안정, 따뜻한 지역사회의 실현 등을 목표로 하였던 종래의 시정 방향에서 한 발 더 나아가 "인간이 생활하고 활동하는 장소이기 때문에 한사람 한사람의 시민을 소중히 여기고, 인간미와 개성과 매력이 넘쳐나는 도시를 만들기 위해서도 디자인을 중요시하는 풍토 조성이 요구된다." (1989년 6월 30일 나고야시의 '디자인도시 선언문' 중에서) 라고 발표함으로써 도시의 디자인을 통한 나고야시 400년 역사와 도심의 매력을 동시에 추구해 나갈 토대를 마련하였다.

나고야의 공공디자인과 도시구성

나고야는 훌륭한 도시계획 덕분에 외국인들 사이에서도 살기 좋은 도시로 유명하다. 넓은 도로가 격자형으로 구성되어있어 쉽게 이해하고 이동할 수 있을 뿐만 아니라 매우 편리한 지하철 시스템 덕분에 외부에서 온 여행객들이 쉽게 관광할 수 있다. 도심 중심부의 100m 도로와 그 안에 길게 위치한 '센트럴파크'와 'TV 탑', 도심의 오아시스를 자처하며 웅장하게 건립된 교통 환승복합시설인 '오아시스 21', 그리고 디자인 도시를 선언하며 디자인 교육과 계몽을 진행시키고 있는 디자인 복합시설인 '나디아파크-나고야 국제디자인센터', 나고야의 랜드마크라고 할 수 있는 '나고야역 타워' 등 도시계획의 전개과정 안에 디자인 개념의 도입을 통하여 나고

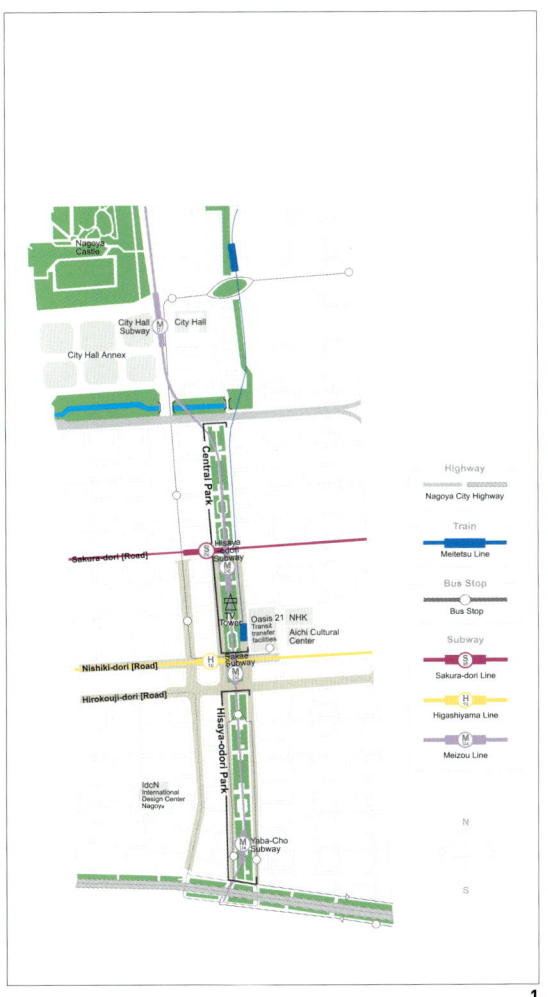

야는 차츰 디자인 도시로서의 면모를 갖추어 가고 있다. 한 예로 나고야 중심부인 사까에 지구에는 센트럴파크와 히사야오오도오리공원을 중심으로 하여 북쪽으로는 나고야성부터 남쪽으로는 와까미야오오도오리까지 잇는 거대한 인공녹지공간이 조성되어 있다. 이러한 인공녹지공간의 조성과 성공에는 시민들의 이동과 집객성을 고려한 행정조직의 장기적 안목이 큰 몫을 하였다. [사진 1]

도시화는 역사적 진화와 퇴화, 산업적 보존과 개발, 공공재적 혼란과 정비 등을 거쳐 왔으며, 현대적 도시는 이러한 과정을 토대로 새로운 도시의 정비와 디자인화를 진행함으로써 새로운 도시디자인의 역사를 가꾸기 시작했다. 이러한 상황 속에서 현대사회의 도시디자인은 크게 역사적 경관을 잘 보존한 경우, 전쟁이나 재난에 의해 부분적 또는 전체적으로 재조성한 경우, 도시화 과정에 맞추어 지구단위 정비나 재개발을 진행시킨 경우의 세 가지로 나누어 볼 수 있다.

두 번째의 경우에 해당되는 나고야는 전쟁 및 재난 극복의 한 방법으로 도시계획을 실시하였으나 당초에는 도로망의 정비가 최우선 과제였기 때문에 도시디자인을 염두에 두었다고는 볼 수 없다. 하지만 현재는 그러한 도시의 정비와 도로망 확충 덕분에 공공

1. 나고야 중심부 녹지공간과 주요 공공시설

공간의 양적인 여유를 충분히 가질 수 있게 되었으며, 일본의 어느 도시보다도 도시 내의 자연적 공간 유입에 충실하여 가로변은 물론이고, 도심이나 주택가의 가로공원 등 도심에서 자연과 친숙한 관계를 누릴 수 있는 환경이 조성되어 있다.

이러한 점에서 나고야의 공공디자인은 자연과의 친숙함을 기본과제로 하여 디자인적 요소를 도입함으로써 자연과 융화되는 도시디자인을 추구하고 있으며, 시민들에게 도시 내에서도 딱딱하거나 혼잡한 도시의 이미지를 최소화시킬 수 있는 배려를 하고 있다고 할 수 있다.

나고야 국제디자인센터

나고야 국제디자인센터(IDCN International Design Center Nagoya)는 디자인의 전문적인 영역을 체험하고 디자인에 대한 이해를 돕기 위해 광역자치단체(아이치현), 기초자치단체(나고야시), 일본정책투자은행, 민간기업 다수의 출자에 의한 제3섹터 방식으로 설립된 시설로, 디자인의 역사를 중심으로 한 뮤지엄과 차세대 디자이너 육성, 기업 등의 인재 육성, 시민의 디자인 의식 향상 등을 목표로 한 디자인에 대한 연구, 개발 등을 통하여 새

2

3

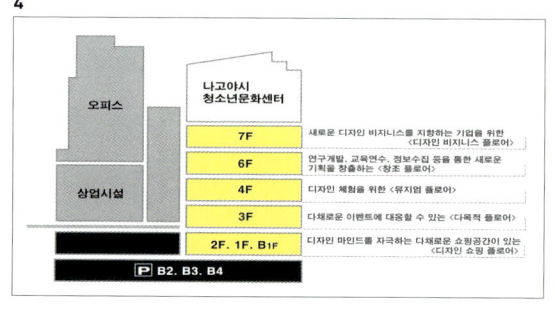

4

로운 디자인을 창출할 수 있는 공간, 디자인 비즈니스를 지향하는 공간 등을 포함하고 있으며, 일반인들의 디자인 마인드를 자극할 수 있는 쇼핑공간까지 포함하여 체험과 만남을 통해서 일상적인 디자인 교육을 이룰 수 있는 새로운 개념의 공간이다.

나고야역 타워가 생기기 전까지 나고야 TV 탑과 더불어 나고야의 랜드마크로 불리웠던 나고야 국제디자인센터는 생활과 가까운 곳에서 일상생활을 주제로 한 전시 및 판매를 통하여 시민들에게 자연스럽게 디자인을 접하고 계몽할 수 있는 시스템을 갖추고 있다. 또한 일반인을 비롯하여 디자인을 전공하는 학생들이나 전문가들까지도 자신이 표현하고 싶은 디자인 컨셉에 알맞은 디자인 재료가 구비되어 있는 쇼핑 플로어도 함께 위치하고 있어 다양한 디자인 표현이 가능하도록 도와주고 있다. [사진 2~5]

나고야 센트럴파크

센트럴파크(Central Park)는 제2차 세계대전 이후 조성된 폭 100m 도로인 히사야오도리(久屋大通り) 가운데를 남북으로 약 2km에 걸쳐 뻗어있는 공원으로, 1959년 LA시와 자매결연을 맺으면서 상호 기증방식으로 조성되었다.

2. 나고야 국제디자인센터 전경
3. 디자인 뮤지엄
4. 나고야 국제디자인센터 공간구성
5. 나고야 국제디자인센터 디자인 쇼핑 플로어

6, 7

6. 센트럴파크와 TV 탑
7. 센트럴파크 장목터널

공원 내에는 분수, 센트럴 브릿지, 꽃시계, 광장, 화단, 조각 등이 곳곳에 자리잡고 있으며, 휴일이면 이곳에서 젊은이들의 라이브 공연이 벌어지기도 한다. 이러한 자연친화 공간의 연출은 나고야시의 공공디자인 개발에 있어서 기본적인 방향이 되고 있으며, 도심 녹화공간의 확대는 앞으로도 계속될 전망이다. 또한 공원 지하에는 대규모의 지하 쇼핑가가 있고, 주위의 백화점가 및 음식점가와 함께 도심의 여유 공간을 형성하고 있다.

랜드마크로서의 고층건물 또는 구조물의 가치는 아주 큰 것이지만, 무질서하게 서로 높게만 올라가 있거나, 좁은 지역에 많은 대상이 세워져 있다면 도시디자인 면에서나 랜드마크의 효용 면에서 그다지 바람직하지 못하다. 그러나 센트럴파크의 수경시설 너머로 하늘을 찌를 듯한 기세로 서 있는 나고야의 TV탑은 자연환경과의 조화나 주위와의 대비 면에서 훌륭한 랜드마크의 역할을 하고 있다고 보인다. 센트럴파크 장목터널에서는 나고야시의 나무인 장목이 터널을 이루며 한여름의 뜨거운 햇살을 피해 시민들에게 일상의 여유로움을 누릴 수 있는 휴식공간을 제공해주고 있다. 이곳에서 시민들은 책을 보거나, 산책을 하면서 자연과의 대화도 빠뜨리지 않는다. [사진 6, 7]

오아시스21

도심 속에서 여유로움을 느낄 수 있는 매력적인 시설이 탄생하였다. 하늘에서 돌연 내려온 듯한 UFO의 형태를 한 이 시설은 유리천정과 공중산책로, 그리고 옥상 수경시설이 있고, 지하에는 이벤트 광장과 상점가, 지하인 듯한 지상에는 버스터미널, 방재용 공간이 위치하고 있고, 야외에는 잔디공원이 펼쳐져 있어 언뜻 보기에는 전혀 어울릴 것 같지 않은 기능의 조화를 이루고 있다.

오아시스21은 천정에 유리를 사용하여 거대한 시설 규모에 비하여 개방감을 느낄 수 있으며, 색채계획 또한 주위와의 이질감을 느낄 수 없을 만큼 산뜻한 색상을 사용하고 있고 우산을 쓰고 있는 듯한 지하공간은 스포츠나 작품전, 상품발표회 등 다양한 이벤트가 가능한 공간으로 조성되어 있다. 색채계획도 청량감을 느낄 수 있는 색으로 배색을 하여 한여름에는 더욱 시원한 느낌을 줄 수 있다. 겨울에는 춥게 느껴질지 모른다는 독자들을 위하여 참고로 말하자면 나고야의 겨울은 영하로 내려가는 일이 없기 때문에 걱정할 필요가 없다는 사실을 알아두어도 좋을 것이다. 오아시스21의 야외공원은 도로를 끼고 있는 주위의 NHK방송국과 아이치문화예술센터와의 연계선상에

8, 9, 10, 11, 12, 13

8. UFO가 내려앉은 듯한 형태의 오아시스21 전경
9. 우산을 쓰고 있는 듯한 지하공간의 오아시스21 이벤트 광장
10. 오아시스21의 야외공원
11. 오아시스21의 옥상부에 위치한 수경공간
12. 오아시스21의 버스터미널 사인
13. 정갈하게 정비된 오아시스21의 버스터미널 내부

위치하고 있으며, 이들 시설의 이용객에게 이동 동선의 편리성과 휴식공간을 제공하고 있다. 오아시스21의 옥상부에 해당하는 수경공간은 그 이름에 걸맞도록 오아시스를 조성하였다. 도심 속에서, 그것도 건물의 옥상에서 느끼는 오아시스 공간은 아이들에게는 더없이 신기할 것이고 도심 상부에서 여유롭게 시가지를 바라볼 수 있다는 것도 도시경관을 즐길 수 있는 새로운 시점이 되어준다.

또한 오아시스21의 버스터미널은 시설 전체의 색채계획과 동일하게 맑고 깨끗한 색을 이용하고 있는데 특히 안내 사인물은 간결한 서체와 픽토그램을 이용하여 인지성과 청결감을 느끼게 해주고 정갈하게 정비된 버스터미널 내부는 차분하게 버스를 기다릴 수 있게끔 단순하면서도 중후한 느낌으로 마감하고 있다. 특히 각 노선별 대합실에는 자동문이 설치되어 있어 대중교통수단을 이용하는 승객에게도 고급스러운 서비스를 느낄 수 있도록 해 주는 배려가 눈에 띈다. [사진 8~13]

JR센트럴 타워즈

나고야에 육로로 여행하는 사람들에게 나고야의 현관인 JR센트럴 타워즈는 큰 규모임에도 불구하고 직선과 곡선의 리듬이 사뿐하게 느껴지는 두 개의 타워와 그 타워를 지지하고 있는 중후한 하부공간이 나고야의 랜드마크를 형성하고 있다. 이 시설에는 나고야역 이외에도 호텔, 백화점, 다목적 홀, 전망대, 식당가 등이 있다.

JR센트럴 타워즈의 두 타워 사이로 보이는 하늘이 예사롭지 않은 조화를 보이고 있다. 고층빌딩에서 흔히 볼 수 있는 위압감은 전혀 느낄 수 없으며, 보는 방향이나 시간에 따라 여러 가지 표정을 보여주는 이 시설은 어쩌면 도심에 위치하고 있는 건물이라기보다는 하늘과 하나가 된 자연공간이라는 느낌이 든다는 말이 더 맞을 것이다. 또한 JR센트럴 타워즈에서 바라보이는 깨끗하게 정비된 도심경관과 그 안에서 자신의 자태를 뽐내고 있는 가로 상징물은 보는 이들로 하여금 이질감 없이 도심으로 뛰어들게끔 눈길을 끌고 있다. [사진 14, 15]

호시가오까 테라스

호시가오까(星が丘) 지하철역에 인접한 호시가오까 테라스는 계획단계에서부터 공공디자인에 대한 역할이 요구되었고, 그러한 공공에의 기여를 목표로 공사가 진행되었다. 경사진 도로 양쪽에 낮지만 정갈하게 보이는 아이보리색의 건물에는 의류 판

14. JR센트럴 타워즈에서 바라보이는 깨끗하게 정비된 도심경관과 가로상징물
15. JR센트럴 타워즈
16. 도로를 사이에 두고 양쪽으로 배치되어 있는 호시가오까 테라스
17. 주위의 색채를 고려한 색채계획의 예로 정갈하면서도 쉽게 인지할 수 있는 디자인의 방향표지대
18. 진입구의 장애인 대책
19. 건물 중앙부분에 계단을 이용한 오픈 스페이스
20. 거의 눈에 띄지 않을 정도로 최소화된 간판

매점이나 커피숍 등이 자리하고 있으며, 오픈스페이스에는 언제나 거리공연이 열릴 수 있도록 계단을 이용한 작은 공간이 배치되어 있다. 또한 잘 정돈된 정원은 쇼핑객이나 지나가는 시민들에게 짧은 시간이나마 한숨을 돌릴 수 있는 여유로움을 제공하고 있는 공간이다.

도로를 사이에 두고 양쪽으로 배치되어 있는 호시가오까 테라스는 공공공간과의 경계를 자연스럽게 흡수하고 있으며, 전체적인 색채계획에 있어서도 주위의 환경과 상업시설의 특성을 잘 융합시켰다는 점에서 도시디자인(Urban Design)의 좋은 예라고 할 수 있다. 건물 중앙부분에 계단을 이용한 오픈스페이스를 조성하여 누구라도 쉽게 퍼포먼스를 즐길 수 있도록 하고 있으며, 자연스럽게 개방감을 느낄 수 있는 계획이 일반인들을 끌어들이는 하나의 매력적 요소로 작용하고 있다. 또한 거리의 방향표지대도 주위의 색채를 고려한 색채계획에 따라 정갈하면서도 쉽게 인지할 수 있는 디자인으로 제작되어 있으며, 디자인적으로도 심플하면서 투박하지 않은 형태를 취하고 있어 세련미를 느끼게 한다. [사진 16~20]

16, 17, 18

공공디자인에 충실한 나고야

19

20

21, 22, 23, 24, 25

26 27

도심의 공공용지에 설치된 공공미술에 있어서도 자연적 요소를 도입하려는 의지가 강하게 느껴지며, 시민들은 작품이 담고 있는 메시지에 대해서 한번쯤 그 의미를 생각해볼 수 있는 여지를 가지게 된다. 전통을 지키기를 좋아하는 일본인들은 공공시설물을 이용하여 전통적인 문양을 새겨 넣기도 한다. 또한 나고야는 2007년 7월부터 시민들의 왕래가 많은 지역을 중심으로 나고야시내의 4개 지구가 노상금연지구로 지정하였고 노상금연지구로 지정된 거리의 노면에 사인물을 부착하여 표시를 하고 있다.

공공시설물에 개방감을 부여한다는 것은 사람들에게 자연스럽게 접근할 수 있도록 유도시키는 중요한 요소 중의 하나이다. 일례로, 어쩌면 심리적으로 쉽게 접근하기 힘든 시설로 느껴지는 파출소 시설에 경찰관의 경례모습을 형상화시킨 디자인을 도입함으로써 시민들에게 친숙한 공간으로 이미지전환을 시키는 위트를 보이기도 했다. 또한 색채에 있어서도 백색과 유리를 조화시킴으로써 도시 구성요소로서의 청결감을 부여하고 있다. 건물 벽면에 최대한 많은 정보를 게재하려는 것이 상업시설의 한 단면이라 할 수 있으나, 나고야에서는 최소한의 면적을 할애하고 임팩트를 준 광고물을 설치함으로써 오히려 인지성과 광고효과를 높이고 있다. [사진 21~27]

나고야의 도시디자인은 자연과의 친근감을 느끼도록 하는 디자인에 중점을 두고 있는 것처럼 많은 것에서 자연요소의 도입이 눈에 띤다. 따라서 현대적 도시에 대해서는 흔히들 회색 도시라는 말을 많이 하지만, 필자가 느끼는 나고야는 한마디로 녹색 도시라고 말하고 싶다. 그만큼 공원이나 녹지가 많으며, 나고야의 아름다움을 연출하는 핵심에 있는 것이 공원 및 녹지라고 할 수 있다. 나고야에는 그러한 것 이외에도 주변 상황과 융합하는 디자인이나 시민들에 대한 배려 등을 많이 엿볼 수 있다.

21. 도심의 공공용지에 설치된 공공미술
22. 통행인의 수를 예상하여 폭을 충분히 확보한 보도
23. 전통적 성곽모양의 나고야시청역 출입구
24. 노상금연지구로 지정된 거리의 노면에 부착된 사인물
25. 개방감을 부여한 공공시설물
26. 경찰관의 경례모습을 형상화시킨 디자인을 도입한 파출소 정면
27. 최소한의 면적에 임팩트를 빅 카메라 나고야역점의 광고물

장영호
서울특별시 디자인서울총괄본부 공공디자인개발팀장
일본 쿄토세이까대학 대학원 예술학석사
일본 국립 나고야대학 대학원 건축학박사
국립중앙박물관 개관사업에 참여
한국문화관광연구원 '경주역사문화도시조성 기본계획 및 타당성검토' 프로젝트에 참여

공공디자인 정책과 도시 디자인

일본의 공공디자인
동경과 요코하마

고경실 제주시 문화관광스포츠국장

도시디자인은 어디서 출발하고 있는가

공공디자인은 도시이미지 창출을 위한 전제적 조건이라고 하고 있다. 따라서 공공디자인의 개념은 시설과 공간에 대한 여러 부문의 계획과 디자인을 포함하며 시각적 인쇄 자료에서부터 가로장치물, 건물내부와 외부의 주요 공공디자인 조명과 조경, 건물주변의 외부 공간, 그리고 대상에 따라서는 주변의 도시맥락과 경관디자인까지를 포함한다고 호남대학교 산업디자인과의 송진희 교수는 말하고 있다.

도시이미지는 인간이 도시의 각 부분을 자신과 연결하고 인식하는 과정에서 정형화한 이미지라고 정의할 수 있으며, 쾌적한 도시개발 잠재력을 완전하게 실현하고자 하는 도시개발 분야에서 필수적이며 결정적 요소라고 할 수 있다. 진정한 지역이미지는 그 지역의 삶의 내용이 투사되어 형성되어야 생명력이 지속되는 것이며 과장 광고와 같은 허상의 도시이미지 캠페인은 단기적으로는 약간의 도움이 될 수 있어도 장기적으로는 많은 부작용만 초래하게 될 것이다.

문교부장관을 역임한 이어령 씨는 21세기의 화두를 3D, 즉 디지털(Digital), DNA, 디자인(Design)이라고 말하고 있다. 이제 도시의 경쟁력을 높이기 위해서는 디자인에 대한 인식을 높이지 않으면 힘들어지는 시대가 왔음을 구체적으로 지적하고 있는 것이다. 우리 인간이 추구하는 도시란 개성을 살리고 역사를 간직한 도시, 시민의 문화적 삶의 질을 향상시킬 수 있는 환경을 갖춘 도시, 아름답고 여유 있는 공간을 갖춘 도시, 그리고 도시정책과 문화정책이 연계되어 문화예술의 도시를 활성화하는 데 기여하고 있는 도시라고 할 수 있다. 보다 쉽게 접근해 보면 인간의 소득수준이 점점 향상되면서 내적 외적 이미지에 대한 인식이 높아지고 있다.

옷을 선택할 때에도 기능성과 심미성을 꼼꼼하게 따져 보고 자신의 이미지를 새롭게 형성하기 위해 과감하게 투자하고 있음은 이미 누구나 알고 있는 사실이다. 따라서 의상 디자이너의 위치가 확고해지게 되고 이미지의 정체성을 갖게 해줄 수 있는 의상 디자이너들은 일군의 유명인사가 되기도 한다.

등 따시고 배부른 것만을 생각하던 것이 이미 우리의 시대와는 무관하게 된지 오래다. 옛날 '나물 먹고 물 마시고 팔 베고 누웠으니 대장부 사는 것이 이만하면 족하다'고 읊조리던 시대를 기준으로 한다면 할 말이 없지만 지금은 개인은 물론 도시도 경쟁력이 있어야 한다. 시민들이 살고 싶어 하는 지역이 되었을 때 그 도시는 가치가 높아지고 경쟁력을 가지게 된다.

따라서 도시디자인에 대한 인식을 새롭게 하지 않으면 경쟁에서 뒤떨어지는 도시가 될 수밖에 없다.
개인 한 사람의 입장에서 보면 그 사람의 이미지가 어떻게 구축되었느냐에 따라 신용도가 결정되고 그 사람의 가치가 매겨져서 연봉이 얼마니 하는 경제적인 규모까지도 평가하게 되는 것이다. 옷매무새를 어떻게 할 것이며 지식수준이나 국제환경에 대한 대응능력 등등 자기계발에 대한 치열한 노력이 무한히 요구된다고 볼 수 있다. 이러한 관점에서 우리가 살고 있는 도시를 어떤 모습으로 만들어가야 품격을 높이고 명소로 거듭나게 할 것인가를 짚어봐야 할 때라고 하겠다.

일본 디자인을 통해 본 우리의 현실

이번에 한국 공공디자인학회의 일정으로 전문교수의 안내를 받으며 제주시 도시건설국 직원들과 함께 일본의 동경과 요코하마의 도시 공공디자인 현장을 둘러볼 기회를 가졌다. 예전 같으면 해외 벤치마킹 프로그램을 통해서 관광지와 문화유적지의 유람을 겸하여 도시문화를 체험했겠지만 이번 시찰은 철저하게 도시 스카이라인과 도심 재생현장을 돌아보고 길가에 배치된 가로등, 휴지통, 간판, 조명, 건축물 하나하나를 자세히 관찰하면서 우리나라 도시와 장단점을 비교해 봐야 하는 꽉 짜인 일정이었다. 그러다보니 재미있고 신나는 시간은 아니었지만 진지하고 보람 있는, 도시에 대해 애정을 가질 수 있는 시간이었다고 생각한다.

동경과 요코하마는 우리 도시의 현실과는 매우 달랐다. 동경은 인구 1,200만 명, 요코하마는 360만 명인데 이 두 도시는 그 많은 인구가 살고 있는 도시라고 느낄 수 없을 만큼 한산하고 조용한 분위기를 가지고 있었다. 도시 어디에서도 현수막 하나를 발견할 수 없었고 아치나 탑 등도 눈에 들어오지 않았다.

지진과 태풍에 시달려 온 일본은 바로 그 때문에 세계 최고의 건축기술과 건조물 구축력을 가지게 되었다고 한다. 도심 곳곳에서 작은 것에 대한 배려를 발견할 수 있었고 어느 하나가 두드러져서 전체의 조화를 깨뜨리지 않고 모든 것이 주변과의 조화를 우선으로 배치되어 있었으며 간판이나 조명등도 건물의 회색빛에 통합되어 고급스러운 분위기를 자아내고 있었다.

가로등 주변 건물, 건물과 가로등, 가로등과 교통표지만, 교통표지판과 교통신호등, 쓰레기통, 상점의 간판, 전주대, 도시 안내도, 화장실, 사인보드, 가로수, 화분, 인도의 블록, 건축물과 건축물의 연결로 등

모든 요소를 통해 세심한 배려와 완벽한 마무리를 보여주고 있다. [사진 1~5] 우리나라 거의 모든 도시에서 그렇듯이 건물주 혹은 사업주가 원하는 대로 최대한 자신의 간판을 크고 화려하게 내걸어 거리가 마치 총 천연색의 간판 전시장이나 휘황찬란한 조명 전시장인 것처럼 착각하게 하는 모습은 볼 수 없었다. 요코하마의 부두에서 도시를 조망해 보면 도시 전체가 하나의 예술작품처럼 통합된 생명력과 예술성을 가지고 있다.

한 가지 아쉬운 점은 유럽 도시문화를 유입하다 보니 동양적인 아기자기한 멋스러움을 잃고 있는 게 아닌가 하는 것이다. 또한 하네다 공항 입구에서 도심까지 가는 길에 경험할 수 있었던 잔디, 쓰레기 처리 상태, 꽃과 나무의 식재 등을 보면서는 우리나라 제주시가 앞서가고 있다는 자부심에 흐뭇하기도 했다.

요코하마에서 볼 수 있었던 여러 요소들을 바다와 한라산 그리고 섬이라는 특수성에 맞추어 제주시 도심에 적용시켜 봄으로써 도시를 활성화시켜야 한다는 필요성을 절실히 느꼈다. '제주 자연자원의 소재를 이용한 도심이미지 창조를 위한 연구' 같은 것이 그 예가 될 것이다.

요코하마를 아시아에서 공공디자인을 잘 발전시키고 있는 도시로 꼽는 학자들이 있다. 요코하마는 동경에서 서남쪽으로 약 30km 떨어진 지역에 위치하며 18개 구로 나뉘고 362만 인구에 153만 세대가 살고 있는 일본 제2의 항구도시이다. 1859년 바쿠후 말기에 개항하여 서양문물을 받아들인 관문의 역할을 했으며 그로 인해 이국적인 정서가 배어있는 도시로 유명하다. 요코하마는 1965년에 구상하여 1983년에 착공한 21세기 미래도시의 모습을 계획하고 있는 대규모 도시개발 프로젝트인 미나토미라이 21 사업의 대상도시로서 요코하마의 자립성을 확립하고 항만기능을 질적으로 향상시키며 수도권의 업무기능을 분담한다는 목적을 가지고 지속가능한 발전사를 써내려가고 있다.

미나토미라이 21은 항만과 임해의 중간지역으로서의 설계와 디자인, 배치 활용과 이용 현황, 범선, 촌마루, 해양수족관 등 우리가 배워야 할 부분이 많은 사업이라고 할 수 있다. 그리고 30년 전부터 행정조직 내에 도시조정국 산하 도시디자인실을 두어서 도시개발 속에 공공디자인 전략을 축적하고 있다는 좋은 선례를 우리에게 보여주고 있다.

이 글에서는 요코하마의 페리터미널을 중심으로 공공디자인에 대한 사례를 살펴보려고 한다. 이 페리터미널은 1996년 열렸던 페리터미널 설계 현상에서 FOA(Foreign Office Architects)의 부부 건축가

1. 요코하마의 버스 쉘터
2. 요코하마의 맨홀 뚜껑 디자인
3. 요코하마의 거리 조경
4. 요코하마 보도블록의 맨홀 뚜껑 디자인
5. 요코하마의 가로등
6. 7. 요코하마의 페리터미널
8. 페리터미널에서 본 요코하마
9. 동경의 롯본기 힐즈

알레한드로 자에라 폴로(Alejandro Zaero Polo 스페인 출생)와 파시드 모사비(Fashid Moussavi 이란 출생)가 당선됨으로 세계적으로 주목을 받게 되었다. 동물과 식물의 유기적인 형태를 컴퓨터 기술에 의해 실제로 구축한 이례적인 프로젝트로서 대부분 부두에서 흔히 찾아볼 수 있는 나무와 금속을 소재로 하였고 2002년에 완공되었다.

프로젝트의 주된 출발점이 되고 있는 정원은 요코하마의 시민들과 요코하마의 외부에서 온 사람들 사이의 매개체가 되어주며 시민과 외부의 방문객, 산책자, 비즈니스맨, 관람객 등 서로 다른 목적을 가지고 이곳에 온 사람들을 이어주고 끊어주는 3차원적인 분기점이 되고 있다. 막힘이 없는 동선체계는 일련의 루프에 의해 형성되었고 다양한 제안들은 분기점을 통해 극대화되었다. 종이접기처럼 보이는 지표면은 벽, 바닥, 천정의 구분을 없애 주었고 역동적이면서 유연성을 강조한 표면이자 공간을 이루며 건물을 관통하는 동굴을 생성할 뿐 아니라 구조적인 강성까지 제공하는 주름진 구조를 가지고 있다. 이 건축물은 건축물이라기보다 도시의 연장으로서 하나의 공원이자 풍경이 되는 디자인으로 완성되어 있다. [사진 6, 7]

공공시설물은 설계로부터 시공은 물론 일본사람들의 투명성에 이르기까지 다양한 많은 모습을 보여주고 있다. 착공 당시와 다르게 시공 과정에서 추가되는 공사비 지급을 당연하게 받아들이는 시공업체, 모든 과정을 전적으로 믿고 맡기는 해당관청의 신뢰도, 우리나라 업체를 포함한 최고로 집적된 기술, 그리고 도시의 랜드마크를 세우기 위한 열정, 이런 것들은 단지 페리터미널의 공공디자인에서만 볼 수 있는 것은 아니었다. 도시 전체에서 느낄 수 있는 공공디자인은 요코하마를 인간이 추구하는 살고 싶은 도시로 만들기에 충분했다.

오늘날에는 모든 것들이 기능과 더불어 디자인을 요구한다. 핸드폰도 그 기능보다 디자인이 더 큰 경쟁력이 되고 있고 우리가 입는 옷도, 우리가 살아가는 주택도, 우리가 하루 세끼 먹고 있는 음식도 마찬가지로 디자인이 기능을 앞서가는 추세이다. 디자인의 중요성이 부각되는 이 시점에서 디자인에 대한 관심을 늦출 수 없다는 생각을 하게 되었다.

끝으로

배움의 길에는 끝이 없다고 한다. 다소 늦은 감이 있지만 지금부터라도 우리나라 도시들이 공공디자인의 필요성을 느끼고 관심을 가진다면 머지

6

7

8

않아 새로운 도시문화를 창조해낼 수 있으리라 믿는다. 우리나라 공공디자인에는 무엇보다도 요란하게 눈에 띄는 디자인에서 전체적인 조화를 이루는 디자인으로, 나만을 위한 디자인에서 우리를 위한 디자인으로 변화해가는 것이 필요하다고 생각한다.

사회는 결코 개인의 전유물이 아니며 그럴 수도 없다. 전체적인 조화를 깨뜨리는 디자인은 디자인이라기보다 오히려 도시경관을 해치는 흉물이라고 해야 할 것이다. 따라서 도시의 공공디자인에서 가장 요구되는 조건은 주변과의 조화라고 할 수 있다.

요코하마의 도시건물은 한마디로 회색 빛깔이다. 그러나 곡선이 빚어내는 라인은 눈에 전혀 거슬리지 않았다. 기존의 건물들의 특징을 잘 살려내면서 도심에 조화를 이루어내려 했던 노력 역시 가상하게 보였다. [사진 8] 디자인 운동을 시작한지 30년, 한 공무원이 평생을 바쳐 하나하나 고쳐 나감으로써 오늘날 아시아 전역에서 공공디자인이 가장 잘 된 도시로 평가받고 있으며 연간 3,200만 명에 달하는 관광객이 찾아드는 명소가 되어 있는 것이다. 요코하마의 거리 그 어느 곳에서도 현수막은 찾아볼 수 없었고 가로등, 가로조경, 간판, 표지판 등 모든 공공디자인의 요소가 색깔과 형태의 조화를 이루고 있었다. 동경에서는 도심재생운동으로 성공한 사례를 두 세 지역 볼 수 있었는데 한 지역의 사업에 약 3조엔 정도의 경비가 투자되었다. [사진 9] 그 수명이 얼마나 될지는 알 수 없지만 끊임없이 재창조되고 있는 도시의 생명력은 주기가 짧아지고 있음은 분명하다. 상생하면서 함께 만들어가는 도시, 그곳이 살기 좋은 도시이며 살고 싶은 도시라고 할 수 있을 것이다. 도시의 공공디자인은 또 다른 경쟁력으로 세계시장을 향해 나가게 될 것이다.

9

고경실
제주특별자치도 문화관광스포츠국장
제주대학교 행정학과 졸업
제주대학교 행정대학원 행정학과 행정석사
제주대학교 일반대학원 관광개발학과 박사과정 수료
지방부이사관(제주시 부시장)
제주시 자치행정국장, 제주도 자치행정과장

요코하마 공공디자인이 걸어 온 길
일본 제2의 도시, 세계의 도시로 발돋움하기까지

송주철 송주철공공디자인연구소 소장

두 개의 거대한 지표가 연이어 나타나고 있다. 첫 번째 변화 지표는, 새천년이 2,3년 지난 즈음에 인류사상 최초로 세계 60억 인구의 과반수가 도시에 살게 되리라는 것이다. 이미 세계의 도시인구는 매년 6,000만 명 이상 증가하고 있고, 이는 영국이나 프랑스 전체 인구에 해당하는 수치이다. 두 번째 변화의 지표는 국제연합의 추정에 의한 것인데, 2000년에서 2025년 사이에 세계의 도시인구는 24억(1995년)에서 50억으로 두 배가 되고, 도시화율은 47%에서 61%로 증가하리라는 것이다.[1]

이러한 추세는 우리나라의 경우도 예외는 아니다. 산업화에 따라 도시와 그 주변부가 급속히 확장되는 스프롤(Sprawl) 현상, 그에 따른 도시로의 급격한 인구집중화에 비해 사회적, 경제적으로 그것을 흡수하기에 부족한 과잉도시화가 진행되면서, 그 동안 잠재된 문제들이 하나 둘씩 나타나 심각한 문제로 부상했다. 그래서 우리의 도시가 경고등을 켜고 그 심각성을 알리는 사이렌을 울리고 있다. 이러한 현상 외에도 우리의 도시들은 구조적인 문제를 안고 있는데, 그것은 워낙 늦은 근대도시로의 출발과 625 동란 후 급조되어 형성된 비계획적 도시 형태를 띠고 있다는 점이다.

이러한 가운데 최근 국가경쟁력이 국가단위사회에서 지역단위사회로 옮겨가고 있다. 지방자치단체들은 중앙정부로부터의 완전한 독립이 요구되고 있으며 '자립'이라는 무거운 짐을 지고 있다. 그동안 방치되었던 도시의 문제를 공론화하고 정체성을 확보하여 살기 좋은 도시를 만드는 일은 거주 시민의 정주조건을 개선하고 삶의 질을 높임과 동시에 지방자치단체가 자립화 기반을 마련하는 방안이기도 하다.

이 밖에도 삶의 단위가 국가가 아닌 지구촌으로 확장되는 국경 없는 사회, 그리고 국가 간에 물자 및 인력과 정보가 자유롭게 이동되는 세계화(Globalization)는 우리의 도시에 새로운 변화를 요구하고 있다. 국제적인 경쟁력을 갖춘, 정체성이 확실한 도시는 전 세계 도시와 우리의 도시에 공통적으로 요구되는 과제임과 동시에 시대적 주문이기도 하다.

세계적으로 활발히 진행되고 있는 도시 가꾸기는 기존 도시에 내재된 다양한 문제를 해결하고 이를 토대로 도시를 디자인하는 일이다. 이런 도시디자인의 많은 영역을 공공디자인에서 담당하고 있다. 그리고 최근 수도 서울을 비롯한 우리나라 여러 지방자치단체가 도시와 관련된 공공디자인 프로젝트를 계획하고 있거나 시행하고 있다. 그러나 우리나라의 공공디자

1  2

1, 2. 요코하마 전경

인은 이제 막 첫 삽을 떴다. 앞으로 전개될 도시 공공디자인이 성공적인 성과를 거두기 위해, 우리에게 적절한 도시디자인의 검증된 사례와 선진적 방법론은 좋은 길잡이가 될 것이다.
따라서 가까운 일본 요코하마[2]의 도시디자인 사례를 공공디자인의 관점에서 간략히 소개하고자 한다. 요코하마가 일본 제2의 도시 그리고 세계적인 도시로 발돋움하기까지 그 과정은 그리 순탄하지만은 않았다. 요코하마의 도시생성과 발전과정을 이해하기 위해서 우선 어떤 과정을 거쳐 도시를 개발했는지 살펴보기에 앞서 요코하마의 지난 역사를 간단히 개략해 보고자 한다. [사진 1, 2]

폐허 위에 피어난 매력의 도시

1854년, 에도시대(江戶時代, 1603-1867)가 서서히 막을 내리고 있을 즈음, 일본은 서양 함대의 위용에 놀라 오랫동안 계속된 쇄국의 긴 잠에서 깨어난다. 1854년은 일본에게 있어 역사의 한 단원을 넘기고 근대화의 문을 여는 새 역사의 한 페이지를 시작하는 해였다. 새 역사의 한 페이지는 1854년 6월 3일 미국 동인도 함대 사령관 페리(M. C. Perry)의 요코하마 상륙으로부터 시작된다.

같은 해 3월 3일 요코하마 가나가와에서 일본 최초의 근대조약인 미일화친조약(가나가와 조약)이 체결되고 이것으로써 일본의 긴 쇄국은 종언을 고한다. 결국 일본 근대화의 문은 요코하마를 통해 열렸다. 나아가 1858년 6월 미일수호통상조약이 체결되고, 같은 해 네덜란드, 러시아, 영국, 프랑스와도 잇달아 안세이(安政) 5개국 수호통상조약을 맺게 된다. 그 다음해인 1859년 요코하마는 일본 개항의 관문으로 기성 시가지와 외국인 거류지 등을 정비하고 본격적인 상업무역 도시의 형태를 갖추기 시작한다.
그러나 1866년 앞으로 일어날 요코하마의 재앙들을 예고하듯 요코하마의 불행한 시련이 시작된다. 요코하마의 첫 시련은 2/3이상의 시가지를 소실시키는 대화재였는데 아이러니하게도 화재로 소실된 도시를 재건하는 과정에서 일본 최초의 근대 공원인 요코하마공원이 건립되었고 폭 36m의 대로 건설, 하수도 정비, 서양식 건축물이 축조된다. 이때의 도시계획이 오늘날 요코하마시의 골격이 되었을 뿐만 아니라 일본 근대 도시계획의 시발이 되었다.
그 후 1880년대 외국과의 교역량이 급속히 늘어나면서 기존의 항만시설로는 그 기능을 다할 수 없게 되었다. 1889년 제1기 축항공사에 이어 1899년 제2기

3. 오산바시교 전경
4. 니혼 오도리 거리풍경
5. 이세사키쵸 거리풍경

축항공사를 마치면서 동양 최대의 항만도시로 부상한다. 그리고 매립사업을 통해 게이힌(京浜) 공업지대를 조성하고 이 공업단지가 요코하마 무역과 산업 경제의 중요한 거점이 된다.

1923년은 불행하게도 일본이나 식민지 조선에 결코 잊혀 질 수 없는 악몽의 해였다. 그것은 동경과 요코하마를 강타한 진도 7.9 규모의 관동(關東)대지진[3]으로서 요코하마의 중심시가지인 간나이(關內) 일대의 중심기관과 시설을 완전히 파괴시키고 항만시설의 절반 이상을 붕괴시켰으며 요코하마의 도시기능을 완전히 마비시켰다. 많은 사상자와 대규모의 피해에 대한 복구에 오랜 시간이 소요되었다.

이렇게 피해복구가 지연되는 동안 상대적으로 고베항의 성장과 도쿄항만의 집중개발은 국제무역항인 요코하마에게 하나의 위협이었다. 이러한 위기를 극복하기 위한 자구책을 마련하는 와중 1931년에 요코하마에는 만주사변이라는 호재가 찾아온다. 만주사변을 계기로 게이힌 공업지대의 군수산업이 급성장하면서 요코하마는 국제무역항과 공업도시로서의 모습을 갖추고 상업무역과 공업 그리고 산업경제의 중심 도시로 변모하게 된다.

시련은 이것으로 끝나지 않았다. 주요 항만시설과 공업지대를 갖추고 있을 뿐만 아니라 군수산업기지가 있는 요코하마는 제2차 세계대전 때 연합군의 집중 포격을 피할 수 없었고 1945년 5월 미국 공군의 폭격은 요코하마 시가지의 42%를 잿더미로 만들었다.

전후에 일본정부는 '전후부흥원'을 설치하여 단순한 전후 복구 작업이 아닌 향후 백년 앞을 내다보는 도시계획을 수립하여 요코하마의 전후 복구 작업을 도왔다. 그리고 '항만법'의 제정(1950)으로 요코하마는 '요코하마국제항도건설법'을 제정하여 요코하마항을 독자적으로 관리하게 되었으며, 이를 통해 항구와 공업지대를 연결한 물류공업지대의 강화와 경제의 재도약, 산업기반정비 등이 더욱 효율적으로 이루어져 자립적인 무역도시로서 크게 발전할 수 있었다.[4] [사진 3~5]

침체된 도시를 살리자

초기 일본과 우리 도시의 발달과정은 닮은 점이 많은데 일본의 도시들이 무질서하며 획일적이고 기능 중심의 도시로 형성된 원인을 다음에서 찾을 수 있다. 대부분의 일본 도시들은 자연발생적으로 생성된 마을에 시가지를 형성하고 그것이 도시로 발전했다. 일터와 주거지가 혼합된 무질서한 고밀도의 도시가 형성되었고, 자동차 중심의 도로체계는 상대

3

4

5

적으로 보행자를 위한 배려가 부족한 거리환경을 만들었다. 그리고 휴식, 만남, 소통이 가능한 광장이나 공원이 부족한 기능중심의 도시가 되었다. 이와 더불어 고도로 중앙집권화된 정치제도와 국가가 정한 법에 의한 행정 운영 탓으로 행정에서 창의성을 발휘하는 것은 거의 불가능했다. 이런 형태의 행정이 지속되는 동안 일본의 도시들은 고유의 정체성을 살리지 못한 채 획일화되고 말았다.

특히 일본 도시경관의 문제점과 그 원인에 대한 사토우 마사루(佐藤 優)의 지적은 매우 설득력이 있어 소개한다. "외국에 비해 일본의 도시가 질서가 없다고 지적되고 있다. 여기까지 오게 된 원인이 몇 가지 있다. 메이지유신 이후의 구미화(歐美化)와 전후의 급속한 부흥, 경제 우선의 국민성 등을 들 수 있다. 하지만 가장 큰 문제는, 여러 가지 건물을 설계하는 건축가나 토목을 담당하는 사람들의 교육과정에, 색채교육이나 디자인 논리가 결여되어 있는 것을 지적하고자 한다. 도시를 만드는 책임자이어야 할 건축이나 토목 기술자에게 최저한의 색채감각이나 건물주의 요구나 본인의 창작의욕보다는 공익성을 먼저 생각하는 윤리가 필요하다고 생각한다."[5]

일본 도시들이 공통적으로 가지고 있는 도시형태의 취약점은 요코하마도 마찬가지였다. 이런 도시의 틀을 벗어나기 위해 요코하마시는 1969년에 '기획조정국'을 설치한다. 기획조정국은 시 전체를 도시정비의 대상으로 설정하되, 전체적인 계획 하에 먼저 시작해야 할 중점 시행사항을 우선 선정해 도시디자인 프로젝트를 진행해 나갔다. 그리고 1970년대 들어 종합적인 도시디자인에 관심을 갖기 시작한다. 1974년에 기획조정국에 '도시디자인 담당부서'가 설치되고 종합적인 도시디자인을 착수한다.

도시디자인 관련 업무를 전문적으로 추진할 부서가 마련됨으로써 효율적인 행정과 집중화가 가능해졌다. 전문조직인 '도시디자인실'은 항구도시 요코하마의 역사가 잘 간직된 중심부 '간나이지구'에서부터 시작되었다. 이렇게 요코하마가 본격적인 도시디자인의 개념을 도입해 도시를 가꾸고 있는 동안 동경을 중심으로 한 도시집중화가 급속히 진행되고 있었다.

도쿄일극집중(東京一極集中). 이 말은 모든 행정과 개발 그리고 정책이 도쿄를 중심으로 집중화되어 있음을 단적으로 표현하는 말이다. 도쿄를 중심으로 한 일본의 도시개발은 상대적으로 요코하마에게 큰 위협이었으며 요코하마는 도쿄에 부속된 도시 정도로

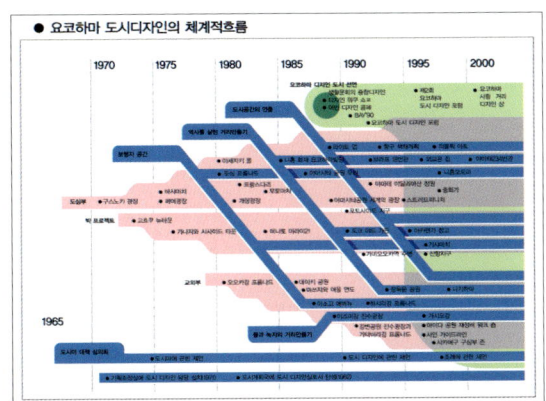

인식되었다. 특히 취업인구의 1/4이 도쿄로 출근을 하고 있어서 요코하마의 도시자립성은 취약했다. 이에 요코하마는 도시발전을 위한 새로운 자구책을 마련하기 시작했는데 그 대표적인 예가 '미나토미라이 21' 같은 사업이다.

이 사업의 가장 중요한 목적은 요코하마가 자족도시로서 요건을 갖추는 일이었다. 먼저 업무기능과 중추 관리기능을 강화해 노동기회를 늘렸다. 그리고 자족도시의 국지적 기반을 마련하기 위해 요코하마의 개항 이래 도심이었던 간나이, 이세사키쵸(伊勢佐本町) 지구와 전후 교통터미널로서 발전한 요코하마역 시구 지구로 양분되어 있었던 2개의 지구를 일체화시켰다. 또 복잡한 교통문제를 해결하고, 도심지를 일체화하고자 미쓰비시중공업의 요코하마조선소를 이전했다.

미나토미라이 21은 '미나토(港, 항구)+미라이(未, 미래)+21세기'의 의미들을 합성한 말이다. '미나토미라이 21'은 총 186ha에 취업인구 19만 명, 거주인구 2만 명을 계획했던 사업으로 도쿄에 집중된 수도기능을 분담하고 업무, 상업 문화가 집적된 국제 교류도시를 목적으로 했다. 미나토미라이 21 지구는 도시가 갖추어야 할 복합시설과 도시형 주택, 그 외에도

6. 요코하마 도시디자인의 체계적 흐름
7. 야마시타공원 내부

첨단기술, 지식집적, 국제업무를 중심으로 24시간 활동이 가능한 21세기형 복합도시의 형태를 띠고 있다. 결국 미나토미라이 21 지구는 요코하마의 도시 인상과 요코하마의 경쟁력을 대변하는 또 다른 요코하마인 셈이다. 6) [사진 6]

인간을 중시하는 도시디자인

"신은 자연을 만들었고, 인간은 도시를 만들었다."라는 카우퍼의 말에는 미래도시가 지향해야할 중요한 단서가 함축적으로 숨어 있다. 인간이 도시를 창조하고 발전시키는 과정은 곧 도시의 문제를 잉태하는 과정이다. 오늘날 문명도시에 살아가는 인간은 도시창조자로서는 가해자이고 도시이용자로서는 피해자다. 이러한 이율배반적 양면성을 가진 도시를 보다 살만한 공간으로 전환하려는 노력의 최종목표는 인간을 위한 도시를 건설하는 일이다. 요코하마의 도시디자인에는 도시사용자를 배려하는 마음이 곳곳에 배어 있다. 요코하마시가 이러한 점을 중점과제로 설정하고 이용자에게 편리하고 매력 있는 도시를 가꾸기 위해 도시디자인 목표7)를 설정했다. 다음의 도시디자인 목표에서 도시사용자를 배려하는 마음을 실감할 수 있다. 1)안전하고 쾌적한 보행공간을 확보한다. 2)지형이나 식생 등 자연적 특징을 소중히 한다. 3)지역의 문화적, 역사적 자산을 소중히 한다. 4)오픈스페이스나 녹지를 풍부히 한다. 5)바다, 강 등의 수변공간을 소중히 한다. 6)사람들이 접촉할 수 있는 장소, 커뮤니케이션 장소를 늘린다. 7)형태적, 시각적으로 아름다움을 요구한다.

요코하마의 도시디자인은 지역이 가진 특성을 최대한 살리고 도시와 자연이 어울리는 생태도시를 지향하고 있다. 그 외 인공적인 도시시설물에도 미감을 최대한 살려 도시공간의 전체적인 조화를 고려하고 있다. 그리고 요코하마가 무엇보다 중요시하는 것은 도시에 거주하는 시민과 도시이용자를 위한 배려라는 점이다. 인간을 위하고 인간이 중심이 되는 도시건설이 요코하마 도시디자인의 핵심을 이루고 있는 내용이다. 그래서 한 마디로 도시민을 위한 요코하마의 배려는 특별하다.

거의 모든 일본의 도시가 그러했듯 초기의 요코하마도 자동차 도로 중심의 거리가 많았다. 상대적으로 좁은 인도는 보행자에게 많은 불편을 주었다. 그러나 도시디자인이 본격화되면서 건축선 후퇴(setback of external wall)를 통해 보행자가 걷기에 편리하도록 대폭 인도를 확장했다. 특히 바샤미치(馬車路)가 대표적인 예이다. 바샤미치는 요코하마에서 서양의 문화와 문명이 가장 많이 유입된 곳으로 일본에서 최초로 가스등이 사용된 곳이기도 하다. 그리고 인도의 바닥에 붉은 벽돌을 사용해 고풍스럽고도 아름다운 쇼핑거리를 연출하고 있다. 벤치와 가스등을 포함한 스트리트 퍼니처 정비는 휴식과 낭만 그리고 이용자의 편익을 동시에 제공하고 있다.

또 요코하마를 대표하는 야마시타공원(山下公園)은 아름다운 바다를 배경으로 한 수변공원의 특징을 최대한 살려 정비했고, 이 공원의 주변으로 요코하마 심벌존(Symbol Zone)을 형성했다. 자연공간과 함께 산책이 가능한 녹지축선을 정비했고, 오도리공원(大通公園)에서 구스노키광장, 요코하마공원, 니혼오도리에서 야마시타공원에 이르는 보행자 공간을 정비함으로써 시민들에게 녹지와 휴식이 가능한 아름다운 공원 그리고 프롬나드(Promenade, 산책로)를 제공했다. [사진 7]

그리고 예전의 임항철도적지의 레일을 재이용한 기샤미치는 또 하나의 걸작이 아닐 수 없다. 아름다운 수변 위로 이어지는 보행자 동선은 일반 녹지를 끼고 있는 산책로와는 색다른 느낌을 선사하고 있다. 따라서 요코하마는 공원을 비롯한 다양한 산책로를 개발함으로써 자연과 인간이 조화를 이루는 에코도시(Eco-City, 환경친화도시)를 형성했다. 도시와 자연 그리고 인간이 조화되는 도시를 가꾸기 위한 부단한 노력과 도시사랑을 통해 요코하마의 도시철학을 읽을 수 있다.

역사와 문화의 향기가 있는 도시

도시는 한 시대의 역사가 그대로 기록된 공간이다. 개항 후 요코하마의 곳곳에는 지난 시대의 이야기와 역사를 담고 있는 다양한 장소와 건물들이 많다. 요코하마시는 이러한 장소와 건물을 최대한 보존하고 그것들을 새로운 용도로 사용할 수 있도록 개발했다. 그래서 요코하마에는 '과거', '현재', '미래'가 공존하는 매력 있는 도시조성이 가능했다.

1988년에 만들어진 '역사를 살린 거리 만들기 요망'을 배경으로 사업을 추진하고 있는데, 이 사업은 건물의 소유주가 요코하마시에 '등록, 계약, 인정'이라는 세 단계를 거쳐 일단 역사 보존 건물로 인정받으면 요코하마시로부터 보수 및 수리를 위한 일부 지원금을 지원받을 수 있다. 이 제도의 목적은 건축물을 최대한 원형으로 보존하고 그 내부는 건축물의 성격에 맞게 적극적으로 활용하도록 장려하는 데 있다.

그리고 역사적인 건물을 원형을 보존하면서 현대의 용도로 맞게 활용하는 사례도 많다. 대표적으로 일명 빨간벽돌창고라 불리는 아카렌가소고(赤レンガ倉庫)이다. 이것은 개항기에 화물창고로 쓰이던 건물의 외관을 최대한 살려 옛날 모습을 유지하면서 내부는 쇼핑공간과 음식점으로 이용하고 있다. 그리고 외부의 오픈스페이스는 문화 행사의 장소로 활용하고 있다.[사진 8]

또 요코하마를 상징하는 랜드마크 타워의 바로 전면에 미쓰비시조선소가 사용하던 옛 도크를 개조하여 다양한 이벤트가 가능한 공간으로 탈바꿈시켰다. 이곳에서 각종행사나 공연이 열리고 있으며, 도크의 양쪽은 레스토랑으로 개조하여 그 내부를 볼 수 있도록 했다.[사진 9]

그 밖에도 일본의 최초 개항지답게 과거 외국인이 살던 집이나 묘지를 관리하여 최초 개항지로서 요코하마만의 독특한 역사적 이미지를 관광자원화하고 있다. 이 밖에도 구 제일은행지점, 구 후지은행지점 등 역사문화보전건축물을 미술관 및 문화예술 이벤트 공간으로 활용하고 있다. 그리고 세계 최대 규모를 자랑하는 요코하마 차이나타운은 500여 개의 중국식 점포가 밀집해 있다. 중국의 이미지를 그대로 간직한 차이나타운은 이국의 정취를 느낄 수 있는 대표적인 볼거리 중의 하나다.

그리고 간나이지구의 역사적인 도시축인 니혼오도리를 중심으로 '유메하마2010플랜'을 적용하여 개항심벌존으로 개발했다. 이 지역에 많은 역사적인 건축물들이 있어 훌륭한 도시경관을 형성하고 있다. '유메하마2010플랜'은 1990년대에 들어서 일본 버블경제의 붕괴, 고령화 사회의 심화 등 지금까지의 성장형 도시에서 성숙형 도시로의 전환을 강하게 인식하고, 다음 세대에도 밝은 미래의 도시상을 실현해 나가기 위한 새로운 계획의 제안이었다. 유메하마란 꿈(夢)과 요코하마(横浜)의 합성어로서 바람직한 생활상의 실현을 통해 시민의 꿈을 실현한다는 의미를 담고 있으며, 동시에 친숙하고 아름다운 여운을 지닌 말로서 시민응모작품을 기초로 만들어진 말이다. 이 플랜은 일본의 개국지로서 특유의 역사와 풍토를 살리면서 세계를 향한 국제도시와 미래도시로서의 발전을 추구함과 동시에 과거와 미래의 조화를 이룬 개성적이고 선도적인 도시계획의 실현으로 시민이 긍지를 가질 수 있는 요코하마의 이미지를 재생하고 창조하는 것을 목적으로 하고 있다.[8]

8. 빨간벽돌창고
9. 이벤트 공간으로 개조된 도크야드

요코하마의 도시디자인 컨트롤

요코하마는 도시 전체의 스카이라인을 고려해 건축물의 고도를 제한했다. 스카이라인을 살리기 위해 건축물의 앞에서부터 층수를 단계적으로 높여가는 방법을 채택했다. 요코하마의 중요한 도시이미지를 결정하는 또 하나의 도시디자인 계획은 각 구역별로 적용한 색채계획에 있다. 바샤미치, 마니도, 니혼오도리, 마린타워, 요코하마항구 등에 지역별 특성을 살려 적용한 색채계획은 도시를 훨씬 조화롭게 보이게 한다. 여기에서 구역별 특징은 거리전체의 정서적 특성을 잘 반영해 색채의 방향을 정한 것이다. 가령 항구 주변의 시설물이나 건축물에는 흰색에 가까운 밝은 톤을 적용해 밝고 활기에 넘치는 항구도시의 이미지를 살렸다.

그리고 도시의 야간경관을 향상시키기 위한 새로운 시도를, 특히 요코하마의 중심부라 할 수 있는 간나이지구에서 시작하였다. 간나이지구에는 서구 문명이 요코하마에 소개되던 절정기 때 세워진 역사적 건물들이 많이 있다. 효과적인 야간조명을 이용해 매력적이고 활력에 넘치는 야간경관을 연출하고 오래된 도시, 역사가 있는 도시를 더욱 강조하고자 역사적인 건물부터 중점적으로 야간 조명을 도입했다. 1986년 가을 요코하마시와 시민들 그리고 기업들이 요코하마 야간경관을 향상시키기 위한 위원회를 결성하고, 개항기념관, 세관건물, 관청을 포함한 12개의 건축물에 야간조명을 실험적으로 적용했다. 1987년부터 여름 야간축제에 야간조명을 이용하고 다양한 문화이벤트와 음악연주회에서 야간조명을 실험적으로 이용해 좋은 성과를 거두었다. 야간경관조명에 대한 적용이 시민들에게 좋은 반응을 얻게 되자 요코하마시는 계속 그 수를 늘려 1998년에는 약 40개 이상의 건축물에 야간조명을 설치했다.

이 밖에도 크고 무질서했던 간판을 정비했다. 특히 요코하마 항구 근처의 건축물들은 항구를 향해서 간판이 보이지 않도록 함으로써 상업용 간판보다는 건축물과 도시 전체의 이미지에 중점을 두었다. 특히 시민들이 간판 정비과정에서 시가 정한 원칙과 가이드라인을 잘 이해하고 정책에 따라 줌으로써 성공적인 간판정비가 가능했다.

그리고 요코하마의 도시 규모가 점점 확장되고 국제화도시를 지향하면서 도시를 안내하는 공공사인의 개선이 필요하게 되었다. 요코하마는 간나이지구를 중심으로 시 전체의 공공사인을 외국인 관광객도 쉽게 이해할 수 있도록 픽토그램(pictogram)과 외국어를 병기하여 개발했다. 바다와 항구를 디자인 모티브로 채택한 공공사인에서도 요코하마의 정체성을 부여했다. [사진 10~12]

이렇게 요코하마의 도시디자인이 성공할 수 있었던 요인은 '도시디자인 컨트롤'에 있었다. 의견 수렴과 여러 차례의 검토를 통해 원칙을 정하고 그 원칙을 통해 도시의 모든 디자인적 요소를 조정하는 것이다. 도시디자인 컨트롤에는 법체제의 개선, 도시디자인 활동의 전개방안, 도심부 중점관리방법, 협의제도, 조직연계, 요코하마 관련 조례설정 등을 기본근거로 하여 도시디자인을 조정하고 통제한다.

시민이 주인인 도시 요코하마

요코하마가 오늘날의 도시 형태를 갖추게 된 것은 행정적 노력만으로 이루어진 것은 아니다. 행정, 각계의 도시전문가, 해당 기업, 그리고 시민들이 함께 고민하고 노력하여 만든 결과물이다. 일본은 보편적으로 이러한 단합체계가 잘 발달되어 있다. 이것은 이미 일본에서 보편화 된 용어이자 문화로 정착된 마찌쯔꾸리(まちづくり)이다. 1960년대 후반부터 본격화된 일본의 마찌쯔꾸리는 당시 일본 사회가 안고 있는 제반 문제 특히 노후하고 과밀한 기성 시가지의 생활환경을 주민들이 나서서 개선하려는 일련의 활동으로 다무라(田村 明, 1987)는 마찌쯔꾸리를 '일정한 지역에 살고 있는 사람들이 자신들의 생활을 지탱하며 편리하고 보다 인간답게 생활할 수 있도록 공동의 장을 만들어가는 방법 및 과정'이라고 정의했다.

그런데 일본의 마찌쯔꾸리는 1970년대 이후 수많은 시행착오를 거치면서 나름대로 시대와 지역에 따라 다양한 형태로 발전해 오고 있으며, 현재는 주택 및 주환경 마찌쯔꾸리, 경관 마찌쯔꾸리, 방재 마찌쯔꾸리 등 다양한 분야에서 마치 일종의 유행어처럼 사용되고 있다. 이를 반영하듯 사토(佐藤 滋, 2000)는 마찌쯔꾸리를 '특정의 지역 사회가 주최가 되고, 지방자치단체와 전문가, 각종 중간 섹터, 민간 섹터가 연계하여 진행하는 소프트와 하드가 일체가 되어 거주활동을 향상하기 위한 활동을 총칭하는 것'으로 정의하고 있다.[9]

1997년 10월 요코하마시는 행정이 시민단체 활동을 지원할 때 갖추어야 할 자세를 검토하기 위하여 시민단체 관계자, 대학교수 등으로 구성된 시민활동 추진 검토 위원회를 설치하였다. 위원회는 회의를 통해 시민활동의 역할, 시민단체와 행정과의 관계, 시민단체

10, 11, 12

10. 11. 12. 요코하마의 공공사인물

와 행정과의 연대자세 등에 관하여 검토하였으며, 1999년 3월 '요코하마시의 시민활동과의 협력에 관한 기본 방침(요코하마 코드)'을 제안하고 이를 바탕으로 2000년 3월 '요코하마시 시민활동 추진조례'를 제정하였다.[10]

요코하마는 이러한 마찌쯔꾸리를 미라토미라이 21에서 유감없이 보여 주었다. 이 사업이 시작되기 전 개발지구의 토지소유자와 (주)요코하마 미라토미라이 21은 '미라토미라이 21 시가지 조성 기본협정'을 체결하고 시가지조성 규칙을 토지소유자와 회사가 자주적으로 정했다. 또 '미라토미라이 21 시가지 조성 협의회'를 구성하여 시가지 전체의 주제와 이미지를 정하고, 기타 도심의 물과 숲의 생태문제, 스카이라인, 가로수, 접근로, 도시색채, 광고물에 대한 기준과 기본방침을 정해 운용하고 있다. [사진 13, 14]

미라토미라이 21에는 공공부문, 제3섹터, 민간부분이 공동으로 참여하고 있다. 공공부문은 매립, 항만정비 등 기반 조성을 하고, 제3섹터는 에너지, 철도 등 공공성이 높은 사업을 맡고 있으며, 민간부분은 업무·상업·문화시설의 건설을 맡고 있다. '미라토미라이 21'은 기업-공공파트너십(Private-Public Partnership) 방식으로 요코하마시가 종합적인 관점에서 계획을 세우고 국가-시민-시장 3자의 협력을 통해 도시개발을 성공시킨 하나의 쾌거였다. 시의 재정에 부담을 주지 않고 자율적이며 자치행정의 영역주의를 타파했다는 점, 그리고 행정집행의 새로운 방법론을 스스로 찾았다는 점에서 중요한 의의를 가진다.

요꼬하마의 교훈

신은 결코 요코하마를 버리지 않았다. 요코하마는 개항 이래 약 150년 동안 대화재, 재앙, 폭격 등 거듭되는 시련을 극복하고 이제 국제적인 도시로 매력의 꽃을 활짝 피우고 있다. 시련을 기회로 삼아 일본 제2의 도시를 건설한 요코하마. 오늘도 이 도시를 배우기 위해 세계 많은 나라와 일본의 도시들이 요코하마를 찾는다. 이러한 사실은 요코하마가 일본 도시디자인의 현장 교과서가 되기에 충분함을 의미한다. 개항 이래 1974년 기획조정국 내에 도시디자인 부서가 발족되면서 본격적인 도시디자인 개념을 도입해 오늘의 요코하마가 있기까지 약 40년이 조금 못 미치는 긴 시간이 걸렸다. 끊임없는 도전, 그들이 살아가는 도시에 대해 늘 새로움을 탐구하는 정신으로 행정당국, 기업, 도시전문가, 시민들이 함께 걸작의 도시를 창조했다.

13. 미나토미라이 21 지구
14. 랜드마크타워

역사와 문화가 살아있는 도시, 자족이 가능해 살고 싶은 도시, 다가올 미래를 현실화하는 도시. 요코하마의 도시 만들기를 위한 그들의 노력 저변에는 도시가 인간을 위해 존재해야 된다는 생각을 우선으로 했다. 그리고 사뭇 기능적이고 획일화되기 쉬운 도시에 '도시·인간·자연'의 조화를 완벽히 이끌어냈다.

그러나 메이지 천황을 정점으로 하여 전개된 '근대국가 만들기 프로젝트'를 지켜본 일본의 '국민작가' 나쓰메 소세키는 '일본은 서양에 빚을 지지 않고는 도저히 그 명맥을 이어나갈 수 없는 나라'라고 말했다.[11] 오늘의 일본도, 오늘의 요코하마도 선진국가로부터 많은 것을 배웠다는 사실은 부정할 수 없을 것이다. 요코하마의 모든 것이 우리의 도시에 그대로 대입될 수 있는 전적인 모범답안이 될 수는 없다. 우리의 현실과 상황을 고려해 참고하고 우리 것으로 '체화'하는 주체적 자세가 필요함을 덧붙이고 싶다.

이제 우리의 도시도 진정한 '변화'를 꿈꾸고 있다. 거대도시를 성공적으로 변화시키는 일은 다양한 계층의 참여와 협동을 전제로 한다. 이를 위해 공공디자인이 수행해야 할 도시디자인의 역할과 기대는 참으로 크다. 새삼 케티스버그(Gettysburg)의 연설이 더욱 가슴에 와 닿는 것은 공공디자인이 공화(共和)를 지향하고 있기 때문일 것이다. 공공디자인을 통해 구현되는 아름다운 세상의 주체는 바로 우리들이다. 공공디자인의 선(善)은 공공(the public)을 통해 시작되며, 공공(the public)을 통해 완성된다.

Of the public, by the public, for the public!

註
1. 피티 홀 올리히 파이퍼, 임창호 구자훈 역, 〈미래의 도시〉, 한울 아카데미, p.23, 2003
2. 요코하마는 2007년 현재 면적 434,98km, 인구 3,607,125명, 1,509,031세대로 구성된 일본 제2의 도시다. 〈Yokohama Minato Mirai 21 Information〉 vol.78, 2007. 3
3. 본고의 논의와 다소 벗어나지만, 관동대지진은 우리에게 슬픈 역사적 사건이었다. 세계대전 후 민중운동, 좌·우익의 대립, 천왕제도의 부정, 한국과 중국의 반일해방운동이 겹치면서 일본 자국의 복잡한 시대적 상황에 따른 민심수습을 위해 관동대지진을 한국인 폭동과 방화로 조작해 일본인의 감정을 자극했다. 일본인들은 죽창과 몽둥이로 많은 한국인을 살해했다. 이 때 무고한 한국인이 6천여 명 이상 대량 학살되었다. 결코 잊을 수 없는, 잊어서는 아니 될 사건이다. 강적상, 〈학살의 기억 관동대지진〉 역사비평사, 2003
4. 남진, 〈역사와 문화를 중시하는 미래도시, 요코하마〉, 국토연구원 Vol.270, 2004
5. 사토우 마사루(佐藤 優), 〈경관의 색채계획-후쿠오카 도시경관을 위한 색채유도의 기본적인 생각〉
6. 7. 8. 남진, 〈역사와 문화를 중시하는 미래도시, 요코하마〉, 국토연구원 Vol.270, 2004
9. 김인 박수진, 〈도시해석〉, 홍인옥, 〈도시와 주민참여〉, 푸른길, p.p.238-239, 2006
10. 〈21세기 세계 대도시 도시 관리 방향〉, 서울시정개발연구원, 2002
11. 유모토 고이치(湯本豪一), 〈연구공간 수유+너머 동아시아 근대〉 세미나팀 옮김, 〈일본 근대의 풍경〉 p.12-13, 그린비, 2004

송주철
송주철공공디자인연구소 소장
홍익대학교 미술대학교 시각디자인과 졸업
홍익대학교 미술대학교 대학원 시각디자인과 졸업

동경의 사인 시스템
긴자와 록본기와 미드타운을 돌아보다

최덕권 　(주)세투어소시에이츠 팀장

김 대리는 일본을 좋아한다. 학창시절 일본의 건축을 공부하며 이른바 '스타 건축가'와 그들의 작품에 감동했고 사회에 나와서도 디자인 바닥에 서식하며 텔레비전이며 잡지며 쏟아져 나오는 감각적이고 절제된 그들의 작품들을 알게 모르게 슬쩍슬쩍 모방하던 그에게는 어찌 보면 이 같은 호감은 당연한 일일 터이다. 이런 그이기에 오랜만에 목소리는 활기차고 미소는 밝다.

이번이 두 번째인 동경 방문. 인천공항은 볼 때마다 잘 생겼다. 거기 가서 입으려고 산 티셔츠랑 반바지가 맘에 쏙 들고 새로 산 캐리어는 바퀴 굴러가는 소리도 뿌듯하다. 김 대리는 생각한다. 오늘 나 동경바닥에 완전히 스며들어버리련다.

모이기로 한 7번 게이트 앞은 일행으로 새벽부터 북적북적하다. 초면이라 다들 어색하게 서서 쭈뼛쭈뼛한 분위기에 마침 나타난 이들의 유능하신 가이드는 금세 가벼운 유머로 화기애애한 티타임 분위기를 만든다. 역시 프로는 다르다. 회사 대표, 국회의원, 대학교수가 주요 멤버인지라 어디를 가나 늘 있는 5분 지각생도 없고 해외출장은 그야말로 일상이라 이래라 저래라도 필요 없는 순조로운 출발이다. 유월 아침 상쾌한 바람과 함께 자 이제 출발이다.

하네다 공항, 아침으로 두 끼를 먹어 속은 더부룩하고 무거운 카메라 가방에 줄서서 수속 기다리는 것도 지겨운데 여기 오면 다들 한 장씩 찍어가는 그 빨간 사인(Sign)은 다시 봐도 김 대리를 당황스럽게 한다. 공항 내 다른 사인과 아무런 연관 없는 눈에 확 띄는 붉은색이야 '여긴 뭐 일본이니까…' 하고 이해 할 수 있지만 어설픔을 눈뜨고 못 보는 그들의 국민성에 저 둥글 넓적한 굴림체는 그가 알고 있는 사인 선진국과는 영 어울리지 않는다. [사진 1, 2]

"별거 아니라는 거지. 지들도 사람인데."

"네? 아하 다 그렇죠. 뭐."

기내에서 볶음고추장 예찬론으로 안면을 튼 최지훈 과장이 옆에 붙어 거든다.

"애들도 이런 거 발전되기 시작한 지 몇 년 안돼요. 일단 뒷골목만 들어가면 서울이랑 별반 다를 거 없거든요. 우리가 이런 거 들춰내러 온 건가요? 좋은 거, 잘해 놓은 거나 보세요."

그보다 경험 많고 아는 거 많은 사람의 맞는 말인데 가르치려는 듯한 말투가 별루다. 온통 프로들. '그래, 오늘은 저번처럼 놀러온 거 아니다. 창피 안 당하게 정신 바짝 차리자.' 공항을 나온 일행들은 버스에 올라탄다. 눈앞에 펼쳐지는 갖가지 볼거리에 다들 연신

1. 동경 하네다 공항의 방문객을 환영하는 실내 사인
2. 동경 하네다공항의 통일된 사인 시스템

카메라를 들이 대고 가이드는 간단한 스케줄 브리핑에 제법 분주하다.[사진 3, 4]
인솔자의 설명에 낯선 풍경들이 신선하긴 한데 아직까지는 그다지 보고 배울 만한 것들은 많지 않았다. 대부분 국내에서 보던 비교적 최근에 세워진 것들과 비슷한 수준이기에 김 대리는 제법 으쓱해 한다. 하지만 곰곰이 생각해보니 그럴 것도 아닌 것이, 결국 아직까지는 일본이 그랬던 것처럼 우리도 그들을 모방해 왔다는 것 아닌가. 얼마 전 회사 팀 미팅 시간에 팀장이 했던 말을 떠올린다.
"일본의 사인 시스템은 개인적으로 유럽의 수준과 거의 유사하다고 생각해. 바꾸어 말하면 유럽의 그것과 큰 차이가 없다고도 얘기할 수 있고, '모방 후 창조' 알지? 뭐랄까? 근대 일본의 발전 마인드. 거기서 온 거라고도 할 수 있지."
그래 그렇지, 유럽이 먼저고 일본이 따라온 거다. 그러면 우리는 일본 따라 가는 게 맞겠네. 기분은 좀 상하지만 그럴 수밖에 없는 건가. 버스는 달리고 한적한 고속도로 풍경을 지나 제법 도심 복판으로 들어간다. 저번 여행 때랑은 느낌이 많이 다르다. 뭐 눈에는 뭐만 보인다고 사인쟁이 눈에는 사인만 보이나 보다.

긴자. 1차 목적지인 이곳에서 잠시 정차했다. 와우! 하는 짧은 감탄사. 뛰어내리듯 버스에서 나와 만져보고 찍고 이건 어떻게 만들고 저건 어떻게 만들고 얘기하느라 정신없이 몇 분. 김 대리는 잠시 거리를 주욱 둘러본다. 깨끗하다. 명색이 긴자답게 건물들도 하나같이 특색 있고 예쁜데다가 초콜릿색으로 통일된 갖가지 공공시설물들은 나름대로 멋스럽고 차분하다. 도심의 '가로'를 경관으로 보기 시작한 지가 몇 년 되지 않은 김 대리의 마인드로도 긴자의 도심 경관은 부러움의 대상이다. '역시 다르긴 다르네.' 신호등 하나에도 디테일이 있다. 육중한 기둥이 인도에 떡 하니 버티고 서서 '나 튼튼해.' 하고 자랑하는 듯한 우리네와 달리 몇 개의 가느다란 그것들로 나누어 결합해 놓은 모습은 눈에 부담이 없고, 옆에선 가로등과도 정확히 일치해 조화롭다. 신호등 옆에 남는 공간은 그 지역을 알려주는 사인으로 이용하여 이것 때문에 또 하나의 기둥을 박아야 하는 비용과 수고를 던다.[사진 5, 6]
"제일 중요한 게 디자인의 통일성 같아요."
볶음고추장 최 과장이 말을 건다.
"지금 우리나라 시설물 중에 미적으로 기능적으로 우수한 것들도 많아요. 그런데 문제는 개발하는 사

3
3. 동경 하네다공항의 교통안내 사인
4. LED 문자로 노선과 도착시간을 알려주는 동경 하네다공항의 공항버스승강장 사인
5. 동경 긴자의 스트리트 퍼니처와 가로경관
6. 동경 긴자의 신호등과 옆 보행등의 일관성 있는 디자인
7. 동경 긴자의 도로 사인
8. 기존 가로표지판과 건물의 벽돌 등을 이용하여 구성한 동경 긴자의 문화재 안내 사인
9. 기존 보도블록과 같은 화강석을 구조로 한 동경역 앞 방향안내 사인

4, 5, 6, 7, 8, 9

람, 시행하는 사람들이 공통적으로 서로 독창적이고 싶어 한다는 거죠. 기준이란 게 없어요."
또 맞는 말이다. 김 대리는 관공서와 프로젝트를 진행할 때 적잖이 씁쓸해 했다.
"잘 보이게 해주세요. 우리 시민들이 낸 세금으로 만드는 건데 시민들 눈에 확 띄게 만들어야 하지 않겠어요?"
처음에는 그들을 원망했고 그 다음에는 대한민국의 수준에 실망했고 그 다음에는 그들을 설득하지 못하는 자기 자신을 탓했다. 하지만 시간이 지난 다음에 어느 누구의 잘못이 아니란 것도 알았다. 그동안의 대한민국의 제도적 테두리, 문화적 수준에서는 누가 해도 이거나 저거다. 하지만 다행히도 김 대리는 요즘 대한민국의 공공디자인 마인드가 부쩍 커버렸다는 걸 자주 본다. 텔레비전, 신문, 잡지 가릴 것 없다. 이쯤 되면 거의 붐이라고 해야겠다. '금방이다. 일본아 몇 년 만 기다려라.'
얘기하고 사진 찍고 하다가 눈에 들어온 사인 둘. 옛 것을 기억하고 보존하려는 그들의 노력은 유럽의 그것과 똑같으나 그 방식은 다르다. 역사적 보존가치와 경제적 부가가치 사이에서 개발은 하되 작은 일부분을 남기는 배려는 재치 있고 흐뭇하다. 동대문 운동

10

10. 펜스와 같은 백색 컬러를 사용한 동경역 앞 지역 안내도 사인
11. 단순한 검정색 프레임에 투명재질의 면을 적용한 동경역 지역안내도 사인
12. 무채색 계열의 동경역 방향안내 사인

장. 철거는 하고 기둥 몇 개 남겨 놓는 것도 재밌겠네. 이런 건 바로 써먹을 수 있겠다. 김 대리는 좋은 아이디어 하나 얻었다. [사진 7, 8]

한번 와 봤겠다. 일행에서 따로 떨어져 이곳저곳 혼자 다니기 시작하니 아까보다 재미있어지기 시작한다. 동경역 앞은 긴자와는 약간 다르다. 통일되지 않은 컬러와 형태도 많고 낡은 시설물과 새로운 시설물이 섞여 다소 복잡하다. 하지만 그래도 역시 전체적인 차분함은 잃지 않는다. 백색, 회색, 그리고 검정색 같은 무채색 이외에는 찾아보기 힘들고 글씨도 아담하여 부담 없다. 따로 만들었음이 분명한 건물들과 보도블록들과 그 앞 사인들은 나중에 세워진 것들이 기존의 질서에 그리고 가로의 맥락에 수긍해 맞춰 들어갔음이 분명하다.

"사인은 사람들이 쉽게 찾을 수 있어야 해요. 길 찾아 헤매는 사람들한테 도움을 주려면 우선 눈에 잘 보여야 하고 글자도 커서 어르신들도 쉽게 읽을 수 있어야 하고요."

이 말에 김 대리는 고개를 끄덕인 적도 있었다. 일견 맞는 말 같아 보인다. 아니 길거리에 시설물이 사인밖에 없다면 맞는 말이다. 하지만 불행히도 우리의 가로에서는 간판도 잘 보여야 했고, 휴지통도 잘 보여야 했고, 가로등도 잘 보여야 했고, 버스정류장도 잘 보여야했다. 그리고 그렇게 해 왔다. 글씨는 크고 잘 보이는데 그 잘 보이는 글씨가 한 눈에 수십 수 백 개이다. [사진 9, 10]

바쁘게 걸으니 땀도 나고 구두 신은 뒤꿈치가 벌써 뻐근하다. 역 앞 흡연구역 벤치에 걸터앉아 담배한대 물고 도로를 주욱 둘러본다. 우리의 김 대리. 방향은 정해졌다고 생각했다. 튀지 않으면 된다. 색깔 통일하고 형태에 일관성 있으면 된다. 그리고 곧 문화적 공감대도 형성될 것이고 그러면 프로젝트 담당자들의 인식도 바뀔 것이니 예전 같은 요구는 하지 않을 것이다. 만약 그렇게 나온다 해도 이제는 설득 할 수 있다. 3박4일 답사에 첫날 몇 시간 만에 답을 얻은 자신에 뿌듯해 하며 길게 한 모금 들이마시고 일어섰다. 지나가던 박 실장이 말을 던진다.

"안가나? 시간 다 됐다."

자 다음은 어디더라. 날씨도 맑고 선선한 게 사진 찍기 딱 좋다. [사진 11, 12]

록본기. 김 대리는 이번 출장을 앞두고 록본기에 기대가 컸다. 예전부터 이태원 같은 다양한

문화가 뒤섞인 도시나 지역을 좋아하는데다가 지난번 여행 때 시간에 쫓겨 보는 둥 마는 둥 했기 때문이다. 하지만 지금은 시큰둥하다. 어제 오늘 동경의 사인들을 하나하나 보면서 디자인 자체의 뛰어남은 그리 느끼지 못했다. 특별할 것도 없었고 재료나 방식도 국내에서 하던 그대로이다. '별거 있을라나. 뭐 좋다.' 약간의 기대는 해둔다.

점심식사가 예약된 음식점에 모였다. 해외에 나오면 느끼는 거지만 금방들 친해진다. 첫날의 어색함은 전혀 없고 벌써 몇몇은 친구처럼 딱 붙어 다니는 게 꼭 초등학생 같다. 연일 계속되는 강행군이 안쓰러운지 가이드가 안내하는 음식점은 백퍼센트 고기다. '소고기도 많이 먹으면 질리는구나.' 김 대리는 새로운 거 하나 배웠다. 그래도 여행경비는 이미 지불했고 조금 먹으면 나만 손해라 익기가 무섭게 입안으로 척척 가져간다. 배불리 먹고 밖에서 커피한잔씩 들고 공지사항 듣는 시간. 인솔하는 교수가 약간 상기된 표정이다.

"이곳이 이번 답사의 하이라이트가 될 겁니다. 볼 게 많으니깐 일행에서 이탈되지 않도록 유의하세요."

김 대리의 귀가 쫑긋해진다. '오호. 여기는 좀 다를라나.' 인솔자를 따라 미드타운으로 향하는 길. 앞서가는 사람들이 사진 찍고 만져보고 갑자기 분주해졌다. 감탄사도 하나 둘씩 들린다. [사진 13, 14]

규모나 질적 수준면에서 일본에서도 손꼽히는 시설인 미드타운의 등장. 당연히 이 주변의 사인들은 그야말로 일본 사인의 최고 수준들이 집합했을 것이다. 김 대리도 신났고 일행도 신났다. 이건 어떻게 만든 건 지 저건 어떻게 만든 건 지 사인업계에 수십 년씩 몸 담아온 베테랑들도 명확히 답을 못 낸다. 도로 한복판이라는 설치 위치 또한 김 대리에게는 큰 충격이다. 길을 가다 길을 막고 선 우리나라의 이런 시설물에 김 대리는 그동안 신랄하게 비판했었다. 그는 얼마 전 간판 개선사업에 관한 어느 교수의 글을 떠올렸다.

"간판을 규제하자는 최근의 추세는 심각하게 재고해 보아야 한다. 어디까지 규제하고 어디까지 풀 것인가? 컬러의 문제나 크기의 문제가 아니라 디자인의 문제다. 디자인이 잘된 간판의 경우 그 크기나 재료는 전혀 문제가 되지 않는다."

그렇다. 도로의 폭, 가로경관의 스케일, 사인의 용도, 주변과의 조화를 충분히 고려한다면 설치 위치 따위는 전혀 문제의 대상이 아니다. [사진 15, 16]

며칠 동안 동경에서 자주 접했던 유리 소재의 사인도

13. 동경 록본기의 지역안내 사인
14. 단순한 형태에 독특한 질감을 갖는 동경 록본기의 지역안내 사인
15. 동경 록본기의 폴 형 안내 사인

14, 15

눈길을 끈다. 길거리에 무엇이든 시설물을 세우면 그 면적만큼 시야를 가린다. 바꾸어 말하면 시설물이 보이려면 시야를 가려야 한다고도 말할 수가 있다. 유리로 된 사인은 가장 눈에 띄지 않는 재료이다. 그럼에도 불구하고 이렇듯 투명 소재를 즐겨 사용하는 이들. 기본적으로 '배려' 라는 정신이 습관적으로 몸에 밴 듯하다. [사진 17, 18]

"근대 이후로 그들은 꾸준히 그리고 적극적으로 서구 문물을 수용해 왔잖아. 그 결과로 일본은 경제적 풍요, 문화적 풍요라는 두 가지 선물을 받게 되고, 이로 인해 과거의 무질서한 가로환경을 비판하는 새로운 수요가 생기게 되었겠지. 따라서 역사를 보존하고 개조하면서 오랜 세월 자연스럽게 만들어진 유럽의 고품질의 가로경관이 결국 순식간에 일본의 가로로 이식 됐을 거야. 그런데 여기서 그치지 않은 것 같아. '대충 비슷하게' 를 두고 못 보는, 작은 것 하나 놓치지 않는 특유의 민족성으로 오히려 이제 그들을 앞서기 시작했어. 적어도 사인에 관해서는 말이야."

영국으로 유학을 떠난 회사 팀장의 말이 떠오른다. 김 대리는 생각해본다. 해답을 찾은 것처럼 거들먹거리던 이틀 전 자신이 부끄럽다. 명색이 대한민국의 디자이너가 고작 일본 따라한다는 발상이나 하고 앉

16. 동경 록본기의 주차장 안내 사인
17. 시야를 가리지 않는 투명유리로 만든 동경 록본기의 안내 사인
18. 동경 록본기의 가로등 부착 사인

아있단 말인가. 누구를 따라 간다는 것만큼 재미없는 것도 없다. 근본이 다르고 기준이 다른 그들을 따라 간다면 결과는 뻔하다. 그리고 우리의 수준이 그럴 수준도 아니다. 너희가 나무 깎아 그릇 만들 때 우리는 고려청자 만들었다.

'내일이면 집에 가는구나.' 해가 저무는 록본기 힐즈. 흩어졌던 일행들이 하나 둘씩 모이기 시작한다. 다들 지쳤는데 표정은 가볍다. 8시가 넘었는데 생각해 보니 저녁도 안 먹었다. 다행히 술 한잔할 모임이 급조되는 분위기다. 하루 종일 혼자 돌아다닌 김 대리. 입이 근질근질하고 프로들과 한잔하며 얘기할 생각에 신났다.

"김 대리, 밥은 먹었나?"

볶음 고추장 최 과장도 반갑다. 자 이제 목표는 정해졌다. 선진국 수준이 아니라 그 이상이다. 그들을 뛰어 넘어야 한다. 오랜 시간일 걸릴 지도 모른다. 그래도 이렇게 꿈꾸며 일하는 게 재미있고 이게 바로 김 대리 스타일 아닌가.

17, 18

최 덕 권
(주)세투 어소시에이츠 팀장
아주대학교 환경도시공학부 건축학전공
강북구 상징조형물공모 당선
양천구 상징조형물공모 당선
금천구 상징조형물공모 당선
화성시 상징조형물공모 당선
용인시 상징조형물공모 당선

요코하마시의 도시디자인 활동
요코하마다운 개성 있는 도시공간의 형성

쿠니요시 나오유키(Kuniyoshi Naoyuki) 요코하마시 도시정비국 수석조사역 도시디자이너

글에 들어가기에 앞서 한국의 '매력적인 도시경관 만들기(도시디자인) 운동이 발전하기를 기대한다. 2007년 6월, 한국 국회의 박찬숙 의원을 비롯하여 국회 관계자, 한국공공디자인학회, 산업계, 디자인계에서 많은 귀한 분들이 요코하마 시청을 방문해 주었고 한국에서 '도시의 매력'을 높이고자 하는 사람들의 열의에 놀랐다. 요코하마시에서는 도시계획분야 담당 카네다 다카유끼(金田孝之) 부시장이 인사를 대신하였고, 나는 안내역으로 현장안내를 담당했다. 반나절이라는 매우 짧은 시간이었지만, 다행히 날씨가 좋아서 요코하마의 대표적인 도시 디자인 성과를 잘 볼 수 있었다.

최근 수년간 한국의 많은 도시에서 요코하마의 도시디자인 활동과 성과를 시찰하기 위해 요코하마 시청을 방문했었고, 우리는 많은 사람들과 만나서 뜨거운 논의를 할 수 있었다. 금년에는 특히 더 많은 방문시찰단과 TV 등 언론 취재반들이 방문하고 있다. 이전에는 광주시의 도시디자인 심포지움에 초대된 적도 있었고 금년에는 나와 내 동료인 테가와 코우타(手川光太)가 서울시에서 개최된 색채 심포지움 및 도시계획 심포지움에 초대되어 요코하마시의 활동을 보고하는 기회를 가졌었다.

서울시를 처음 방문하였을 때, 서울시의 새로운 도시디자인 활동에 놀랐다. 고가도로를 철거하고 수변 산책로를 복원한 청계천은 상징적이고 인간적이며 매력적인 공간이라고 생각된다. 청계천의 성공은 일본에서도 유명하고 TV를 통해 특집으로 다룬 적도 있었다. 그 당시, 청계천 주변의 광고물들을 정비를 하던 모습을 보았고, 인사동과 북촌 등의 거리에서 한국의 전통적인 매력을 느낄 수 있었다.

현재 한국 전체에서 도시공간의 매력을 향상시키는 경관정비 및 공공분야의 디자인 향상 활동을 중시하는 운동이 활발하게 진행되고 있다는 이야기를 들었다. 요코하마를 방문한 국회 공공디자인문화포럼의 활약에 의해 한국의 도시디자인 활동이 발전되기를 기원하며 요코하마시의 활동도 아직 중간 단계에 있기 때문에 계속적으로 새로운 연구가 필요하고 더욱 발전시키고자 한다. [사진 1, 2]

요코하마시 도시디자인 활동의 시작

요코하마시는 1960년대 말부터 종합적인 '도시 만들기'를 착수해 왔다. 요코하마시는 동경에서 약 30Km 근접한 거리에 있는 도시로, 동경의 영향 아래 위치하여 위성도시가 될 수 밖에 없는 상황에

1. 항구에서 바라본 요코하마
2. 기찻길 산책로에서 본 붉은벽돌창고

놓여 있었다. 그러나 요코하마시의 도시 만들기는 이러한 상황 가운데 독자성과 자립성을 가지고 새로운 도시의 활력을 만들어내는 것을 목표로 다음의 세 가지 활동방향을 구성하고 있다.

1) 공공사업의 연출 : 도심부 재정비 사업, 카나자와 땅끝 매립정비사업, 북항 뉴타운 건설사업, 고속도로 건설사업, 고속철도(지하철)건설사업, 베이 브릿지 건설사업 등과 같이 국가, 공단, 시 등 다양한 공적단체에 의한 기반시설의 정비를 연출한다.

2) 민간사업의 컨트롤 : 주택지 등을 개발할 때, 도로, 공원, 학교용지 등의 제공을 의무화 하는 등 양질의 개발을 꾀하는 다양한 규제 유도 시스템을 운용한다.

3) 도시디자인 : 요코하마만의 매력적인 도시디자인 형성을 위하여 다양한 공적사업과 민간사업을 지구별 디자인 이념 및 기획에 따라 종합 조정한다.

이러한 세 가지의 활동방향 가운데 도시디자인 활동은 1971년 도시디자인 전문팀을 개설하면서 시작되었다. 도시디자인 활동은 이 시기에 일본의 어떤 도시도 시작하지 않았던 요코하마만의 독자적인 활동이었다. 그 당시 도시디자인팀은 잠정적인 조직이었지만 일본의 도시행정으로서는 희귀하게 도시디자이너라는 전문가를 배치한 조직으로 성과를 더해 가면서 현재의 도시디자인실로 성장하였으며, 다양한 실험을 성공시켜 36간간 도시디자인 활동을 계속해 오고 있다. 현재 이러한 도시디자인 활동의 성과로서 매력적인 도심부의 경관이 만들어졌다.

이런 점에서 요코하마시의 도시디자인 활동은 일본의 타도시를 선도하는 역할을 해왔다고 생각한다. 이런 결과로 요코하마시의 도시디자인 활동은 2006년에 일본 '굿디자인상' 금상을 수상하는 등 많은 상을 수상하기도 하였으며, 나는 1971년의 도시디자인실 설립 당시부터 현재까지 전문가로서 도시디자인실에 소속되어 활동하고 있다.

도시디자인의 가이드라인 운용

우리는 '요코하마다운 개성 있는 도시공간의 형성'을 요코하마시의 도시디자인 활동이념으로 설정하고 다음 7개의 활동 목표를 내세웠다.

1) 안전하고 쾌적한 보행공간을 확보한다.
2) 지역의 지형 및 식생 등 자연적 특성을 고려한다.
3) 지역의 역사적, 문화적 유산을 소중히 생각한다.
4) 오픈스페이스 및 그린을 풍부하게 만든다.
5) 바다, 강 등 수변공간을 소중히 생각한다.
6) 도시민들의 커뮤니케이션 장을 증가시킨다.

3

4

5

7) 형태적, 시각적 아름다움을 추구한다.

이 외에도 특히 보행자 공간의 네트워크 형성 및 공공시설의 디자인 향상을 위한 연출, 거리의 경관 가이드라인 운용에 의한 지구별 경관연출, 역사유산 보존활용 등 실험적 활동을 계속하여 중점적 성과 만들기에 치중해 왔다. [사진 3~6]

구체적 활동과 확대, 정착 프로세스

최초의 프로젝트 대상지구로 정한 것은 요코하마 '발상의 땅'인 간나이(關內)지구였다. 이곳은 제2차 세계대전의 대공습에 의해 막대한 타격을 받은 후, 10년 이상 미군부대로 사용된 결과 과거의 매력과 활력을 잃은 곳이었다. 이 칸나이지구의 재구축 때는 도시디자인적 수법을 집중적으로 실시하여 최초로 몇 개의 산책로 정비 및 광장 정비, 그리고 산책로와 광장에 면한 건축물들의 경관디자인을 유도하고자 하였다.

칸나이 지구에서의 최초의 성과 사례

칸나이 지구에서는 다음과 같은 사업을 진행했으며 이 사업들은 요코하마시의 도로담당부서, 가로수 정비담당 및 설계허가담당부서 등의 사업과 연계하여 진행하여 왔다.

1) 쿠즈노기 광장 정비 – 지하철 공사 종료 후 시청사 옆의 일반 도로를 보행자 전용도로(광장)로 개조함과 동시에 20여 년에 걸쳐 주변건축물군의 경관디자인(색채 등)을 실시했다.

2) 도심산책로 – 세 개의 철도역에서 요코하마항에 면한 야마시타공원에 보행자 도로를 설치하였다.

3) 오오도리공원 정비 – 고속도로 건설 예정지를 다른 위치로 옮겨 새로운 보행자 축으로서 공원을 정비하도록 하고 유명한 디자이너들로 구성된 설계위원회에 의해 새로운 디자인의 도입을 꾀하였다.

4) 야마시타공원 전면 앞쪽 거리지구 경관 유도 – 요코하마를 대표하는 전통 있는 지구의 매력을 구축하기 위해 건축대지 내에서 보행자 공간 및 광장 공간을 여유 있게 제공받는 가이드라인에 따른 경관디자인을 실시했다. 또한 여기서는 건축물의 벽면색채 유도 및 옥외광고물의 규제 등도 실시했다.

최초의 성과 사례를 활동 확대의 계기로

이러한 활동성과는 언론에 대대적으로 보도되었고 주목을 받았다. 그리고 이러한 성과에 자극을 받아 지역의 상점가와 시민단체, 요코하마시의 다

6

3. 쿠즈노기 광장과 주변정비
4. 도심 산책로
5. 오오도리 공원
6. 야마시타공원 앞쪽 가로지구

른 부서 등으로부터 다양한 지원을 받게 되었다. 결국 함께 협력하고자 하는 상대들이 늘어나게 되었고 다양한 프로젝트가 발생되는 결과를 낳을 수 있었다. 상점가의 매력형성, 야경연출, 항구의 색채정비, 역사적 유산의 보존활용, 대규모 프로젝트의 디자인 정비, 강과 해안부의 산책로 정비 등 다양한 새로운 프로젝트가 더해졌고 경관디자인 정비도 추가되었다. 중요한 활동내역을 살펴보면 다음과 같다.

1) 보행자 공간의 매력 형성 (산책로, 광장, 스트리트 퍼니처, 옥외조각 정비)
2) 가로경관형성 – 협의형 디자인 가이드라인으로 야마시타공원 앞쪽 가로지구 등 지구별 디자인 가이드라인에 의한 유도
3) 상점가의 매력 형성 – 협의형 디자인가이드라인으로 모토마치, 마차도, 중화가 등 종합 디자인 정비와 가로 만들기 협정의 운용
4) 미나토미라이 21지구, 신항지구, 항북 뉴타운 등 대규모 프로젝트의 디자인 정비
5) '라이트업 요코하마'라는 야경연출사업, 도시의 색채계획, 미나토 색채계획
6) 디자인 가이드라인을 운용한 역사의 거리 만들기
7) 개항 심벌구역 정비사업

최근의 주요한 활동 성과로는 붉은벽돌창고를 보존, 활용하기 위한 디자인 조정, 수변 산책로에 '개항의 길' 정비, 도심부 보행자 사인물의 정비, 지하철 미나토미라이선 역사 디자인의 연출 및 조정, 광고물 부착 버스정류장 쉘터 설치사업 추진, 역사적 건조물을 보존 활용하기 위한 일본대로 지구 재정비사업 조정, 일본대로 오픈카페 설치, 구 후지은행과 주 제일은행 등 역사적 건조물의 예술문화에의 활용, 요코하마시의 '매력 있는 도시경관 창조에 관한 규례 제정' 등을 들 수 있다. [사진 7~17]

요코하마시의 독자적인 경관 유도 행정

요코하마시가 도시디자인 활동을 개시한 1970년대, 일본에는 경관디자인에 관한 법률이 없었기 때문에 요코하마시는 독자적인 가이드라인을 만들고 이에 근거하여 각 지구의 '협의지침'을 정했고, 이것을 효과적으로 운용하여 각 지구의 경관형성을 유도해 나아갔다.

또한 각 지구의 상점가 조직을 주체적인 조직으로 보고 '거리 만들기 협정(신사협정)'을 체결하고 창조적인 협의를 통해 경관 디자인을 실시하여 성과를 만들어 냈다.

7

8

7. 개항광장
8. 마차도 상점가
9. 모토마치 상점가
10. 야경 연출
11. 항구색채계획
12. 미나토미라이 지구
13. 신항지구
14. 붉은벽돌창고의 보존 활용
15. 다양한 역사적 건조물의 보존 활용
16. 야마테 서양관

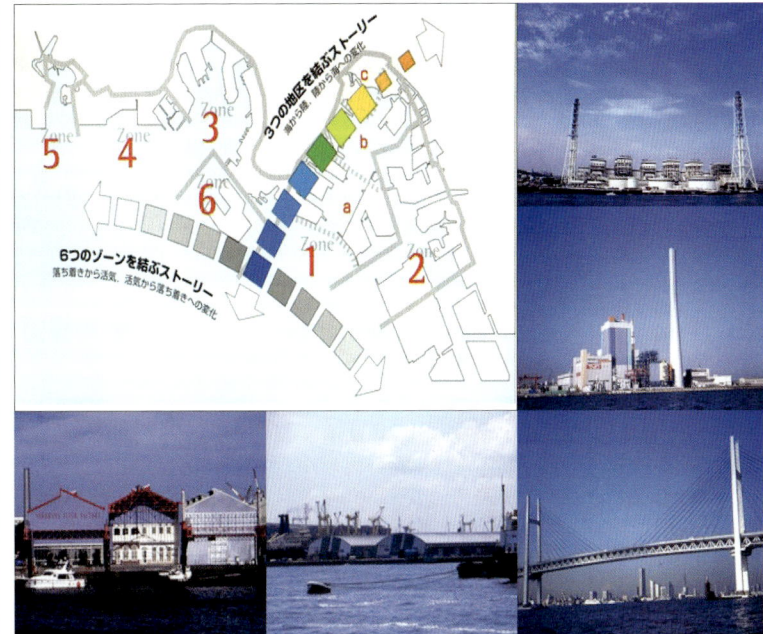
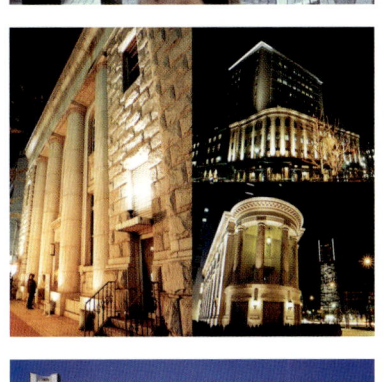

9, 10, 11, 12, 13, 14

15 16

요코하마시의 도시디자인 활동 231

요코하마시는 이러한 지구별 가이드라인에 대지 내의 공개공지(보행 공간 혹은 광장), 건축물의 디자인, 건축물 벽면의 색채 가이드라인 등을 포함시켜 매력 있는 도시가 되도록 유도해 왔다. 항구 주변의 창고나 공장의 색채경관을 매력적으로 만들기 위하여 색채만을 다루는 가이드라인을 운용하는 지구도 있다. 요코하마시는 시민이나 기업의 이해를 바탕으로 이러한 시책을 진행하여 도심부 등에 있어서 보행자에게 걷기 쉽고 개성적인 지구의 경관을 만드는 데 성공했다. 역사적 건조물을 보존하고 활용하여 역사적 이미지를 중요하게 생각한 지구도 있고, 또한 이것과 대비적으로 초고층 빌딩군 등에 의한 미래적인 경관을 만든 지구도 있다. 색채 면에서도 각 지구별로 개성을 생성해 가고 있는 중이다.

정부의 경관법 제정과 그 활용

이러한 디자인 가이드라인에 기초하여 협의 유도에 의해 성과가 만들어졌지만 요코하마시의 독자적인 가이드라인은 국가의 법률에 기초하고 있지 않기 때문에 법적 구속력이 없어 협의를 따르지 않는 사업자도 생겨나기 시작했다. 이런 가운데 일본 정부는 2004년에 경관법을 제정했다. 요코하마시는 이러한 경관법 활용과 동시에, 지금까지 요코하마시의 독특한 제도인 '협의에 의한 창조적인 유도 시스템'을 합쳐 2006년에 새로운 경관제도(조례)를 책정했다. 현재 이 새로운 제도에 기초하여 간나이지구의 경관 가이드라인의 제정을 추진하고 있다. 색채 면에 있어서는 일반적인 색채 시스템을 먼셀수치에 의한 규정으로 새로이 만드는 등 특성 있는 가이드라인을 만드는 것과 동시에 기존의 것들을 버리지 않고 계승할 수 있는 시스템을 만드는 등 새로운 아이디어를 많이 창출하고 있다.

역사와 미래가 공존하는 거리로

1971년에 도시디자인 활동을 시작하여 그 후 36년간 계속적으로 진행해 온 결과 요코하마에는 개성적인 경관이 많이 탄생했다. 요코하마와 일본의 다른 도시와의 차이점이라면 경관디자인에 있어서 규정지어진 제도와 기준에 의해 획일적으로 심사하고 강제적으로 종용하는 것이 아니라, 사업자와 설계자가 시 당국과 함께 유연하게 논의하여 창조적인 성과를 만들고자 했다는 점이다. 나아가 국가, 현, 시, 공단 등에 의한 다양한 공적 사업에 대한 디자인 조정 등을 세부적으로 행해 왔다는 점은 타 도시와 가

17

18

19

장 다른 점일 것이다. 이러한 경관디자인이 실행 가능하도록 전문가인 도시디자이너와 스탭들로 구성된 팀이 배치되어 지속적으로 활동해 온 것도 특징이다. 이러한 활동에 의해 탄생한 요코하마의 매력적인 거점으로는, 베이 브릿지를 바다 측에서 바라본 원경, 미나토미라이 중앙지구의 미래적인 경관과 붉은벽돌 창고가 있는 신항지구 및 간나이지구의 역사적 경관과의 대비적 경관, 구 화물철도 선로를 이용한 수변선의 보행자 산책로 공간을 중심으로 하는 항구 주변의 역사와 미래를 동시에 느끼게 하는 공간, 국제공모전의 1등 수상작품인 다이산바시 국제여객선터미널의 옥상광장에서 바라보는 파노라마 경관, 미나토미라이 중앙지구의 매력적인 스카이라인, 일본대로의 상징적인 도로경관, 서양관 건축물 군이 보존된 야마테 주택지, 그리고 마차도, 이세사키마치, 모토마치, 중화가 같은 개성적인 상점가 등을 들 수 있다.

창조도시로 향하는 신정책

2002년에 취임한 젊은 다나카 시장은 지금까지의 도시디자인 시책에 새로운 시점을 추가하여 신정책을 개시하였다. 그것은 지금까지 만들어져 온 매력적인 도시 공간 및 보존된 역사적 건조물의 효과적인 활용에 의한 도시의 활성화를 꾀하는 것이다. 그리고 이를 위해 시정부를 대신하여 민간의 활동을 최대한 활용하는 것도 중시하고 있다. 이러한 점에서 도로 공간을 활용하여 일본대로에 오픈카페와 광고부착 버스정류장 쉘터를 설치하고, 역사적 건조물 및 빈 창고 등을 민간의 문화예술 활동의 거점으로 활용하여 문화예술을 창조하는 도시로 발전시킨다는 시책을 마련하게 되었다. [사진 18, 19]

17. 2호 도크의 보존 활용
18. 대로에 설치되어 있는 오픈카페
19. 창조도시(역사적 건조물을 이용한 문화 창조 활용)

쿠니요시 나오유키
요코하마시 도시정비국 수석연구위원
와세다대학 이공학부 졸업
와세다대학 대학원 졸업
35년간 요코하마시 기획조정국 도시디자인 담당 역임
1990년부터 와세다대학 도시디자인 강사
2005년부터 일본대학 도시디자인 강사
일본건축학회상 수상(3회)

공공디자인 정책의 결정과정 및 공무원의 리더십
기능성, 쾌적성, 예술성, 그리고 경제성을 지닌 도시 만들기

양세훈 문화관광부 행정사무관

서문 – 왜 일본인가

도시의 기능이 단순히 주거공간을 제공하는 것으로 인식한다면 적당한 면적, 구조물, 접근성을 고려한 도로망이 있으면 그만일 것이다. 그러나 삶의 질이 향상됨에 따라 인간이 태생적으로 가지고 있는 문화적 욕구가 점차 일차적이고 기본적인 주거공간 확보에 만족하지 않고 자신들의 삶의 터전에 보다 보기 좋은 외관을 조형하고 거기에 편의성, 쾌적성, 예술성을 가미하는 방향으로 추구해 나가게 되었다. 특히, 선진국 도시들은 거주자들의 만족감을 넘어 더 많은 방문객들이 찾아올 수 있도록 유도하기 위하여 기존구조의 개선 계획과 새로운 프로젝트를 시대감각에 맞게 설계하는 사업을 경쟁적으로 벌이고 또 성공하고 있다. 즉, 도시공공디자인은 일종의 투자사업의 성격으로 발전하고 있는 것이다.

필자는 직업상 많은 외국을 다녀 본 경험을 가지고 있다. 아무리 미적 감각이 무딘 평범한 사람이었지만 47개국의 116지역을 돌아다닌 결과로 방문지 간의 차이점이나 격차를 자연스럽게 터득하게 되었고, 각 도시마다 지니고 있는 특성, 특히 외관이 방문객에게 주는 효과가 얼마나 지대한가를 인식하게 되었다.

도시 미관 사업은 거주자에 대한 쾌적성 제공만이 아니라 수많은 방문객을 유도하여 관광수입을 올리는 하나의 사업이 되어가고 있다는 것을 알게 되었다. 원래 관광 사업은 투자가치가 높은 수익 사업이라 할 수 있으며 이를 인식한 각국이 심혈을 기울이는 것은 당연한 일일 것이다. 보기에도 좋고 돈도 잘 버는 일석이조의 사업인 것이다.

그러면 우리나라는 어떤 방향으로 나아가야 할 것인가? 우선, 기존 도시구조의 개선이나 새로운 조형물의 설계에 있어서 시각적 만족을 줄 수 있는 외관에 더하여 기능성, 쾌적성, 예술성을 가미하는 도시미관 디자인의 고전적 원칙을 따라야 함은 피할 수 없는 길일 것이다.

여기에 참고해야 할 요소가 있다. 도시 미관 사업에 성공한 도시들의 공통점은 단순히 기존 구조물을 개조하거나 새로운 볼 거리를 제공하는 조형물을 여기저기 나열하는 것이 아니라 그 도시가 위치하고 있는 주변의 자연환경에 어울리고 옛 것과 새 것을 적절히 조화시킨 색채와 조형미를 갖추도록 도시 전체적인 안목에서 위치와 규모를 정하고 있다는 것이다. 특히 유럽 도시들이 기존의 뛰어난 도시조형에 새로운 시대감각을 살린 설계를 가미하여 새로운 형태의 도시 미관을 창조해 나가는 것을 볼 수 있다.

자연의 생김새, 수목의 종류, 산천의 구조, 문화적 배경, 생활양식, 의식구조 등이 우리와 흡사하면서 서양과 다른 옛 것을 가지고 있다는 공통점도 가지고 있는 일본이 우리에게는 하나의 모델이 될 것으로 생각된다. 도시형성의 역사적 배경과 문화가 다른 유럽 선진국에 비해 현대도시 형성이 뒤떨어진 일본은 경제발전에 따른 새로운 인식을 바탕으로 기존 도시 구조개선, 특히 첨단기법을 가미한 보기 좋은 외관 만들기에 중앙정부, 지방공공단체지방자치체, 관련기관, 민간이 협력 체제를 구축하고, 지방자치체가 강력한 행정력을 발휘하여 적극적으로 사업을 시행하고 있다. 지방자치체가 주축이 되어 있기 때문에 그 지방의 특성을 잘 살리면서 미관 사업을 추진할 수 있는 원동력이 되고 있다.

법규제정

법규제정의 필요성

일본은 1921년(大正8년), 도시계획법 제

정에 따른 '풍치지구', '미관지구' 제도를 창설하고, 1968년에는 '역사적 풍토보존구역', '역사적 풍토특별보존지구' 제도를 창설하였다. 1975년에는 문화재보호법에 따라 '전통적 건조물군 보존지구' 제도를 창설하고, 1980년에는 '지구계획' 제도를 창설하여 약 500개의 지방공공단체가 자주적으로 경관조례를 제정하여 경관의 정비, 보존을 적극적으로 추진해 왔으나 국민 간에 공유하는 기본이념이 확립되어 있지 않았고, 신청, 권고 등에 관한 절차가 확립되지 않아 소송이 제기되는 등 제도상의 미비가 있었을 뿐만 아니라 중앙정부의 세제상, 재정상 지원도 불충분하여 많은 문제점이 노출되었다. 이러한 상황에 대처하여, 국토교통성(중앙정부)은 2003년 '아름다운 나라 만들기 정책 대강'을 제정하고 전국적인 경관회의, 경관형성추진협의회 등의 요구를 받아들여 경관정비보존에 대한 기본이념을 명확히 하고, 국민, 사업자, 행정의 책무에 대해 명확히 하고, 경관행위규제절차를 제정하고 지원조치를 창설하는 등 정비를 기하게 되었다. 또한, 중앙정부가 지방공공단체에 대해 일정한 범위에서 강제력을 행사할 수 있는 필요성도 인정하게 되었다.

관련법 – 경관녹삼법

2004년 6월 18일에 법률 제110호로 경관녹삼법(景觀綠三法, Landscape Act)이 공포되고 동년 12월 15일 경관법 정성령(政省令)이 공포되어 2005년 6월 1일 전면시행에 들어갔으며 2006년 6월 2일에 개정되었다. 이 법의 특징을 살펴본다면, 1) 기본이념 등 기본법의 성격과 경관계획, 경관정비기구 등 구체적 규제 및 지원조치 규정, 2) 도시만이 아니라 농촌, 자연공원 등도 대상에 포함, 3) 지역특성이 반영되도록 지방조례에 규제내용을 유연하게 하도록 명기, 4) 계획구역변경명령 등 필요시 중앙정부가 강제력을 행사할 수 있도록 명기, 5) 민간단체, 주민 등의 제안 등 이들의 참가기회를 제도화, 6) 경관지구에서의 건축물이나 조형물의 형태, 의장에 관한 승인제도를 도입, 7) 경관협의회, 경관협정 등 경관정비보존기관 설치제도를 도입, 8) 경관건축기준법의 규제 완화, 예산, 세제 등 지원 조치의 강구이다.

주요 내용

기본 이념

양호한 경관은 아름답고 품격 있는 국토형성과 윤택한 생활환경 조성에 불가결한 요소로서 국민공통의 재산으로 하며, 현재와 미래의 국민이 그 혜택을 누리도록 정비 보존해야 하며, 지역의 자연, 역사, 문화 등과 인간의 생활, 경제활동 등과 조화를 이루어 주는 것으로서 적정한 제한적 조치를 통하여 조화를 이루도록 토지를 이용하고 지역이 가지는 고유한 특성과 밀접한 관련이 있다는 점에서 지역주민의 의향, 지역특성을 신장하도록 형성되어야 한다. 또한 양호한 경관은 관광, 지역 간 교류촉진에 다대한 역할을 하는 것으로서 지역의 활성화를 위해 지방공공단체, 사업자 및 주민이 일체가 되어 추진해야 하고 현존 경관을 보존하는 것만이 아니라 새로운 경관을 창출하는 것도 지향해야 한다.

각 단체의 책무와 역할

중앙정부는 양호한 경관 형성에 관한 시책을 종합적으로 책정 및 시행하는 책무를 가진다. 또한, 계발 및 지식보급을 통하여 기본 이념에 대한 국민의 이해를 촉진해야 하고 지방공공단체는 중앙정부와의 역할 분담, 해당 구역의 자연적, 사회적 제조건에 부합하는 시책책정 및 시행하는 책무를 가진다. 사업자는 토지이용 등 사업 활동에서 양호한 경관형성에 자주적으로 노력해야 하며, 중앙정부와 지방공공단체가 실시하는 시책에 협력해야 하고, 주민은 양호한 경관형성에 대한 이해를 도모하고 적극적 역할을 수행하도록 노력하며, 중앙 및 지방공공단체가 실시하는 시책에 적극 협력해야 한다.

법규의 분석

일본은 1920년대부터 도시계획에 따른 미관지구설정을 실행해왔으며, 시대흐름에 따라 여러 번의 개정과 새로운 법규를 제정하여 강력한 행정력을 기반으로 도시를 정비해 나가고 있다. 사업주체라 할 수 있는 중앙정부, 지방공공단체, 사업자, 주민 등 4자가 각각 책임한계를 명확히 구분하고 유기적인 협력 체제를 유지해 나간다.
지방공공단체가 행정만으로 밀고 나가는 것이 아니라 사업자와 주민의 의견을 수렴하고 외곽 협력기구를 만들어 광범위한 협력 체제를 유지함으로써 마찰을 피할 뿐만 아니라 우수한 아이디어를 얻는 효과도 거둔다. 기본 이념의 확립, 법에 의한 집행, 주민 및 사업자의 의견 수렴, 협력기구의 협력체제 등 민주적 절차에 따른 계획입안과 사업추진은 후발국인 일본의 도시 위상을 세계적 수준으로 끌어올리는 데 지대한 공헌을 하고 있다.

정책의 핵심

총합성의 확보

경관법에 규정된 제반 제도와 도시계획이 일체성을 유지하는 선에서 다음 사항이 검토되어 총합적 시책이 강구되는데 검토될 사항은 1) 도시계획 : 고도, 풍치, 지구계획, 2) 건축기준 : 조례, 설계, 단지 등 경관, 3) 옥외광고물 : 경관저해요인 규제, 4)녹지관계 : 녹지, 수목보존, 녹화사업, 5) 공공시설 : 경관상의 중요한 요소, 6) 문화적 경관 : 문화재보호 등이다.

경관행정단체의 일원화

행정구역설치제도에 따라 정령시(政令市), 중핵시(中核市), 도도부현(都道府縣), 기타 승인을 받은 일부 시읍면(2005년 9월 1일 현재 62개) 등 일본 전국 총 158개 경관행정단체가 각기 추진해옴으로써 행정의 중복과 예산낭비를 초래하였음을 감안하여 경관행정의 일원화를 기하여 특히 주민생활과 밀접한 관계를 가진 시읍면이 중심적 역할을 하도록 체제를 정비하였다. 2007년 8월 1일 현재 경관행정단체가 된 공공단체는 290개이다.(도도부현 47개, 정령시 17개, 중핵시 35개, 시정촌 191개)
시읍면의 기초단체가 중심적 역할을 할 경우 도도부현 등 광역단체가 실시하는 경관시책에 합치되는 시책을 펴나가도록 통일성과 정합성이 요구되어 경관협의체를 적극 활용하는 방안이 강구되었다.

경관구역의 구분

경관지구

경관지구는 시가지의 양호한 경관형성을 위해 도시계획차원에서 지정하는 지구로서, 지정된 미관지구를 모체로 대폭 발전 확충시킨다는 데 목적이 있으며 현재에 국한되지 않고 미래에 양호한 경관형성을 폭넓게 활용, 건축물 및 조형물의 형태, 의장이 정비되고 경관의 질을 능동적으로 높이는 효과를 노린다. 그 규제대상은 건축물만이 아니라 인공적 요소나 자연적 요소가 일체를 이루어야 한다는 발상에서 도시건축물 등의 형태, 의장, 조형물의 경관적 형상, 지역특성이나 목표에 어긋나는 개발행위 등을 규제하는 것을 조례로 정한다. 2007년 8월 25일 현재 지정된 경관지구는 18개이다.

경관계획구역

경관계획은 행정단체가 경관행정을 추진하는 구역을 정하는 기본계획으로서 구역지정, 양호한 경관형성을 위한 방침, 행위의 제한 건조물 및 수목의 지정, 중요 경관 공고시설 정비 등을 경관법에 따라 정하는 것을 말한다. 대상지역에서 특성을 우선 감안하여 양호한 경관형성을 해치는 각종 행위를 제한하는 조치를 취하고 필요하고도 충분한 구역을 확보, 지정한다. 또한 구역대상 내에 특성이 다른 복수의 대상이 있을 경우에는 구역을 구분하여 지정할 수 있으며 지형상의 특성이 산재해 있을 경우에는 분산하여 지정할 수 있고 각기 별도의 계획을 책정할 수 있다.
지정대상으로는 온천지 등 관광지의 외곽지역 토지, 도시 및 농어촌 지역의 조망권 내 또는 배경지역 토지, 하천, 호수, 해안, 항만 어항의 인접수면, 이미 양호한 경관을 계속 보존하여야 할 구역, 즉 역사적 거리, 자연경관을 갖춘 시가지 및 부락, 오시의 중심적 사업지구 내 양호한 건축물, 자연환경과 토지이용의 일체를 이룬 도로 또는 하천 등 공공시설 및 주변 거리, 지역의 자연, 역사, 문화 등을 고려한 지역특성에 어울리는 경관을 형성할 필요가 있는 토지구역 또는 장래 그러한 필요성이 대두될 것으로 예상되는 지역, 지역 간 교류의 거점이 되는 토지구역, 즉 공항 등 교류접점, 청사 등 공공시설, 관광시설, 관광안내지원시설, 스포츠시설, 공원, 녹지, 극장 등 문화시설, 지역교류시설 등이 있다. 또한 주택시가지시설, 건축물부지정비, 토지구획정리, 중심시가지재개발, 임해토지전용 등 사업이 진행 중인 토지구역에 양호한 경관을 창출할 필요가 있는 경우에도 지정대상이 될 수 있고, 지역토지이용 동향으로 볼 때 불량 경관을 형성할 우려가 있는 구역, 즉 건축물 또는 조형물의 입지, 조지형질변경, 옥외 토석 퇴적 등 이용 동향, 농업 또는 임업사업 동향, 연도 서비스시설이 들어설 바이패스도로변 토지구역 등도 지정대상이며 2007년 8월 14일 현재 51개의 경관계획구역이 지정되어 있다.

준경관지구

준경관지구란 도시계획 구역대상이 아니라도 경관지구에 준하는 규제가 양호한 경관 보존을 위해 필요한 지구, 즉 관광지 등 주변의 지역특성을 가진 경관을 유지, 증진해야 할 필요가 있는 지구를 말한다. 도시계획 및 준도시계획구역에 인접한 구역 외 지역의 건축물 등의 건축행위를 대상으로 시읍면이 지정하며 건축물, 조형물의 형태, 의장, 조형물의 최고 최저 및 설치 제한, 개발행위 제한, 건축물의 높이, 벽면위치, 구조 및 부지에 대한 제한, 인증, 허가제도, 위반시정조치 등을 시읍면 조례로 정한다.

경관농업진흥지역정비계획

논밭 등 경작지가 경관과 조화를 이루도록 영농조건을 확보해야 할 구역을 권고 수준에서 설정하는 경관농업진흥지역정비계획을 수립하였는데, 경관과 조화를 이루는 영농 토지이용을 유도하고 계단식 전답의 석재를 보존하고 취락 전체의 공동 작업을 지원하며 경관정비기구의 협의 하에 권고대상지역의 농지이용권을 취득, 경관작물의 육성을 관리하도록 하고 있다. 또한 해당지역의 특성이 될 수 있는 경관 창출 보전, 이에 필요한 사항, 즉 보전 창출해야 할 지역의 경관의 특색, 지역의 범위, 매력 있는 경관을 보전 창출하기 위한 방침 등을 제시한다.

행정 규제와 지원

경관지구는 경관 형성을 목적으로 지정하는 것이므로 건축물이나 조형물의 디자인, 색채, 높이, 부지면적 등을 종합적으로 규제한다. 또한 폐기물의 퇴적이나 토지형질변경 등에 관해서도 행위를 규제할 수 있다. 경관계획구역의 경우는 신고나 권고를 기본으로 하는 느슨한 규제를 도모하고 건축물, 조형물의 디자인, 색채에 관하여 변경명령을 할 수 있다. 또한 농지의 형질변경 등을 규제하고 경작방치지역에 대한 대책강화, 산림업의 촉진도 도모한다. 경관상 중요한 건축물, 조형물, 수목을 지정하여 적극적으로 보전한다.

경관협정은 지방공공단체가 주민의 동의를 구하여 세부사항을 정하는 협정이다. 즉 건축물 및 조형물의 높이와 색채, 녹지대, 간판, 노천주차장, 상점가의 쇼윈도, 외관, 조명, 이동식 선전물, 건축물 앞 꽃장식, 청소횟수, 상징적 공간 등 경관에 관한 모든 사항을 일체화하는 효과를 거둔다. 경관협의회에서는 행정기관, 주민 공공시설관리자 등이 협의를 통하여 경관에 관한 규칙을 만드는데 필요시에는 전기사업자, 주변상점진흥조합, 상공회 지구 주민 등이 참가하여 정비 방침, 점용허가 방침, 오픈카페 설치 등 운영 방법을 검토, 협의한다.

경관정비지구는 비영리법인 및 공익법인을 경관행정단체장이 지정하여 전문가에 의한 정보제공, 주민합의 조정, 경관주요건조물과 수목의 관리, 경작방치지역의 이용권 취득 등에 참여시키는데 2007년 7월 24일 현재 16개의 정비기구가 있다. 기존의 외관 보존을 위해 건축기준법상의 제한을 일부 완화하기도 한다. 벽면의 위치, 높이 등 고도제한과 건폐율도 완화하고 있다. 경관중요건조물 및 부지는 현상변경 제한과 사용용도 제한이 발생하여 불이익을 당할 때는 평가액의 적정수준 인하를 통하여 상속세 감면과 소득세, 법인세의 적정수준 공제도 시행한다. 경관법이 정한 사업, 경관계획구역 또는 경관지구 사업에 대하여 조사나 사업 시행 도중 동기 부여를 위한 예산을 지원한다. 또한 건물의 수선, 안내판 설치 등 시읍면 사업에 필요한 자금을 교부금 형식으로 지급하며 자치단체, 주민, 기업 등이 기금을 조성하기도 한다. 가로 환경정비 사업은 시읍면이나 토지소유자의 경관형성 사업을 지원하기 위하여 정부예산을 지불하며 경관 사업과 역사적 건조물 활용 정비 사업에는 경관사업 촉진을 위한 정책금융제도가 있다. 필요한 정보 데이터베이스의 정비, 경관교육 인재육성, 경관교육, 교재발간 등을 위한 행정 경비는 예산에 책정되어 있고 경관중요건조물과 일체가 되는 도시공원 정비를 추진하여 지역 관광 진흥의 거점으로 삼고자 한다. 관광 진흥 거점공원에 경관중요건조물과 일체감을 이루도록 정비사업을 추가하고 주변 녹지를 양호한 경관으로 형성하기 위한 보조금을 지원한다.

분석

경관지구, 경관계획구역, 준경관지구, 경관농업진흥지역정비계획 등 지정지역이 매우 광범위한 것을 특징이라고 할 수 있다. 그러나 각 구역별 규제대상과 내용을 세분화하여 일률적인 규제를 피하고 전체적인 균형을 이루도록 고려한 것이 주목된다. 법의 제정과 사업의 입안, 시행 등 전반적인 사항을 지방공공단체가 주도하고 있으나 주민 등 이해당사자의 참여를 제도적으로 보장하여 민주적 절차를 거치고 있다. 지역주민의 참여폭이 매우 넓고 입안 단계부터 주민의 의사가 반영될 수 있도록 제도적으로 보장하고 있는 것이다. 한편 관련단체, 전문가, 사업자, 주민 등으로 구성된 협력 체제를 구축하여 폭넓은 심의와 지지를 이끌어내고 있으며 사업시행을 위하여 정부의 재정상, 세제상 지원과 민간자금의 조성을 도모하는 등 필요한 경비조달을 위한 능동적 조치를 취하고 있다. 모든 지방공공단체가 일률적으로 경관법의 적용을 받는 것이 아니라 공공단체 스스로 경관법에 의한 행정단체가 될지의 여부를 자율적으로 결정한다.

정책 결정 과정

제안

경관법에 따라 대상지역과 사업내용을 지방공공단체가 입안하고 토지소유자, 비영리법인, 공익법인 등이 경관계획을 제안한다. 처리기간이 따로 정해져 있지는 않으나 지체 없이 행정 처리를 해야 한다고 법에 명시되어 있다. 공공시설관리자는 경관공공시설로 지정해 줄 것을 요청할 수 있다.

처리 단계

주민의견을 수렴하기 위한 공청회와 주민의 폭넓은 참여를 위한 설명회를 필수적으로 개최하도록 조례에 의해 규정되어 있다. 도시계획구역, 준도시계획구역에 걸린 부분에 대하여 경관심의회나 주민단체의 의견을 수렴해야 하며 도도부현이나 광역단체가 사업주체일 경우 관계 시읍면의 의견을 필수적으로 청취해야 하고 경관중요공공시설을 지정하는 경우에는 해당 시설관리자의 협의와 동의가 필요하다. 최종 결정은 공공단체의 내부 절차에 따른다.

대상 구분

건축물의 건축, 조형물의 건설 등 개발행위는 필수대상이고 토지개간, 토석채취, 광물채굴, 토지형질변경, 수목재배 또는 벌채, 산호채취, 옥외토석, 폐기물, 재생자원 및 물건 퇴적, 수면매립이나 간척, 야간 공중관람물, 일정기간 유지되는 건축물, 조형물, 옥외 물건의 외관을 비추는 조명 등은 선택적인 대상으로 구분된다. 행위에 대한 제한으로는 건축물과 조형물의 형태, 색채, 외장, 고저한도, 벽면의 위치, 건축물 부지면적의 최저한도, 기타 양호한 경관형성을 위한 제한 등이 있다. 단 건축물이나 조형물의 이용을 부당하거나 과도하게 제한하는 것은 금지하고 있다.

허가 절차

건축확인제도(지구계획건축기준조례)

건축물의 높이, 벽면의 위치 등이 대상이 되는데 그 절차는 확인 신청→확인서 발급(제한에 대한 완화 조치가 가능한 단계)→행위 착수→확인 표시(공사현장의 표지 포함)→완료 검사→사용 제한(경우에 따라 제한)→건축 확인(최종 단계) 등의 단계를 거치도록 되어 있다.

인정제도(지구계획경관법조례)

이 제도의 절차는 대상에 따라 약간 차이가 있는데 우선 건축물 및 조형물의 디자인과 색채를 대상으로 하는 절차는 시읍면장에게 신청→심사(30

일 이내 적합성 심사)→인정증 교부→행위 착수→인정 표시→검사(경우에 따라 시행)→시정 명령(경우에 따라 시행)→인정 등의 단계가 있다.

조형물의 고저를 대상으로 하는 절차는 건축물 및 조형물의 디자인과 색채를 대상으로 하는 절차와 같으나 신청 내용 위반에 대한 벌칙으로 적합 의무를 부과하고 적합 의무를 수행하는 절차가 첨가된다. 개발행위를 대상으로 하는 절차는 허가 신청→행위 개시 허가→시정 명령→허가 순으로 비교적 간단하다.

권고 변경제도

건축물 및 조형물의 디자인과 색채가 대상이 되는데 경관상 특성을 고려하여 지구 내에서 요구되는 규모로 디자인과 색채를 변경할 수 있으며 높이의 권고 기준은 30m 이하이고 색채으 권고 기준은 지붕 색채로 제한한다. 그 절차는 신청→심사→권고→변경 명령 순으로 되어 있는데 30일 이내에 신청 내용에 대해서 경관심의회에서 조례 위반 여부를 심사하고 권고는 30일 이내로 규정하고 있으며 최대 90일을 넘길 수는 없다. 공사 착수 제한은 합리적 이유와 필요한 범위 내에서 기간을 설정한다.

세부사항

건축물의 형태와 의장의 제한(인정제도)

대상은 경관지구 내의 모든 건축물이 되며 제외되는 대상은 경관중요건조물, 국보, 중요문화재, 특별사적명승천연기념물, 사적명승천연기념물, '전통적 건조물군 보존지구' 내 건축물 등이며 기존 건물 중 양호한 경관 형성에 현저히 부적합한 건축물은 시읍면 의회의 동의를 얻는 경우에 한하여 관리자 또는 점유자에게 필요한 조치를 명령할 수 있고 이 경우 시읍면은 손해보상의 의무를 이행해야 한다.

건축물의 고저한도 제한(확인제도)

이 제한의 대상은 역사적 거리, 양호한 중저층 주택지(산천 등 자연조망 시야확보, 랜드마크, 거목, 광장 등 주변 조건과 어울릴 경우), 기타 길거리, 원격조망, 스카이라인을 고려하여 경관상의 특성을 유지, 증징한 필요가 있는 구역으로 한다.

개발행위 제한(허가제도)

이 제도는 개발 행위, 토지의 개간, 토석채취, 광물 채굴, 토지 형질변경, 수목 재배 또는 벌채, 옥외토석, 폐기물, 재생자원 등 퇴적, 수면 매립 또는 간척, 지역 특성이나 양호한 경관 형성에 현저하게 지장을 주는 행위, 지역 경관과 현저하게 부조화를 이루는 행위 등을 제한한다.

인정제도의 운용

건축물의 형태와 의장의 제한 내용은 제한 인정 후의 운용과 일체를 이루어야 하기 때문에 경관지구 시가지 특성이 지향하는 경관상을 폭넓게 상정하여 형태와 의장의 제한 내용이 총합적 성격을 유지하도록 하는 원칙을 가지고 시가지 중심의 상징적 거리에 경관을 형성하는 건축물의 부분적 색채, 재질 개구부의 의장, 녹지가 많은 주택지의 지붕 형태와 녹지와의 조화, 역사적 거리에 있는 주요시대 건축양식과의 부합, 주상복합지구의 벽면과 색채가 균형을 이루는 공간 조성, 주변 산세와 시가지 경관의 조화를 이루기 위한 기와지붕의 색채, 재길 형상에 대한 규제, 바이패스도로 연도의 경관악화 방지를 위한 원색 사용 금지 등을 주요 골자로 하고 있다. 건축물의 형태와 의장에 있어서 지붕, 외벽, 기둥, 설비 등 다양한 제한 대상을 개별적 또는 총괄적으로 규정하고 외관 전체를 총괄적으로 규정하며 색채, 형상, 양식, 재질 등 형태와 의장 내용을 구체적으로 지정한다. 공공공간의 경관 형성 관점에서 주변을 차단하거나 반대로 시야를 확보하는 규정, 건축물 외관의 파손이나 부식의 방치를 금지하는 규정, 일의적, 정량적 제한, 선택 가능한 사항의 규정, 주변경관과의 조화를 위한 재량권의 인정에 대한 규정 등이 이에 포함된다.

경관중요건조물 및 수목

지역의 랜드스케이프가 되는 경관상 중요한 건조물과 수목을 적극적으로 보전하기 위해서 경관단체장이 소유자의 적정관리 의무, 현상변경에 관한 행정단체장의 허가, 관리협정에 의한 경관유지 의무 등을 지정하는데 건축물 외관 보전을 위해 건축기준법상의 규제를 완화하거나 벽면의 선에 대한 건축 제한, 외벽의 후퇴거리 제한, 일조권 등의 특례가 마련되어 있다.

지역의 자연, 역사, 문화적 관점에서 건축물의 외관 또는 나무의 모양이 특징을 가지고 있어 경관 형성에 중요한 요소가 되고 도로, 공공장소에서 조망이 용이한 경우를 대상으로 하되 역사적 문화적 가치와는 무관하며 소유자 등 소수만이 볼 수 있는 것은 대상에서 제외된다. 소유자의 동의를 요하지는 않으나 의견은 존중하며 증축, 개축, 이전, 제거, 외관변경, 색채변경, 수목의 벌채, 이식 등은 허가가 필요하다. 공익상 기타 특별한 이유로 인한 지정해제도 가능하며 행정단체, 경관정비지구 또는 복지관리기구가 소유자와 관리협정을 체결하여 소유자 대신 관리할 수도 있다.

경관중요공공시설

경관법에 의하여 도로, 하천, 도시공원, 해안, 항만 등을 경관중요공공시설로 지정하였으며 경관계획이 정한 규정에 준하여 정비를 할 수 있고 그 기준에 따라 허가한다.

경관법 활용 의향에 관한 조사 실시

지방공공단체의 경관법 활용 의향을 파악하여 추후 법의 보금, 계발의 기초자료로 활용하기 위하여 2005년 4월 1일 전국 지방공공단체를 대상으로 실시하였으며 158단체가 경관행정단체로 공시되었었는데 2007년 8월 1일 현재 290개 단체로 증가하였다.

일본의 공무원

리더십이 저절로 생기는 것이 아니라는 것은 주지의 사실이다. 리더 스스로가 리더십을 갖추는 요인, 즉 존경받을 수 있는 인격, 남보다 앞선 판단, 설득, 통솔력, 활동력, 친화력 등의 능력과 책임감이 있어야 함은 물론 이러한 사람의 지도를 인정하고 따르는 주위 사람들의 동의가 있어야 하고 나아가 그 리더십을 키워주는 협업이 있어야 확립된다.

앞서 본 바와 같이 일본은 1920년대부터 정부 주도 하에 관계법령을 제정하고 경관 형성에 대한 정책 입안과 사업 수행을 주도하고 있다. 중앙정부나 광역단체(도도부현)보다 주민과 밀접한 기초단체가 추진의 중심에 있다. 정부 주도로 추진된다는 의미는 그 조직의 구성원이 업무를 담당한다는 것이고 그 구성원은 공무원이 된다. 모든 제도를 운영하는 것도 사람이고 그 운영에서 얻어지는 혜택을 보는 것도 사람이다. 사람이 사람을 위한 일을 사람과 함께 한다는 제도 속에서 그 중심이 되는 사람, 즉 공직자의 자질과 자세가 핵심 요소가 된다. 계획 단계, 심사 단계, 허가 단계에 이르는 전 과정에서 공직자의 업무처리 능력과 자세는 사업의 성공에 직결된다고 할 수 있다. 일본의 공무원이 되기 위한 길은 다른 나라와 마찬가지로 시험, 특채, 임명, 계약 등 다양하다. 특수 전문 분야를 제외하고는 일반 공무원 채용에 있어 학력 제한이 없다. 중앙정부 공무원의 경우 전국 각지에서 모여들지만 지방공공단체의 경우에는 그 지역과 밀접한 관계를 가진 사람이 주로 지망하고 채용된다. 대학졸업자여야 한다는 규정이 없기 때문에 학력을 최우선으로 하지 않는 풍토를 낳았다고 할 수 있다. 일본의 근대화가 몇 세기에 걸쳐 이루어져 오는 과정에서 확립된 공직자의 자세는 철저한 책임의식과 사심 없는 행정처리에 있다. 일본의 공직자는 법령이나 규칙에 정해진 대로 행동한다는 원칙주의를 철저하게 따른다. 일례로, 개업시간과 종료시간을 1분도 틀리지 않게 지킨다. 열차시간의 착발이 1분이라도 늦는 경우에는 사과방송을 싫증날 만큼 반복한다. 공공기관은 물론이고 개인회사에 서류를 제출하는 경우에도 신속한 처리보다는 철저한 처리에 더 무게를 두어 예상 외로 시간이 많이 걸릴 때도 있다.

또한 일본의 공무원은 절대로 거짓말을 하지 않는다는 철칙이 있다. 일본의 공무원의 부정비율은 세계적으로 매우 낮다는 인정을 받고 있다. 부정을 절대로 용납하지 않는 사회적 분위기도 한 몫을 한다고 볼 수 있고 공직생활을 원활하게 수행할 수 있도록 생활안정에 필요한 대우를 해주는 것도 정직성과 청렴도를 높이는 요인이 될 것이다.

민원을 해결해 주려는 긍정적인 태도, 어려운 상황에 처한 사람들에게 조력하는 태도 등을 보면 일본 공무원들의 봉사정신이 투철하다는 것을 쉽게 알 수 있다. 업무 처리에 대한 자세한 사전 사후 설명, 확인 등 처리가 마무리될 때까지 책임을 다한다. '할 수 없다'는 부정적인 생각보다 '하게 한다'는 긍정적인 정신을 바탕으로 업무에 임하며 중앙정부나 광역단체는 하부조직인 기초단체의 의견을 제도적으로 존중하고 권한도 대폭 위임하고 있다.

일본에는 미래 상황 전개를 미리 알려주는 제도가 있어 시민들로 하여금 상황에 대해서 미리 대비할 수 있는 행정을 하고 있다. 하나의 사고나 사건이 일어나면 그 원인을 규명하고 진행 과정을 보고하며 일이 종료된 후에도 그에 대한 궁금증이 완전히 해소될 때까지 알려주려고 최대한의 노력을 한다. 일본의 공무원들은 사후 대책보다 사전 대책에 더 역점을 두는 행정을 하고 있다.

일본의 공무원들은 필요한 경우 전문가의 자문을 겸허하게 받아들이고 존중하는 업무 처리가 정착되어 있으며 시민의 지적이나 민원에 대해 항상 문을 열어놓고 있다. 시민은 공무원에게 있어서 비판이나 지적을 하는 대상이기도 하지만 공무원에게 힘을 실어주는 역할도 한다. 일본 공무원의 리더십은 시민에 의해 생긴다고 해도 과언이 아니다.

정책의 효과

오늘날 일본은 공무원들이 제도에 철저히 순응하면서 리더십을 발휘해서 이루어낸 결과물이라고 할 수 있다. 경관법이 발효된 이래 290개의 경관행정단체가 설립되었으나 앞으로 더욱 증가할 것이므로 일본 전역에 걸쳐 경관사업이 펼쳐질 것으로 예상된다.

문화재환경보전지구제도(Historic Environment Control Act)를 제정하여 보전지구, 환경조정지역, 배경지구, 완충지역 등 구역을 나누어 문화재가 위치한 지역 내 뿐만 아니라 그 주변지역, 멀리 보이는 배경지역, 그 구역을 둘러싼 완충지역까지 설정하여 광범위하고도 총합적인 정책을 시행하고 있다.

문화재가 가장 많이 밀집해있는 관서지방을 본다면 국가지정건조물이 교토에 528개(전국 1위), 나라에 372개(전국 2위), 세계유산으로 등록된 곳은 교토에 1개가 있고 교토와 우지와 오오츠 등지에 17개의 개인사찰이 정비되어 있다.

다음은 실제로 경관 형성 효과가 나타나고 있는 실례를 관광객 수를 기준으로 낸 통계이다.

이세시	1992년 35만, 2002년 300만
가와고에시	1988년 90만, 2002년 160만
히코네시	1995년 30만, 2002년 40만
키타큐우슈우시	1994년 26만, 2002년 211만

이와 같은 효과를 거두는 데는 명승지 주변 환경개선이 한 몫을 한 것으로 판단된다.

1965년 처음 일본을 방문한 이래 매년 방문을 하고 또 세 차례에 걸쳐서 장기체류를 하면서 일본의 현저한 환경개선 현상을 목격할 수 있었다. 일본의 발전 속도는 해마다 빨라지고 있다. 방문할 때마다 특색 있는 경관 형성 효과를 피부로 느낄 수 있었는데 대도시뿐만 아니라 지방도시와 농어촌까지도 관광객의 방문으로 윤택해지고 있음을 알 수 있다. 이런 추세로 발전해간다면 일본은 전국토가 관광지가 될 날도 멀지 않은 것 같다.

제언

도시미관사업의 후발 주자인 우리는 강력한 추진력을 갖춘 행정력이 뒷받침 되어야 한다는 의미에서 앞서 가고 있는 일본의 행정을 참고로 해야 할 것이다. 그러나 간과해서는 안 될 사항이 있는데 그것은 우리의 행정 형태를 면밀히 검토하고 정책을 입안, 시행해야 한다는 것이다. 전문 분야 행정가가 많지 않은데다 행정 경험도 풍부하지 않은 관 주도의 행정에 익숙한 관행이 자칫 판단의 착오나 졸속을 부를 가능성을 충분히 인식해야 한다는 점이다. 도시미관 사업은 그 특성상 시행착오를 허용해서는 안 될 것이다. 한 번 만든 것을 뜯어 고치기란 여간 어려운 일이 아니기 때문이다.

모든 생산은 최종 소비자를 위한 것이어야 한다는 평범한 진리를 염두에 두고 도시계획 담당자나 시행자는 그 시대에 사는 거주자, 방문자가 무엇을 어떤 수준에서 원하고 있는지를 면밀하게 받아들여서 각계 전문가들의 철저한 심사과정을 거쳐 결정을 내려야 할 것이다. 또한 중앙정부가 지방자치체에 대해 자율성을 부여하고 국토 전반에 관한 균형적 발전에 저해되지 않는 한 과도한 간섭을 하지 말아야 하되 지역이기주의를 용납해서는 안 될 것이다.

단순히 시각적 만족을 주기 위한 시대 감각을 살려야 한다는 점은 인정하더라도 옛 것을 없애버리는 우를 범해서는 안 될 것이다. 신구의 조화를 절묘하게 이루는 지혜가 필요하다. 그래야만 우리 고유의 특성을 살리면서 아름다운 환경을 창조해 나갈 수 있을 것이다. 아무리 좋은 것을 만들어 놓아도 접근하기 어렵게 위치를 잡고 대중교통 수단도 마련하지 않는다면 소용이 없다는 것도 명심해야 할 것이다.

수백 년 전 형성된 유럽의 도시들이 그 전체가 자연

과 잘 어울려진 하나의 거대한 조각품과 같이 만들어져서 관광수입만으로도 풍요롭게 살아가는 후세들이 조상의 덕을 톡톡히 보는 것처럼 우리도 그런 원대한 구상에서 도시미관 공공다자인 사업을 펼쳐 나가야 할 것이다.

우리나라 공직자들은 한민족이 국가를 형성한 이래 지금의 대한민국을 역사상 가장 번영하고 윤택한 나라로 성장시킨 저력과 긍지를 가지고 있다. 이러한 자부심을 살려서 앞으로 우리 국민들이 쾌적한 환경에서 문화생활을 즐길 수 있을 뿐 아니라 세계 곳곳의 사람들이 찾아오고 싶어 하는 새로운 나라 만들기, 새로운 도시 만들기에 도전해 보기를 바란다.

참고문헌
일본 국토교통성 작성 경관법의 개요
국토교통성 홈페이지

양세훈
서울대학교 문리과대학 정치외교학과 졸업
36년 간 외교관 재직 후 대사로 퇴직
6개월 간 일본 동경 게이오대학 방문교수
5년 간 한국의 대학에 재직

일본의 아름답고 매력적인 국가 만들기
중심시가지활성화법, 경관법 및 도시재생특별조치법을 중심으로

박종진 · 김 승 · 김예원 국회 박찬숙의원실 보좌진

들어가며

최근 우리나라는 경제 수준의 향상으로 쾌적하고 심미적인 생활환경에 대한 국민들의 욕구가 지속적으로 증가하고 있으며, 주5일 근무제 등으로 외국여행 경험이나 휴양지에서 여가를 보내는 기회가 증가함으로써 자신이 살고 있는 생활공간 자체가 아름다워지기를 바라는 등 공간 환경에 대한 수요가 근본적으로 변하고 있다.

그러나 공간 환경을 개선하고자 하는 공공기관의 노력은 체계적으로 이루어지지 못하고 있으며, 특히 공공디자인은 산업디자인에 비하여 전반적으로 낙후되어 있고 정부 부처 간의 단편적이고 단절적인 정책수립으로 인하여 종합적인 시너지 효과를 내지 못하고 있다.

또한 각종 공공사업에 디자인 관련 항목이나 비용이 아예 책정되어 있지 않는 등 디자인적인 접근이나 의식이 부족하고 공간에 대한 문화적인 시각이 부족하여 쾌적한 생활환경에 대한 국민들의 수준 높은 욕구를 충족시키지 못하고 있는 실정이다.

이 글에서는, 일본의 '중심시가지에 있어서 시가지의 정비개선 및 상업 등 활성화의 종합적 추진에 관한 법률(이하, '중심시가지활성화법'이라 한다)', '경관법' 및 '도시재생특별조치법'의 주요내용을 통해서 일본의 아름답고 매력적인 국가 만들기를 위한 법적 지원에 대해서 알아보고자 한다.

중심시가지활성화법

1998년 7월, 일본은 자동차 보급이 늘어나고 유통업 환경이 크게 변화함에 따라 중심시가지에 공터와 공점포가 늘어나는 공동화 현상이 나타나자 지역 경제의 악화를 방지하는 차원에서 '중심시가지활성화법'을 제정하였다. 이 법은 일본이 1973년 이후 실시해오던 유통관련 법률인 '대규모 소매 점포에 있어서 소매업의 사업 활동의 조정에 관한 법률(이하 '대점법'이라 한다)'을 폐지하고 1988년부터 시행하고 있는 '대규모입지법', '개정도시계획법'과 함께 이른바 '거리 만들기 3법'으로 불리고 있다. 이 법은 공동화가 진행되고 있는 중심시가지의 활성화를 도모하기 위해 지역의 창의성을 살리면서 '시가지의 환경개선'과 '상업 등의 활성화'를 위주로 하여 실행되는 종합적이고 일체적인 정책을, 중앙정부, 지방공공단체, 민간사업자 등이 연계하여 추진함으로써 지역의 발전과 질서 있는 정비를 도모하는 것을 목적으로 하고 있으며 법률의 특징은 첫째, 시정촌(市町村)의 역할을 중시한다는 것인데, 지역별로 중심시가지의 공동화 상황 및 역사적, 사회적 조건이 다르기 때문에 지역 실정을 충분히 반영하고자 지역특색과 지역주민, 상인 등의 의향 등 지역실정을 잘 알고 있는 시정촌의 역할이 중요시되고 있다. 둘째는 시가지 정비개선과 상업 등의 활성화의 일체적 추진으로, 중심시가지의 공동화에는 늘어나는 자동차 보급과 상업을 둘러싼 환경변화 등 다양한 요인이 복합적으로 작용하기 때문에, 중심시가지의 활성화를 추진하는데 있어 도로, 공원, 주차장 등 기반시설의 정비, 재개발사업 등 면적 정비사업이라고 하는 '시가지 환경개선'과 소비자의 수요에 대응한 매력 있는 상점가 및 상업 집적의 형성을 위한 상업 등의 활성화를 일체적으로 추진할 필요가 있다는 것이다.

TMO 운영

미국의 CRM과 유사한 TMO(Town Management Organization)는 중심시가지의 마찌

쯔꾸리(도시계획)를 운영, 관리하는 단체라 할 수 있으며, 구체적으로 상점가의 테넌트 유치 및 점포 배치 등 중소 소매사업 고도화를 위한 사업을 실시하는 역할을 담당하게 된다.

각종 특례조항 및 다양한 지원책 도입

사업의 원활한 추진을 위하여 중소기업 신용보험법의 특례, 식품유통구조개선촉진기구의 업무 특례, 도로운송법의 특례, 화물운송취급사업법의 특례, 통신 방송기구의 업무 특례, 과세 특례 등 다양한 특례 규정을 두어 중심시가지의 교통시설, 정보처리시설, 자금지원 등을 지원할 수 있도록 하고 있다.

개정 중심시가지활성화법

2005년 10월 27일 중심시가지의 공동화를 막기 위해 대형 상업시설과 병원이나 복지시설 등 공적시설의 교외 입지를 규제하는 내용을 주요 내용으로 하는 '중심시가지활성화법'의 개정안이 발표되었고, 이 개정안은 국회를 통과하여 2006년 6월 7일부터 시행되고 있다.

개정 중심시가지활성화법은 인구 감소나 고령화를 배경으로 중심부에 상업적, 공적 시설 등의 도시기능을 집약하는 것을 목적으로 하고 있으며, 중앙부서의 관련 예산의 확보와 더불어 관계부서 간 원활한 협조체계를 구축하여 지자체를 지원하기 위해 '관계 성청(省廳) 연락협의회'를 설치 운영하고 있으며, '중심시가지 활성화 추진실'을 개설하여 지자체의 사무 부담의 경감과 원활한 연락을 도모하고 있다.

지금까지의 '중심시가지활성화법'은 상업 진흥책이 중심이며 거리 속에 거주의 추진이나 도서관, 병원 등의 도시기능의 집적 촉진 등, 중심시가지를 '생활공간'으로서 재생하는 조치가 적고 또한 시정촌이 책정한 기본계획의 내용을 평가해 정부가 집중적으로 지원하는 구조가 되어 있지 않았다. 이 때문에 지난해 개정된 '중심시가지활성화법'은 중심시가지에 있어서 도시기능의 증진 및 경제 활력의 향상을 종합적, 일체적으로 추진하기 위해 시정촌이 작성하는 기본계획의 내각총리대신에 의한 인정제도를 창설해 다양한 지원책을 중점적으로 강구하도록 하였다. '고유명사가 없어도, 어느 시인지 알 수 정도로 특징 있는 계획을 추구하고 싶다'는 것이 중심시가지 활성화 본부의 자세라고 하니 그 의지가 어느 정도인지 알 수 있다. [표 1]

경관법

최근 일본에서는 개성 있는 아름다운 경관 형성 그리고 도시녹화의 효율적인 보전과 오픈스페이스의 녹화 추진이 요구되고 있다. 2002년 12월 18일, 일본에서는 경관에 관한 상징적인 재판 결과가 있었다. 동경도내 기초 자치단체 중 하나인 쿠니타치 시의 경관권 재판 결과가 그것인데, 맨션 건축물에 대한 시민들의 경관권 소송 결과 동경고등재판소의 화해권고에 기초한 화해안에 대해 쿠니타치 시의회에서 의장 체결로 가결되었다.

재판 결과는 쿠니타치 시의 아름다운 가로인 대학로에 면하여 있는 높이 44m의 거대 맨션 건축물에 대한 주민들의 소송에 대해, 동경고등재판소는 이 건축물의 20m를 초과하는 부분을 철거할 것을 명하도록 판결하였다. 이는 '경관'이라는 추상적인 개념에 대한 '권리', 즉 '경관권'을 법적으로 인정하였다는 점에서 상징적인 의미를 갖는다.

'경관법'은 2004년 6월 18일 공포 되어 시행 중에 있고, 일본에서 처음으로 시도된 경관에 관한 종합적

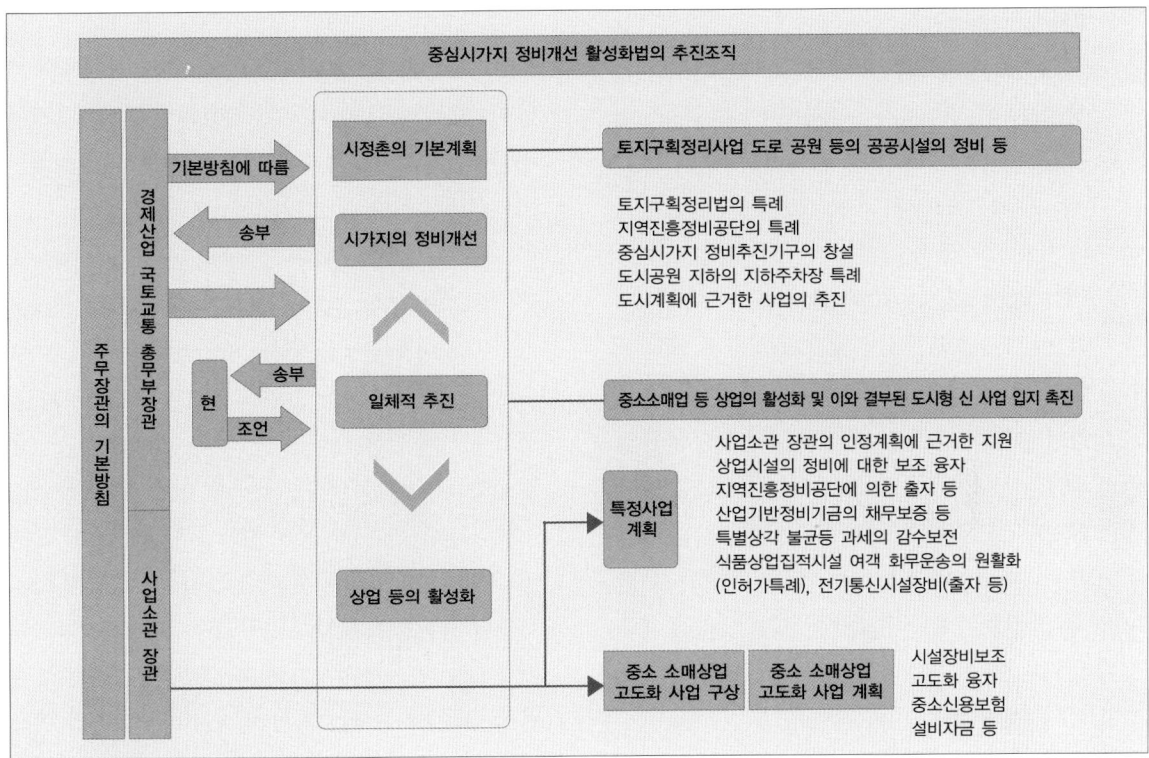

[표1 중심시가지활성화법의 추진 조직]

인 법률로서 총 7장 107조로 구성되어 있으며, 그 내용은 크게 총칙・경관계획・경관지구・경관협정・경관정비기구 등으로 되어 있다.

경관행정단체

'경관행정단체'라 함은 경관법에 기초하는 시책의 실행 주체가 되는 지방자치단체이며, 정령지정도시(政令指定都市), 중핵시(中核市)는 자동적으로, 기타 시정촌은 도도부현(都道府縣)과 협의하여 동의를 얻어 경관행정단체가 된다. 이는, 시정촌과 도도부현에 의한 이중 규제를 피하고 하나의 지역에 대해서 일원적으로 경관계획에 기초하는 시책을 실시하기 위해 '경관행정단체'라고 하는 주체를 창설하는 것이다.

경관행정단체는 현실성 있는 양호한 경관을 보전할 필요가 있다고 인정되는 토지구역이나 지역의 자연, 역사, 문화 등으로부터 볼 때, 지역의 특성에 맞는 양호한 경관을 형성할 필요가 있다고 인정되는 토지구역에 대해서 경관계획을 정할 수가 있다.

경관계획 책정

경관계획에는 경관계획지역, 양호한 경관의 형성에 관한 방침, 구역 내 행위규제에 관한 사항, 경관중요건축물 및 수목지정 방침, 옥외광고물에 관한 행위제한 외에 경관 중요 공공시설정비에 관한 사항과 점용 허가기준을 정하게 된다. 또한 경관농업진흥지역 정비계획 규정에 관한 기본적인 사항이나 자연공원법의 허가기준도 정할 수가 있다.

경관계획을 정할 때는 공청회 개최 등 주민의 의견을 반영시키기 위해 필요한 조치를 강구해야만 한다. 또한 토지소유자, NPO(Non-Profit Organization) 등은 대상이 되는 구역의 토지소유자 2/3의 동의를 얻어 경관행정단체에 경관계획 책정 등을 제안할 수가 있다.

경관중요건조물 및 경관중요수목

경관행정단체는 성령(省令)으로 정해진 기준에 기초하여, 경관계획구역 내에서 양호한 경관의 형성에 중요한 건조물(건조물과 일체가 되어 양호한 경관을 형성하는 토지 등도 포함) 및 수목을 여러 경관중요건조물, 경관중요수목으로서 지정하는 것이 가능하다. 경관중요건조물에 대해서는 조례에서 건축기준법의 완화가 인정되고 또한 세제 상의 조치로 상속세 우대 조치를 마련하고 있다.

경관협의회

경관협의회는 경관행정단체, 경관계획에 정해진 경관중요공공시설의 관리자 등이 조직할 수 있는 단체로 필요에 따라 공안위원회 등의 관계 행정기관이나 전기사업 등의 공익사업을 경영하는 자, 주민 그밖에 양호한 경관 형성 촉진을 위해 활동을 하고 있는 자를 추가하여 다양한 입장의 관계자가 경관계획구역에서 양호한 경관형성을 도모하기 위해 필요한 협의를 갖는다.

경관중요공공시설

경관행정단체가 작성하는 경관계획에 경관상 중요한 도로, 하천, 도시공원 등 공공시설을 경관중요 공공시설로서 정할 수가 있는데 이것은 지방공공단체가 공공시설을 포함한 경관에 관한 시설을 일원적으로 다룰 수 있게 된다고 하는 의미를 내포하고 있다.

한편, 공공시설 관리자 측의 의향도 충분히 반영할 수 있으며, 경관중요공공시설로 하고자 할 경우는 그 관리자와의 협의 및 동의가 필요하며 관리자로부터 경관계획에 경관중요공공시설로서 정하도록 요청이 가능하며 그 요청을 존중할 의무가 있다.

이 계획을 활용함으로써 경관계획과 공공시설의 경관 검토내용 등의 정합이 이루어지고 공공시설에서 경관 검토내용을 경관계획에 반영할 수가 있다. 이에 따라 공공시설을 포함한 지역의 경관을 전체로서 조화를 이루게 할 수 있다.

경관중요공공시설 특히, 경관중요도로에 관해서는 '전선공동구(溝) 정비 등에 관한 특별조치법'의 특례로서 원활한 교통 확보를 위한 목적에 해당되지 않는 경우나 경관상 필요성이 높은 지구, 역사적 시가지를 형성하는 지구 등의 비간선도로의 경우 전선공동구를 정비해야만 하는 도로로서 지정할 수가 있다.

경관지구

시정촌에 의해 시가지의 양호한 경관 형성을 위한 다양한 대처에 지원하기 위해 강제력을 갖는 도시계획의 지역지구 중 하나인 '경관지구'를 창설하고 있다. 경관지구는 미관지구에 대신하는 것으로 도시계획법상 용도지구의 하나이다. 경관지구에 있어서는 도시계획에 건축물의 형태의장 제한을 반드시 정하고, 동시에 건축물의 최고 최저높이 한도, 용지 면적의 최저한도, 벽면위치 제한을 선택적으로 정할 수 있다. 또한 공작물에 있어서는 조례에 의해 형태의장 제한, 최고 최저높이 한도 또는 벽면 후퇴구역의 설치제한을 정할 수 있다. 한편 경관지구 건축물의 형태의장은 도시계획에 정해진 건축물의 형태의장 제한에 적합할 필요가 있으며 건축물을 건축하려고 하는 자는 미리 경관지구 도시계획에 정해진

건축물 형태의장 제한 적합성에 대해서 시정촌장의 인정을 받아야만 한다.(경관인정제도)

도시재생특별조치법

일본은 2001년 5월 8일 고이즈미 수상을 본부장으로 하는 내각직할의 '도시재생본부'를 설치하여 환경, 방재, 국제화 등의 관점에서 도시의 재생을 도모하는 21세기형 도시재생 프로젝트의 추진과 토지의 유효 이용 등 도시재생에 관한 시책을 종합적이고도 강력하게 추진하기 위한 기반을 마련하였다. 그 후 이에 대한 후속 조치로서 2002년 4월 5일 '도시재생특별조치법'이 제정, 6월 1일 시행되었고, 7월 19일에는 도시재생 기본방침을 마련하여 구체적인 추진 체계와 사항을 명시하였다. 일반적으로 일본의 도시재생은 일반적인 도시재생 또는 재개발과는 차원이 다른 국가 차원의 대형 프로젝트를 말한다. 즉 쇠락하는 도시 또는 도심을 부활시키거나 새로운 수요에 대비한 도심재생 차원의 사업이 아니라 경제성장의 견인차로서 제2의 도약을 기대하는 국가토건사업의 일환으로 추진되고 있다. 그래서 일반적인 도심재생 또는 도시재생 프로젝트와는 그 성격을 달리한다.

10년 한시법인 '도시재생특별조치법'은 도시재생에 관한 기본방침을 정하고, 도시재생의 거점으로서 긴급하게 정비해야 할 지역을 '도시재생긴급정비지역'과 '도시재생특별지구'로 지정하여 도시계획 특례조치(도시계획특례 및 결정기간 단축)를 부여하며, 민간 도시재생사업에 대한 인정제도를 통해 금융지원을 하도록 하고 있다.

도시재생긴급정비지역

도시재생긴급정비지역이란, 도시재생의 거점으로 개발사업 등을 통해 긴급하게 시가지를 정비해야 하는 지역을 말한다. 긴급정비지역으로 지정되면 우선 정비 방침을 작성해야 하며, 중앙과 지자체간의 원활한 협의를 위해 협의회를 두도록 되어 있다.(제19조) 도시재생긴급정비지역은 대체로 대도시의 도심과 부도심 등 중심지 주변에 광범위하게 지정된다. 특히 도쿄의 경우에는 도심(동경역)을 비롯하여 아키하바라, 신주쿠역 주변, 오사카역 주변 등 8개 지역(2,514ha)이 도심과 부도심 지역에 지정되어 있다는 점에 주목할 필요가 있다.

도시재생특별지구

도시재생특별지구는 도시재생긴급정비지역 내에 지정되는 개별사업지구로서, 특별지구로 지정되면 기존의 용도지역 등 도시계획 규제가 배제된 상태에서 민간사업자가 자유로운 계획을 제안하는 것이 가능하다. 특별지구의 민간사업자는 토지 소유자의 2/3이상 동의를 얻어 도시재생 사업과 관련된 도시계획을 제안할 수 있으며(제37조 제2항 2호) 제안된 계획안은 6개월 내에 심의처리하도록 되어 있다.(제41조 제1항) 또한, 제안된 계획안은 일률적인 기준이 아닌 개별 사안별로 심사하는데, 지역정비 방침과의 정합성, 주변 환경에 대한 고려, 기반시설과의 정합성이 반영된 계획안에 대해 공공 오픈스페이스의 확보 등 지역 공헌도를 심사하여 용적률을 완화해 주고 있다. 즉, 도시재생특별조치지구는 도시계획 제안 제도를 통해 민간사업자의 계획 창의성을 보장해주고, 심의기간을 단축시켜 사업의 시간 위험률을 경감시켜 주며, 지역 공헌도에 따라 용적률을 완화해 줌으로써 민간사업의 촉진을 유도하고 있다.

2006년 8월 현재 도쿄도에는 8개 지역에 도시재생긴급정비지역이 지정되어 있으며, 그 안에 5개 도시재생특별지구가 지정되어 있다. 그러나 도시재생특별지구의 운용원칙과 지역공헌도에 대한 평가 기준이 모호하고 구체적으로 마련되어 있지 않으며, 사안별 심의를 통해 기존 도시계획 규제를 완화해 줄 수 있기 때문에 사회적 형평성 문제가 있다. [표 2]

민간도시재생사업 인정제도(제20조)

민간도시재생사업 인정제도란, 도시재생긴급정비지역 내에서 0.5ha이상의 도시개발사업을 시행하는 민간사업자가 사업계획을 작성하여 국토교통대신에게 인정받을 경우, 해당사업에 대해 민간도시개발추진기구의 금융지원을 받을 수 있는 제도이다. 민간도시재생사업의 인정기준은 1)해당 도시재생사업이 도시재생긴급정비지역 내 시가지정비를 추진하는 데 긴요하고, 도시재생에 현저히 공헌할 것, 2)건축물 및 부지의 공공시설 정비계획 등이 지역정비방침에 적합할 것, 3)공사착수 시기, 사업시행 기간, 용지취득 계획 등이 도시재생 정비계획상 다른 사업과 동시에 시행하는 것이 적합한 경우 등이다.

인정된 민간 도시재생 사업자는 공공시설 정비비용의 일부를 민간도시개발기구를 통해 무이자 대출받거나 차입금에 대해 채무보증을 받을 수 있으며, 도시재생펀드 투자법인의 출자 혹은 사채 취득을 통해 사업시행에 필요한 자금을 충당할 수 있게 된다. 2006년 6월 현재 도쿄도의 경우, 인정받은 민간도시재생사업은 12개 지구인데 도시재생특별지구와 인정사업은 중복적으로 결정될 수 있다.

나가며

지금까지 일본의 '경관법', '도시재생특별조치법' 등 주요 법률의 내용을 요약, 검토하였다. 먼저 지면을 통해 본인들의 연구 자료를 쓸 수 있도록 배려해 주신 여러 교수님들과 특히, 서울시정개발연구원의 양재섭 연구위원과 김정원 연구원께 감사의 말씀을 드린다. 개인적으로 '공공디자인'이라는 개념을 처음 접한 뒤 그 사회적이거나 맥락적인 의미는 둘째 치고 공공장소의 인포메이션이 이렇게도 디자인될 수 있는 가능성이 있다는 사실에 반했었던 기억이 난다. 인테리어와 엑스테리어의 맥락을 충분히 감안하는 그래픽들과 설치물들, 세세한 디테일들이 보여주는 매력은 상당한 것이었다.

[표2 도시재생긴급정비지역내 재생사업의 특례와 지원제도]

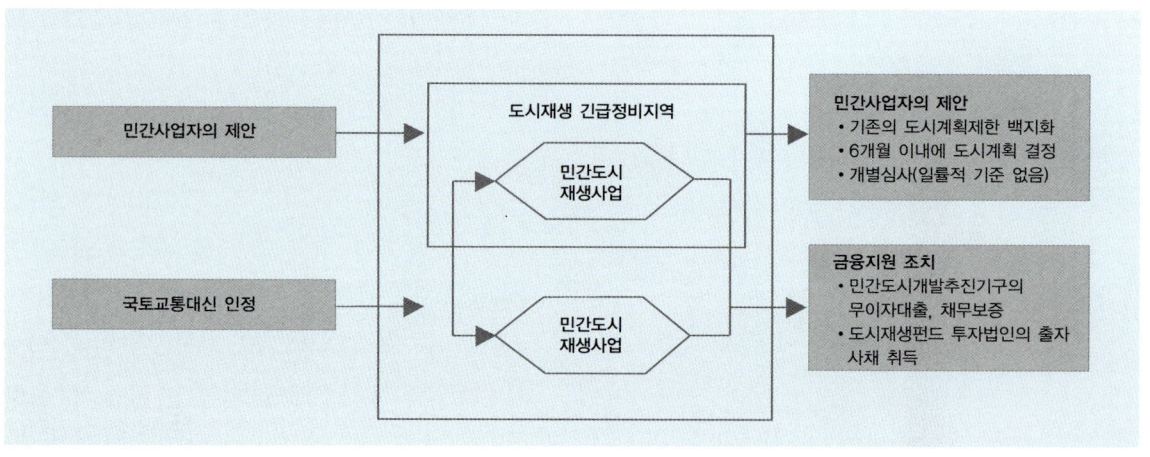

공공디자인은 단지 공공단체에서 발주하는 프로젝트의 영역에 머무르지 않아야 한다. 그것은 다양한 사회구성원들의 목소리를 담아내는 과정들을 체계적으로 가지고 있어야 하고 그러한 맥락 아래서 공공디자인은 이루어져야 한다고 생각한다.

디자인에서 공공에 대한 논의는 기존의 지식 서비스 산업으로서 여겨지는 디자인의 정체성에 대한 새로운 도전이기도 하다. 여기에는 특히 사회적 책임감이 중요한 문제로 떠오른다. 무엇이 공공이고 무엇이 공공성인가. 그리고 어떠한 것이 그 맥락 안에서 의미 있게 발현될 수 있는가. 공공디자인을 진흥하고 체계적으로 관리하기 위하여 2006년 11월 8일 한나라당 박찬숙 의원이 '공공디자인에 관한 법률안'을 대표 발의 하였다. 이제 공공디자인이 '운동'에서 '제도'로의 변화를 앞두고 있는 것이다.

모쪼록 공공디자인을 진흥하고 체계적으로 관리하기 위한 '공공디자인에 관한 법률'이 조속히 국회를 통과하여 공공디자인 발전의 기반을 조성하고 국민의 삶의 질을 향상시켜 국가의 문화역량 강화에 기여할 수 있게 되기를 바란다.

참고문헌

〈도시재생 사례와 리더십 확보〉, 이용식, 인천발전연구원, 2003
〈일본의 도시정책정책〉, 박세훈, 국토계획 제39권 제2호, 2004. 4
〈일본의 경관법에 대해서〉, 高松 諭, 도로교통 제99호, 2005
〈일본의 경관법과 우리나라의 국토경관기본법〉, 오만근, 한국문화관광정책연구원 문화 관광 너울 vol 167, 2005. 5
〈일본의 경과보호법제〉, 최환용, 한국법제연구원, 2005. 11
〈거리조성법 개정으로 간결한 거리를〉, 大藤 朗, 월간 도시서적, 2006. 10
〈일본의 도시재생 프로젝트 – 주택지재생을 통한 주거도시의 가능성 모색〉, 이정형, 건축과 환경 통권 259, 2006
〈일본의 도시재생사례와 시사점〉, 임서환 김병준 외 23명, 주택도시연구원 HURI FOCUS 제22호, 2006. 11
〈일본의 도시재생정책 추진체계와 시사점〉, 양재섭 김정원, 서울시정개발연구원 서울경제 통권 23호, 2007. 2
〈도시재생의 의의화 과제〉, 임서환, 2006년 주택도시연구원 연구성과발표회 자료집, 2007
〈일본 도시재생사업에서 지역의 관리·운영 체계의 관한 연구〉, 이상수, 서울도시연구 제8권 제2호, 2007. 6

참고 웹 사이트

도시재개발법 http://law.e-gov.go.jp/htmldata/S44/S44HO038.html
도시계획법 http://law.e-gov.go.jp/htmldata/S43/S43HO100.html
건축기준법 http://law.e-gov.go.jp/htmldata/S25/S25HO201.html
도시재생특별조치법 http://law.e-gov.go.jp/htmldata/H14/H14HO022.html
국토교통성 도시지역정비국 http://www.mlit.go.jp/crd
도시 지역 정비 http://www.mlit.go.jp/crd/index.html
경관법 http://www.mlit.go.jp/crd/city/plan/townscape/index.htm
총무성 행정관리국, 법령데이터제공서비스 http://law.e-gov.go.jp/cgi-bin/idxsearch.cgi

박종진
건국대학교 대학원 법학과 졸업
건국대학교 법과대학 조교
한나라당 박찬숙 의원실 비서관

김 승
고려대학교 대학원 정치외교학과 석사과정 수료
예비역 육군중위 (정훈공보장교)
한나라당 박찬숙 의원실 비서

김예원
서강대학교 졸업 (독어독문, 영미어문, 교육과학 전공)
한나라당 박찬숙 의원실 비서

일본 경제, 공공디자인으로 다시 살아나다